존재의 수학

DIE MATHEMATIK DES DASEINS

존재의 수학

파스칼에서 비트겐슈타인까지 인간 존재를 수학적으로 증명한 천재들

루돌프 타슈너 Rudolf Taschner 지음 | 박병화 옮김

차
례

\

인생은 수학 규칙을 따르는 게임이다

이 책을 쓰겠다고 결정한 것은 빈의 어느 아름다운 커피하우스에서였다. 수학 분야의 동료이자 아내인 비앙카가 먼저 한저(Hanser)출판사의 크리스티안 코트 사장을 설득했고, 이어 내게도 책을 써달라는 제의를 했다. 아내는 인간의 모든 성찰과 행위에 관한 질문에 수학을 기반으로 한 게임이론으로 답할 수 있을 것이라 했다. 또한 이를 통해 수학에 관한 대중의 관심을 확장시킬 수 있을 것이라고 설득했다.

내가 게임이론에 접근하게 된 것은 수학 분야의 두 동료와 친구 덕분이다. 그 중 한 사람은 빈 공과대학의 교수이자 아내 비앙카가 설립한 'math.space'에 근무하는 알렉산더 멜만(Alxeander Mehlmann)이다. 빈의 박물관 구역에 있는 'math.space'는 오스트리아 교육과학기술부 및 재무부의 지원을 받아 다양한 방법으로 대중에게 수학을 소개하고 있는 기관이다. 이곳에서 멜만은 심오하지만 익살맞은 강연으로 게임이론을 설명하여 전문적인 수학자는 물론 수학의 문외한들마저 열광시켰다. 여기엔 저자인 나도 포함된다.

또 한 사람은 빈 대학교 수학부의 최고 선임자인 카를 지그문트(Kahl Sigmund)다. 지그문트는 이 시대의 위대한 수학 지도자 가운데 하나이며 확률 및 게임이론 분야에서 확고한 위치를 다진 사람이다. 그는 여러 곳에서 수학 관련 전시회를 열고 쿠르트 괴델(Kurt Gödel)에 관한 저서들을 출간하며 빈 학파의 기준을 제시하는 등 20세기 수학사에 위대한 공헌을 했다. 특히 내 원고의 대부분을 비판적으로 검토하여 내가 집필 중에 범한 많은 결정적인 실수를 바로잡아 준 그에게 감사의 인사를 전하고 싶다.

이 밖에 오스트리아 최고의 과학 저널리스트 중 한 사람이자 일간지 〈프레세(Die Presse)〉의 문예부장이기도 한 토마스 크라마르(Thomas Kramarr)가 내 원고를 꼼꼼히 검토해 주었다.

나는 이 책을 쓰면서 때로는 게임이론의 '주인공들'을 직접 무대에 올려놓는 소설식 기법을 사용했는데, 이때 지그문트와 크라마르는 내게 결정적 조언을 해주었다.

위대한 역사가인 레오폴트 폰 랑케(Leopold von Ranke)가 말했듯 역사를 '본디 있었던 그대로' 보여 준다는 것은, 끝없이 바위를 굴려 위로 올려도 절대 성공할 수 없는 시시포스의 노동처럼 힘들고 어려운 작업이다. 이 책에서 소설식 구성을 시도한 것은 책을 읽는 독자들이 역사적 사건을 허구적으로 극화한 이야기에 더 흥미를 느끼고, 그런 구성에서 직접적인 교훈을 얻을 수 있지 않을까 하는 생각에서였다. 그렇게라도 독자들이 수학에 더욱 더 관심을 갖기 바라는 마음이다. 독자들은 이 책을 읽을 때 언어가 현재시제로 변하고, 객관적인 보고체 형식이 생생한 묘사로 바뀌는 장면에서 그것을 알아차릴 것이다.

"우리가 말하는 이야기는 현실보다 더 정확하다"는 멋진 표현은 메이어 샬레브(Meir Shalev)가 한 말이다. 나는 이 말에 동의한다. 그런 의미에서 이 책에서 내가 묘사한 모든 이야기는 믿을 수 있고 진실하다고 밝히고 싶다.

내가 이 책을 쓸 때 즐거웠듯이 독자들도 이 글을 읽고 기쁨을 얻기 바란다. 이런 기쁨을 느낄 수 있게 도와준 아내와 아이들에게 감사한다.

수학은 인간 존재의 모습을 투영하는 성찰 도구

 루돌프 타슈너는 오스트리아의 빈 공과대학교에 재직하면서 오스트리아 정부 지원을 받는 빈 박물관 구역의 'math.space'를 운영하고 있다. 독일어권에서 베스트셀러가 된『보통 사람들을 위한 특별한 수학책(원저『냉정에서 나온 수 : 수를 둘러싼 모험』)』을 비롯해 일반인을 위한 재미있고 쉬운 다수의 수학책을 저술하였고, 대중에게 인문학적 교양으로서의 친숙한 수학을 전파하고 있다.

 이 책은 초창기부터 현대에 이르기까지 게임이론의 창시자들이 발견하거나 발명한, 혹은 그것을 변형하거나 업그레이드한 각종 승부와 도박, 전략, 확률과 관련한 이론을 수학적으로 접근하여 설명하는 일종의 다큐 소설이다. 다큐 소설이라 부르는 까닭은, 사실에 기초한 역사적인 기록인 동시에 원리나 이론을 확립하기까지 창시자들의 접근 과정을 허구적인 대화(충분한 근거가 뒷받침된)로 재구성하고 있기 때문이다. 전체적으로는 '인생은 수학 규칙을 따르는 게임'이라는 저자의 시각에 걸맞게 인간의 존재를 수학적으로 파악하려는 노력이 게임이론의 역사 곳곳에서 발견된다. 한마디로 요약하면 17세기부터 터보 자본주의라는 최근에 이르기까지 세계를 바꿔놓은 수학 이론 이야기라고 할 수 있다.

'사용가치'와 '교환가치'의 모순에서 비롯된 '물과 다이아몬드의 역설', '한계효용'이 가격을 결정한다는 사실을 발견하는 과정, 괴델과 한스 한, 카를 멩거를 비롯한 빈 학파 천재들을 둘러싼 수학과 물리학 이야기, 주사위와 룰렛을 중심으로 한 확률계산과 '큰 수의 법칙', 시간을 기준으로 한 이익과 손실 게임, 카드 게임과 '최소 극대화' 원칙, 치킨 게임과 죄수의 딜레마, 내시 균형, 퀴드 프로 쿼와 팃포탯 전략, 무어의 역설과 언어 게임, 최후통첩 게임, 특히 냉전 시대에 미소 두 초강대국의 군사 대결을 둘러싸고 자문해 주는 존 폰 노이만과 존 내시의 게임이론 등 부분적인 내용에 빠져 정신없이 읽다 보면, 인간의 온갖 탐욕과 이데올로기가 난무한 현대사에서 게임이론이 전체적으로 '호모 에코노미쿠스'가 승승장구하는 데 얼마나 집중적으로 이용되었는지를 알게 된다.

그렇다고 해서 게임이론을 약탈 자본주의의 이론적 배경으로 이해하는 것은 아니다. 게임이론은 본래 신자유주의적 노상강도들이 사용하는 도구와는 전혀 다르다는 인식이 짙게 깔려 있기 때문이다. 그래서 이 책은 인간의 삶과 존재의 모습을 투영하는 성찰 도구로서 수학의 기능에 주목한다. 루돌프 타슈너는 블레즈 파스칼이 확률계산을 발견한 17세기부터 세계를 게임 언어로 파악한 루트비히 비트겐슈타인을 거쳐 현대의 세계 금융시장에 이르기까지 길지 않은 게임이론의 역사를 추적하며, 수학을 통한 인간 존재의 의미를 탐색한다. 본문에서는 게임의 특징과 본질을 17개 영역으로 분류하여 설명하고, 부록에서는 숫자를 매개로 한 일련의 수학 퀴즈를 제시하고 자세하게 풀이하며, 독자를 매혹적인 수의 세계로 이끈다.

또한 이 책은 수학적으로 접근한 게임이론이라는 주제 외에 게임이론의 역사에서 명멸한 수많은 인물을 입체적으로 조명하는 문학적 성과가 돋보인다. 입체적이라고 하는 까닭은 수학자와 물리학자들이 치열하게 펼치는 이론의 전개 과정과 저술 업적을 조명하면서 그 장면을 독립된 시나리오 혹은 무대의 장면처럼 극적으로 연출하기 때문이다. 독자의 호기심을 유도하고 그 궁금증을 풀어 주는 방법으로 등장인물의 대화가 자주 등장한다는 말이다. "온 세상이 무대요, 모든 남녀는 이 무대에 등장했다 사라지는 연기자"라는 셰익스피어의 대사는 이 책의 특징이기도 하다.

타슈너는 직선적인 설명보다 대화나 무대 장면의 기법을 통한 묘사가 독자의 이해를 도울 뿐만 아니라 더 설득력이 있다고 믿는다. 어쩌면 그가 보는 게임이론은 수학적인 전략이나 확률의 영역이라기보다 인간의 존재와 인생의 모습을 조명해 주는 인간 친화적인 도구인지도 모른다. 이런 점에서 "그의 책은 스릴러처럼 읽힌다"라는 《슈피겔》의 서평은 꼭 들어맞는다.

사용가치와
교환가치는 다르다

| 빈, 1870~1923

가격을 결정하는 것은 밀의 절대적 혹은 평균효용이 아니라 '한계효용', 즉 농부가 비축한 자루의 밀을 넘어서 여분의 밀이 가져다주는 효용성이다. 물값이 다이아몬드 값보다 싼 이유도 여기에 있다. 기존의 것에서 남는 1리터의 물 여분은 무의미하게 느껴진다. 하지만 사하라 사막 한 가운데에 있다면 그 물은 다이아몬드만큼 소중할 것이다. 이렇게 개발된 학술 이론을 카를 멩거는 학술뿐 아니라 정치 영역으로까지 확장시켰다.

가격을 결정하는 '한계효용'의 법칙

"이 책은 걸작이야." 카를 멩거(Karl Menger)는 스승이 그의 저서에 이런 찬사를 보낼 줄 알았다. 스승의 대답을 기다리는 그의 얼굴은 기대감으로 빛났다. 그러나 스승인 한스 한(Hans Hahn)이 금세 반응을 보이지 않자 그는 다소 충격을 받은 표정이었다.

한은 평소에 제자들 중에서 괴짜 쿠르트 괴델(Kurt Gödel)과 함께 '소 멩거(der Junge Menger)'를 가장 아꼈다. 카를을 '소 멩거'로 부른 까닭은 그의 아버지인 '노 멩거(der Alte Menger)'가 몇 년 전까지 빈(Wien) 대학교에서 교수로 재직했기 때문이다. 그는 오스트리아 국민경제학파[1]의 창시자로 유명한 인물이다. 이들 부자는 이름까지 발음이 같았다. 단지 부친은 첫 자를 고전적인 C로 쓰고 아들은 근대적인 K로 쓰는 것만 달랐다.

처음에 노 멩거는 아들이 자신을 모범으로 삼고 따르기를 바랐다. 그는 갈리시아(Galizien) 지방의 오지에 있는 노이송치(Neu - Sandez) 출신이다. 이 소도시는 하시드파 유대인 공동체와 1876년 세상을 떠날 때까지 이곳에서 랍비로서 가르친 카임 할버스탐(Chaim Halberstam)으로 유명한 곳이다. 카를 멩거(Carl Menger)는 유복한 관리 집안 출신으로, 1840년 법률학자인 아버지 안톤과 부유한 보헤미아 상인의 딸인 어머니 카롤리네 사이에서 태어났다.

그곳은 작고 몽상적인 세계였다. 1772년 합스부르크 황실의 마리아 테레지아(Maria Theresia) 여제가 비옥한 슐레지엔(Schlesien) 지역을 내주는 대신 빈약한 보상으로 갈리시아 지역을 받은 뒤로(승리를 거둔 숙적 프로이센의 왕 프리드리히는 "마리아 테레지아가 눈물을 흘리면서 받아들였다"며 비웃었다), 합스부르크 황실 치하의 의사, 변호사, 교사, 관리들이 마법에 걸린 듯 이주하여 뿌리 내린 곳이다. 이들은 이 고장을 좋아했다. 비록 자유와 독립이 보장되지는 않았지만, 어느 정도의 복지와 안정, 발전 기회가 주어졌기 때문이다.

하지만 젊은 카를 멩거에게는 비좁은 세계였다. 그는 프라하 대학교에서 법학을 공부한 뒤, 기자 생활을 하며 수도이자 황실 본거지인 빈에 정착했다. 당시 그는 문예 기사를 쓰며《렘베르거 차이퉁(Lemberger Zeitung)》(렘베르크는 갈리시아 지방의 수도였다)에서 일하다가 이후《비너 차이퉁(Wiener Zeitung)》으로 옮겼다. 멩거는 소설과 희극을 연재하기도 했는데, 그의 주 관심사인 법학 및 정치 경제학과 병행하여 임시방편으로 쓰는 작품이었다. 이때 멩거는 당시 장관이던 리하르트 폰 벨크레디(Richard von Belcredi) 백작과 친교를 맺으면서 국민경제의 문제점에 눈을 돌리게 되었다. 카를 멩거의 시장분석 기사때문에(그가 경제법칙에 집중적으로 관심을 돌린 계기였다)《비너 차이퉁》은 차츰 알차게 지면을 꾸밀 수 있었다.

국민경제학자, 한계효용 이론의 창시자,
오스트리아 국민경제학파의 거두 카를 멩거.
아들인 소 멩거와 구분짓기 위해 노 멩거라 불린다
(Carl Menger von Wolfensgrün, 1840~1921)
〈출처(CC)Carl Menger at en.wikipedia.org〉

박사학위를 받은 법학자이자 경제 기자인 그가 수개월 동안 매달린 문제는 경제이론의 모순이었다. 더 정확하게 말하면 '물과 다이아몬드의 역설'[2]이었다. 물 없이 살 수 있는 사람은 아무도 없다. 이렇게 볼 때 물은 아주 고귀한 재화다. 반면 실제로 다이아몬드가 필요한 사람은 거의 없다. 이런 점에서 다이아몬드는 거의 가치가 없다. 그런데도 사람들은 다이아몬드에는 터무니없이 비싼 값을 매기지만 물값은 거의 쳐주지 않는다.

18세기에 국민경제(Nationalökonomie)를 창시한 애덤 스미스(Adam Smith)는 '사용가치'와 '교환가치'를 구분함으로써 이 모순을 해결할 수 있다고 믿었다. 물의 사용가치가 매우 높은 것은 누구에게나 필요하기 때문이다. 대신 물의 교환가치는 아주 낮다. 이와 정반대로 다이아몬드는 사용가치가 거의 없음에도 교환가치는 아주 높다. 하지만 이런 접근 방식의 설명으로는 만족스럽지 못하다. 교환가치가 어떻게 해서 차이나는 것인지 분명하지 않기 때문이다.

애덤 스미스 이전에도 스코틀랜드 은행가인 존 로(John Law)가 다음과 같이 설명한 적이 있다. "물은 효용성이 크지만, 가치는 낮다. 물의 양이 수요보다 훨씬 많기 때문이다. 다이아몬드는 효용성이 낮지만, 양보다 수요가 훨씬 많으므로 가치가 높다." 존 로는 이 모순을 해결하기 위한 핵심을 짚은 것인지도 모른다.

카를 멩거는 '물과 다이아몬드의 역설'을 설명하기 위해 밀 다섯 자루의 재산을 가진 농부를 예로 들었다. 이 농부는 첫 번째 자루를 생활필수품으로 본다. 이것으로 빵을 만들어 먹으면 굶지 않아도 된다. 두 번째 자루도 마찬가지로 소중하다. 더 많은 빵을 만들 수 있기 때문이다. 농부와 그 가족은 빵을 넉넉하게 먹고 힘을 쓸 수 있다. 하지만 세 번째 밀 자루부터는 그리 소중하지 않다. 농부는 이것을 가축의 먹이로 쓸 수 있다. 네 번째 밀 자루는 이듬해를 위한 종자로 비축한다. 다섯 번째 자루는 사실 더 필요가 없다. 농부는 이 밀로 곡주를 빚는다.

만일 다섯 번째 자루를 도둑맞는다면 농부는 어떻게 할까? 밀의 효용성이 여전히 똑같다면 농부는 남은 네 자루의 밀을 다섯 무더기로 똑같이 나누어야 할 것이다. 다섯 자루였을 때처럼 나눈 뒤 첫 번째 무더기는 빵을 만들기 위한 생필품으로, 두 번째 것은 넉넉한 빵을 만들기 위한 용도로, 세 번째 것은 가축 사료로, 네 번째 것은 종자로, 다섯 번째 것은 양조용으로 써야 할 것이다. 하지만 이렇게 하는 농부는(농부는 영리하다는 말도 있듯이) 없다. 남아 있는 네 자루의 밀을 애초에 정한 용도로 쓰고 여분을 양조용으로 쓰려던 계획만 포기하면 되기 때문이다. 어쩌면 농부는 아주 영리해서 도둑을 맞지 않을 것이다. 그와 가족은 술맛을 보지 못하더라도 다섯 번째 밀 자루로 곡주를 빚는 대신 장에 내다팔 수도 있을 것이다.

그러면 농부의 관점에서 볼 때, 이 밀은 값을 얼마 받는 것이 적당한가? 카를 멩거는 답을 알았다. 그것은 바로 술을 빚으려고 밀을 취득할 때 지불하는 값이다.

가격을 결정하는 것은 밀의 절대적 혹은 평균효용이 아니라 '한계효용(Grenznutzen)',[3] 즉 농부가 비축한 자루의 밀을 넘어서 여분의 밀이 가져다주는 효용성이다. 그래서 물값은 다이아몬드 값보다 싼 것이라고 카를 멩거는 말한다. 기존의 것에서 남는 1리터의 물 여분은 무의미하게 느껴진다. 하지만 사하라 사막 한 가운데에 있다면 그 물은 다이아몬드만큼 소중할 것이다. 이렇게 개발된 학술 이론을 카를 멩거는 학술뿐 아니라 정치 영역으로까지 확장시켰다.

그는 합스부르크 황실에서 매우 영향력 있는 인사 중 한 명이 되었다. 빈 대학교는 그를 강사로 임명했다가 이후 법학 및 정치학부 교수로 위촉했으며, 프란츠 요제프(Franz Joseph) 황제가 친히 그를 주목하게 되었다. 그는 국민경제의 핵심을 3개월간 황실에 설명하는 영예를 차지했다. 18세가 된 황태자 루돌프(Rudolf)는 개인교수로 그를 초빙했고 두 사람은 2년간 함께 유럽 일대를 여행했다. 이후 루돌프가 사망할 때까지 멩거는 재주가 비상하고 감수성이 뛰어난 젊은 황태자의 친구가 되었고, 그의 마음속에 근대적이고 진보적인 국가 경영에 관한 관심을 일깨웠다. 하지만 자유주의적인 측면에서 젊은 황태자에게 걸었던 기대는 1889년, 30세의 황태자가 나이 어린 애인 마리 베체라(Mary Vetsera)와 함께 자살로 생을 마감함으로써 물거품이 되고 말았다.

황실과의 두터운 교분 덕에 카를 멩거는 1902년 빈에서 태어난 그의 아들을 법적인 자녀로 인정받을 수 있었다. 그의 아내인 헤르미네 안더만(Hermine Andermann)이 유대인이어서 문제가 되었기 때문이다. 당시는 가톨릭교도인 아버지와 유대인인 어머니는 결혼식을 올릴 수 없었다. 성당이 아니면 시나고그(Synagoge, 유대 회당)에서 혼례를 치러야 했는데 종교가 다른 두 사람은 어느 한 곳에서의 혼례가 불가능했기 때문에 사실혼이라고 불리던 혼인과 유사한 형태의 공동생활로 살림을 차릴 수밖에 없었다. 이런 구조에서 태어난 자녀는 사생아 취급을 받았고, 사회적 권리를 전혀 인정받지 못했다. 노 멩거는 아들이 태어난 후, 가족을 구설수로부터 보호하고자 서둘러 은퇴했다. 아들의 사생아 지위를 법적 자녀의 지위로 올려달라는 그의 청원을 받아준 황실에 대해 그는 큰 고마움을 느꼈다.

노 멩거가 사직한 것은 대학으로 볼 때는 큰 손실이었다. 그는 의무에서 자유로운 교수로 지내는 동안 최대한 학생들과 접촉하며 그의 지식을 나누었다. 노 멩거가 적극적으로 활동하던 말년에 18세의 나이로 조교가 된 펠릭스 조마리(Felix Somary)는 회고록에서 다음과 같이 밝히고 있다.

"빈 대학교를 중심으로 당시 국민경제학파[4]의 활동은 절정에 이르렀다. 주도적인 국민경제 이론가인 카를 멩거와 유능한 제자로 그의 뒤를 잇는 뵘-바베르크(Böhm-Bawerk), 비저(Wieser), 객관적인 개요를 쓰기로 정평 있는 필리포비치(Philippovich), 최초의 경제사가인 이나마 슈테르네그(Inama-Sternegg) 등 쟁쟁한 인물이 모여 어디에도 비길 데 없는 협동 연구를 했고, 세미나에서는 수준 높은 토론을 즐겼다. 내 동기생 중에서도 슘페터(Schumpeter)와 프리브람(Pribram), 미제스(Mises), 오토 바우어(Otto Bauer), 레더러(Lederer), 힐퍼딩(Hilferding)처럼 비범한 재주를 지닌 인물이 즐비했다. 이 중에 오스트리아에서 생을 마친 사람은 아무도 없었다."

그러나 온갖 성공에도 불구하고 노 멩거는 우울한 말년을 보냈다. 그의 학술적인 업적은 독일 '국민경제 역사학파'에 의해, 특히 그 학파의 거두 구스타프 슈몰러(Gustav Schmoller)에게 거센 도전을 받았다. 그때까지 쌓은 명예도, 궁정고문관에 임명된 것이나 오스트리아 귀족원에 이름을 올린 것도, 절대 '폰 볼펜스그륀(von Wolfensgrün)'이라는 귀족 칭호를 요구한 적이 없던 그에게는 별 의미가 없었다. 멩거는 자유주의에 등을 돌리는 과정에서 재앙으로 가는 길을 보았다. 그리고 제1차 세계대전이 발발한 뒤, 합스부르크 황실이 비참하게 몰락하는 것을 지켜보았다. 슈테판 츠바이크(Stefan Zweig)가 표현한 '어제의 세계'는 회복 불가능할 정도로 파괴되었으며, 경제적으로 탄탄한 토대에서 더욱 번영하고자 한 꿈은 영원히 사라져 버렸다.

수학에 눈을 뜬 소 멩거

하나밖에 없는 자식인 아들이 태어날 때 이미 62세가 된 아버지 앞에서 어린 카를의 유년기도 완전히 자유롭지는 못했다. 그가 재정적으로 아무리 부유하고 안전하게 보호받았다고 해도, 눈앞에서 위엄 있는 아버지를 대하며 자란 그는 어릴 때부터 자기 자신에게 매우 엄격한 잣대를 들이댈 수밖에 없었다. 카를은 시내의 명문 김나지움에 다녔는데, 비너발트와 도심 중간의 부촌인 되블링에 있는 학교였다. 그는 언제나 우수한 성적에 대한 의무감이 있었고, 그것도 가능하면 전교 최고 성적을 받아야 한다고 생각했다.

하지만 그것은 쉬운 일이 아니었다. 그가 다닌 학교에는 2학년 위로 리하르트 쿤(Richard Kuhn)과 볼프강 파울리(Wolfgang Pauli)가 있었기 때문이다. 천부적인 재능이 있던 리하르트 쿤은 훗날 화학을 공부하고 화학분석에 적합한 이른바 '크로마토그래피(색층분석)'를 개발했으며, 카로티노이드와 비타민에 관한 논문으로 노벨상을 받았다. 볼프강 파울리의 뛰어난 재능은 이보다 더 돋보였다. 그는 훗날 '물리학의 양심'으로 불렸는데 보어(Bohr), 하이젠베르크(Heisenberg), 디락(Dirac) 등 양자물리학의 내로라하는 위인이 설명하는 모든 가설에 대하여 비판적인 시각으로 끊임없이 옥석을 가릴 줄 알았기 때문이다. 파울리는 그의 이름을 딴 '배타원리'를 발견한 공로로 노벨상을 받았는데, 이것은 화학원소주기율의 구조에 대한 근거를 물리학으로 분명하게 설명해 주는 이론이다.

카를 멩거는 확신에 차서 파울리의 재능을 따라가려고 했다. 한편 파울리는 자기 재능을 빛내는 것이 그저 즐거울 따름이었다. 한번은 물리 교사가 칠판에 공식을 잘못 적어 놓고 한참 동안 틀린 곳을 찾지 못하자 그는 비죽이 웃었다. 그러자 교사는 웅성대는 학생들 앞에서 그를 지목하며 말했다. "파울리, 어디가 틀렸는지 말해 봐. 너는 이미 알고 있을 테니까."

파울리는 오스트리아에서 '마투라(Matura)'로 불리는 고등학교 졸업시험을 마친 뒤, 일반상대성 이론에 관한 학술논문을 발표했다. 그것은 아인슈타인에게도 깊은 인상을 주었다. 그리고 뮌헨 대학교에서 물리학을 공부하고 몇 학기 지나지 않아 그는, 1921년에 단행본으로 나오기도 한 「수학백과의 상대성이론에 관하여」라는 긴 항목을 집필했다. 이 부분은 아인슈타인이 찬탄을 금치 못했으며 상대성이론에서는 고전이 되었다.

파울리의 정신적인 능력이 빛을 발한 것은 물리학이었다. 이는 파울리의 숭배자이자 같은 학교를 다닌 카를 멩거도 스스로 확신하는 분야였다. 하지만 1918년 전쟁이 끝나고 은퇴 생활을 하던 아버지에게 물리학을 공부하겠다고 설득하는 것은 쉬운 결정은 아니었다. "처음에는 드라마를 공부하겠다고 나를 설득하더니 이제는 배곯는 그 학문을 하겠다고?" 그의 아버지가 호통 치는 소리가 들리는 듯했다.

사실 카를은 파울리뿐만 아니라 그의 동급생인 하인리히 슈니츨러(Heinrich Schnitzler)와 경쟁하고 싶은 마음도 있었다. 하인리히의 아버지 아르투르 슈니츨러(Arthur Schnitzler)는 독일어권에서 유명한 극작가였으며 하인리히 자신도 배우와 영화감독이 되려는 생각을 갖고 있었다. 카를은 희곡을 써보겠다는 생각을 품었고, 중세의 전설적인 여교황 요안나(Johanna)를 주인공으로 하는 드라마 초고가 그의 책상서랍 속에 있었다.

"아버지, 연극을 향한 제 야망은 잊어버리세요. 대신 물리학이 올바른 선택이라는 제 판단은 믿어 주셔야 해요"라며 카를은 아버지에게 자신의 계획을 설명하려고 했다. "제가 그쪽에 소질이 있는 것 같아요. 물리화학의 원리에 관심도 많아요. 괴테 식으로 말하자면 '우주가 가장 깊은 곳에 간직한 것'이라는 그 원리 말이죠. 제가 제대로 따라가지 못하면 그때 경제학으로 바꿀게요. 거기서도 적응하지 못하면 경제학도 포기하죠."

노 멩거는 뭔가 알아듣지 못할 소리로 투덜거리더니 아들을 서재에서 내쫓았다. 결국 아들 카를이 물리학을 공부할 길이 열렸다.

빈 도심에서 외곽의 베링과 되블링으로 이어지는 베링거 거리 38 - 42의 커다란 회색 건물에는 화학과 물리학, 수학연구소들이 자리 잡고 있다. 당시 이곳에는 최신의 성과를 바탕으로 설치된 실험실과 세미나실, 강의실이 있었다. 하지만 이 건물의 전성기는 이미 지나간 뒤였다. 전후에 중요한 산업 기반, 무엇보다 보헤미아와 모라비아 산업센터가 합스부르크 황실의 와해 이후 체코슬로바키아를 비롯한 계승국으로 넘어간 뒤 신생 공화국 오스트리아에는 현대적인 산업 시설이 거의 남아 있지 않았다. 인구 200만 가운데 관리가 지나치게 많이 사는 수도와 여전히 낡은 농업에 의존하는 배후 지역으로 이루어진 이 빈국은 전쟁 부상병과 미망인 그리고 고아로 넘쳐났고, 당시 유행하던 스페인 독감에 시달리고 있었다. 이런 환경에서 연구를 집중하거나 연구자를 장려하는 정책은 기대할 수 없는 노릇이었다. 그나마 대학이 임시변통으로 운영되고, 형편없는 보수를 받는 직원들에게 분발하라고 격려할 수 있는 것이 다행이었다. 소 멩거는 먼지에 파묻힌 아래층 수학 강의실로 들어가면서 뮌헨의 루트비히-막시밀리안-대학교에 등록한 파울리의 결정은 잘한 일이라고 생각했다. 하지만 두세 학기가 지난 뒤에도 학교는 바꿀 수 있다. 그는 부모를, 특히 나이 든 아버지를 황량하게 변한 빈에 남겨두고 차마 떠날 수 없었다.

멩거의 동창인 파울리의 이름을 떨치게 한 일반상대성이론은 같은 건물 4층에서 아인슈타인의 친구이자 평화 운동 동맹자인 물리학 교수 한스 티링(Hans Thirring)이 강의하고 있었다. 하지만 전공 초기에는, 깊숙이 자리 잡은 아래층에서 수강해야 하는 기초 강의가 아니었다. 게다가 이론물리학을 공부하기 위한 예비지식을 얻으려면 1층에서 열리는 수학 강의를 신청해야 했다. 이런 사정은 강의 시간표에도 반영되어, 수학 강의는 8시와 9시에 있고 물리학 강의는 10시와 11시에 이어졌다. 이리하여 소 멩거는 계단을 내려가 이미 학생들이 여기저기 자리 잡은 수학 강의실에도 드나들게 되었다.

당시 대학에는 세계적으로 손꼽히는 수학자가 세 명 있었다. 그들은 수학과에서 연구와 교수 활동의 의무에 충실한 사람이었다. 빈에서 서쪽으로 100킬로미터 떨어진 소도시 입스 출신의 빌헬름 비르팅거(Wilhelm Wirtinger)는 학생 시절 '수학의 아성'이라고 할 괴팅겐 대학에서 유명 수학자 펠릭스 클라인(Felix Klein)의 지도를 받았으며, 다방면으로 재능이 뛰어난 수학자로 정평이 나 있었다. 깡마르고 키 큰 모습에 잘 손질된 콧수염, 갸름한 얼굴과 수학 교수로서의 품위를 지녔고 존경심을 불러일으키는 외모였다. 궁정고문관이기도 한 비르팅거는 – 그는 빈 대학교에서 궁정고문관 칭호가 붙은 마지막 교수였다 – 엄청나게 수준 높은 강의를 했다. 보기 드물게 수준이 높아서 충분히 예습한 학생들만 수강할 수 있었다.

니더작센의 엘체 태생인 필리프 프루트벵글러(Philipp Furtwängler)는 수학 교수로서 괴팅겐 대학에서 빈 대학으로 왔다. 그는 지휘자 빌헬름 푸르트벵글러의 조카였고, 가우스(Gauss)가 '수학의 여왕'으로 부른 영역인 정수론이 주 전공이었다. 괴델은 푸르트벵글러의 강의를 '자신이 들어본 중 최고'라고 칭송한 적이 있다. 실제로 그의 강의는 그 무엇과도 비길 수 없었다. 병에 걸려 목 아래쪽이 마비된 푸르트벵글러는 강의실에 갈 때마다 조교들이 그를 휠체어에 태운 채 들고 계단을 내려갔으며, 강의 시간에는 그가 부르는 것을 조교가 칠판에 받아 적는 식으로 수업을 진행했다.

어렸을 때 1급 우울증 환자가 된 이후 늘 자신이 일찍 죽을 것이라는 망상에 시달리던 괴델은, 카를 멩거와 마찬가지로 처음에는 물리학을 공부하려고 했지만 푸르트벵글러의 강의를 듣고 수학으로 전공을 바꾸었다. 어쩌면 그가 다음과 같이 엉뚱한 논리의 결론을 생각했기 때문인지도 모른다. "푸르트벵글러가 정말 병이 들었다는 것은 명백하다. 나 괴델도 병이 들었다는 상상을 할 때가 많다. 하지만 모르는 일이다. 그렇다고 해도 정말 병이 든 푸르트벵글러가 이렇게 늙도록 살 수 있다면, 수학에 매달리는 것이 장수에 좋은 것인지도 모른다. 그러므로 내가 실제로 병이 든 것이라면, 수학 공부에 매진하는 것도 의미 있을 것이다. 수학이 장수에 효험이 있으니까."

트리오의 세 번째 교수인 한스 한(Hans Hahn)은 카를 멩거가 전공을 물리학에서 수학으로 바꾸게 한 장본인이다. 카를 멩거가 전공을 수학으로 바꾼 것은 괴델처럼 별나지 않고 정상적으로 생각하는 사람이라면 이해할 수 있었다. 한스 한에게 멩거가 매혹된 것은 그의 탁월한 강의 스타일 때문이 아니었다. 한스 한은 각종 방정식과 괴물 같은 공식에 익숙한 다른 수학자들과는 전혀 다른 말을 했기 때문이다. 한은 강의하면서 원칙적인 것에 치중했다. 그가 말하는 것은 매우 단순하게 들리지만, 상세한 논의가 필요한 개념이었다.

곡선이란 무엇인가?

"곡선이란 무엇인가?" 한이 강의실에서 이런 질문을 던지면 학생들은 당황했고 한은 한동안 침묵했다. 그러다가 짓궂게 미소 지으며 침묵을 깼다. '학생 여러분'이라고 말할 때 그는 '신사 숙녀 여러분'이라고 표현했다. 당시 수학은 전형적인 남학생 과목이었지만, 용기를 내어 수학을 전공한 여학생이 몇몇 있었고, 훗날 한의 아내가 된 엘레오노레 미노르(Eleonore Minor)나 올가 타우스키(Olga Tausky) 같은 경우는 수학자로서 크게 성공했다.

"이 질문이 너무 단순하다고 생각한다면, 여러분은 지난 19세기 수많은 사람이 밟은 고전 수학의 닳고 닳은 길로 가세요. 하지만 내가 아니라 내 동료 교수의 세미나만 들어야 합니다. 이번 여름학기 세미나에서 나는 '곡선이란 무엇인가?'라는 질문에만 전념할 것이기 때문입니다."

소 멩거는 이 말을 듣고 감전된 것 같은 충격을 받았다. 물론 그는 전공 기초 과정이었지만 이 세미나에 참여하려고 했다. 첫 세미나 수업을 마친 뒤, 멩거는 어리둥절하면서도 기쁨에 넘치는 기분에 잠겨 집으로 돌아갔다. 한은 곡선의 개념을 정확하게 파악하려고 시도한 여러 수학자 이야기를 들려주었지만, 누구의 정의도 만족스럽지는 못했다. 멩거는 투명한 논리적 사고를 통하여 문제를 해결해야 했다. 멩거는 방안에 틀어박힌 채, 다른 일은 깡그리 잊고 오로지 자기 생각을 종이에 옮겨 적을 궁리만 했다. 여러 시간이 지난 다음 휴지통은 그가 버린 종이로 가득 찼고 그는 지칠 대로 지친 상태였다. 하지만 멩거는 속담에서처럼, '터널 끝에 불빛이 보이는 듯한' 느낌을 받았다.

"너를 향해 다가오는 열차일 거야." 멩거보다 한 살 많은 동급생으로 함께 수학 수업을 듣던 오토 슈라이어(Otto Schreier)가 자신의 발상에 흥분하는 친구를 현실로 되돌리려고 했다. 두 사람이 만난 곳은 빈에서 흔히 만남의 장소로 이용되는 커피하우스였다. 소 멩거는 전날 이 생각 저 생각에 잠겨 여러 시간을 보내다 내린 결론을 전했지만, 슈라이어는 별로 신통치 않게 반응했다.

"생각해 봐!" 슈라이어는 멩거를 설득하려고 했다. "하우스도르프 같은 유명한 수학자도 자그마한 그라이프스발트에 파묻혀 지내며 상상을 초월한 곡선의 사례를 연구했지만, 곡선을 정확하게 정의하는 것에 회의적인 반응을 보였다고. 한은 자신의 세미나에서 아직 이런 말은 하지도 않았어." 그러자 멩거는 "한의 면담시간에 찾아가겠다"라고 말하며 자신이 생각해 낸 답이 교수의 동의를 받을 거라고 확신했다. 슈라이어는 잘되기를 바란다고 했다.

새파랗게 젊은 멩거가 자기 방에 들어와 곡선의 정체에 관해 답하겠다고 했을 때, 한은 처음엔 아주 소극적으로 반응했다. 하지만 소 멩거가 떨리는 목소리로 자기 생각을 표현하려고 하자, 한은 멩거가 자신의 질문을 소중하게 생각했을 뿐 아니라 놀라운 재능으로 답에 접근하고 있음을 알아보았다.

"계속해 보게." 한은 멩거에게 말했다. "자네의 접근 방식은 전도가 유망하군. 아니 그 이상이야. 내가 볼 때는 편리하기까지 한걸." 교수 방을 나온 멩거는 구름에 올라탄 기분이었다. 이제 그는 자신이 갈 길은 수학임을 알았다.

한은 할 수 있는 한, 최선을 다해 멩거를 이끌어 주었다. 멩거는 최단 시간에 박사 과정을 마쳤다. 한은 멩거에게 암스테르담 대학 교수로서 세계적 명성이 있는 수학자 라위천 에흐베르튀스 얀 브로우웨르(Luitzen Egbertus Jan Brouwer)의 조수 자리를 주선해 주었다. 그리고 채 26세도 안 된 멩거는 빈으로 다시 돌아와 기하학 교수 자리를 받았다. 이때 이미 그의 저서는 거의 마무리된 상태였다. 제목은 『차원론(Dimensionstheorie)』으로 정했다.

이어 갓 인쇄된 저서를 손에 들고 멩거는 연구소에 있는 한의 방을 두드렸다. 그리고 자랑스럽게 저서를 스승에게 전달했다. "이 책은 걸작이야." 이 찬사는 비단 한이 내린 평가만은 아니었다.

1 오스트리아 국민경제학파(Österreichische Schule der Nationalökonomie) : 빈 국민경제학파(Wiener Schule der Nationalökonomie)라고도 불린다.

2 물과 다이아몬드의 역설(Wasser-Diamanten-Paradoxon) : 유용성이 큰 재화가 때로 유용성이 별로 없는 재화보다 값이 싼 것은 언뜻 보면 이상하다. : Paul A. Samuelson, William D. Nordhaus, 『Volkswirtschaftslehre』, Landsberg am Lech, 2005

3 한계효용(Grenznutzen) : 한 재화의 한계효용은 이 재화의 추가 단위를 소비함으로써 경험하는 효용의 증가를 말한다. 이 책에서 소개하는 농부의 다섯 자루 밀의 예는 오이겐 폰 뵘-바베르크(Eugen von Böhm-Bawerk, 1851~1914)를 인용한 것이다. : Robert S. Pindyck, Daniel L. Rubinfeld, 『Mikroökonomie』, München, [8]2013

4 빈 국민경제학파(Wiener Schule der Nationalökonomie) : '오스트리아 국민경제학파'라고 부르기도 하며 카를 멩거(Carl Menger, 1840~1921)와 오이겐 폰 뵘-바베르크(Eugen von Böhm-Bawerk, 1851~1914), 루트비히 폰 미제스(Ludwig von Mises, 1881~1973), 프리드리히 폰 하이에크(Friedrich von Hayek, 1899~1992), 머레이 로스바드(Murray Rothbard, 1926~1995), 이즈리얼 커즈너(Israel Kirzner, 1930년 생)가 주도적으로 참여했다. : Eugen-Maria Schulak, Herbert Unterköfler, 『Die Wiener Schule der Nationalökonomie : Eine Geschichte ihrer Ideen, Vertreter und Institutionen』, Weitra, 2009

2.

분필로 하는 게임

곡선의 움직임을
파악하라

| 빈, 1921

증권시장의 지그재그 곡선의 추이에 수많은 사람과 그들의 가족, 회사 나아가 국가의 운명이 좌우된다. 그러므로 곡선의 본질에 관하여 오랫동안 숙고하는 것은 당연한 일이다. 그런데 1873년의 빈 만국박람회부터 1908년의 보스니아 합병을 거쳐 제1차 세계대전의 배척에 이르기까지 동시에 일어난 역사적 사건에서 일부 주식이 갑자기 하락하거나 순식간에 폭등한 예가 있었다. 정치적으로 지루한 소강 국면인데도 시세가 끊임없이 갈팡질팡하는 등 등락 현상을 보인 건 왜일까.

직선도 곡선이라 말할 수 있는가

"곡선이란 무엇인가?" 1921년, 카를 멩거가 막 대학에 등록하고 나서 최면에 걸린 듯 한스 한의 강의에 빠져들던 시점으로 돌아가 보자. 자그마한 세미나실에서 교수는 대형 강의실에서와 똑같이 크고 날카로운 목소리로 이런 질문을 던지고는 과장된 표정으로 반복한다. "뭐가 곡선인가?" 그러더니 칠판에 커다란 높은음자리표를 그린다. "여러분은 모두 이것이 전형적인 곡선이라고 말할 겁니다. 맞는 말이에요." 교수는 이렇게 말하고 다시 덧붙인다. "하지만 모두 이해할 만한 예라고 정의 내릴 수는 없어요. 정의(Definition)라는 말에는 '경계'를 의미하는 라틴어 피니스(Finis)가 들어가 있죠. 정의는 경계 설정입니다. 이 세미나에서는 경계 안에 들어 있는 것은 모두 '곡선'이라 말할 수 있고, 경계 밖에 있는 것은 곡선이라 말할 수 없다는 의미로 경계를 사용할 것입니다."

한은 칠판에 직선을 그렸다. "여러분 중 다수는 이걸 '곡선'이라고 말해서는 안 된다고 생각할 겁니다. 곡선은 언제나 굴곡이 있어야 하니까요. 어쨌든 피아커(Fiaker, 빈에서는 마부를 이렇게 부른다)는 그렇게 생각해요. 이들이 곧게 뻗은 프라터 공원의 중앙로를 따라 마차를 몰 때는 곡선을 따라 움직인다는 주장은 절대 하지 않으니까요. 이들에게 곡선은 말고삐를 쥐고 좌우로 마차를 몰아야 할 때를 의미하죠. 하지만 여기에 있는 우리는…." 한은 수강생들을 오른팔로 끌어안듯이 상징적인 동작을 했다. "수학자이지 피아커가 아니에요." 수강생들 얼굴에 웃음이 번졌다. "우리는 구부러지지 않은 직선도 곡선으로 인정해요. 이건 아주 중요한 문제죠." 한은 방금 그린 직선

오스트리아의 수학자 한스 한
(Hans Hahn, 1879~1934)은
수학자이자 빈 학파의
공동 설립자 중 한 사람이다
〈출처(CC)Hans Hahn at en.wikipedia.org〉

에 분필로 반원을 이어 그렸다. "여러분은 모두 이 고리 모양을 곡선
으로 부를 겁니다."

"내가 좀 전에 그린 직선은 이 곡선의 일부예요. 그런데 갑자기 곡선
에서 이 직선 부분을 더 이상 '곡선'이 아니라고 하면 이상할 겁니다."

"곡선의 모든 부분이 반드시 곡선일 필요는 없는 거죠." 나이가 좀
들어 보이는 학생이 아는 척하며 끼어들었다.

한은 기쁜 표정을 짓더니 그의 이의 제기를 자극하듯 "계속해 봐
요"라고 말했다. 학생은 "곡선에 들어 있는 낱개의 점 하나를 곡선으
로 부르지는 않습니다"라고 다시 입을 열었다. "그리고 곡선을 두 부
분으로 쪼개서 서로 분리한다고 할 때, 분리된 두 부분은 여전히 곡
선이죠. 하지만 이 두 부분을 전체로 볼 때는 더 이상 곡선이 형성되
지 않습니다." "아주 좋아요." 한이 웃으며 학생에게 대답했다.

"방금 이 학생이 한 말을 통해 우리는 적어도 곡선의 본질적인 특
징 두 가지를 확정했습니다. 첫째, 하나의 곡선은 언제나 두 개 이상
의 점으로 이루어질 수밖에 없다. 그리고 곡선의 두 점을 볼 때, 곡선

을 따라 이 두 점을 연결할 수 있어야 한다." 이어 의미심장하게 뜸을 들이더니 한은 다시 입을 열었다. "하지만 두 개의 점을 '곡선을 따라 연결한다'는 말을 정확하게 어떻게 이해해야 할까요?"

멩거는 넋을 잃고 귀를 기울였다. 양심 한구석에서 아버지의 목소리가 들리는 것 같았다. "네가 정말 그걸 공부할 거냐? 세상과는 거리가 먼 그런 학술적인 문제로 네 인생을 희생하겠다고? 그건 망상이야. 사상누각이 아니면 정신적으로 헛된 꿈 아니냐? 법학이나 의학, 아니면 기술 같은 보람 있는 일을 시작해야 하지 않겠니? 경제학을 말하는 게 아니다. 너 정말 심사숙고한 거냐?"

한스 한이 분필로 칠판에 지그재그 형태의 선을 그릴 때, 멩거는 마음속으로 집요하게 달라붙는 의문을 떨쳐내려고 했다. 그는 강의 내용을 한 마디도 놓치지 않으려고 애를 썼다. "많은 수학자는 곡선에 각이 없다고 생각합니다"라고 말하는 한의 목소리가 들렸다. "모서리가 뭉툭한 직사각형의 변은 이들 눈에 곡선으로, 일종의 타원형으로 보이지만, 직사각형의 변 자체는 곡선이 아니죠. 또 이 수학자들은 매끄러운 곡선만 완강히 주장하지만, 나는 이런 생각에 동의하지 않습니다. 네 각을 지닌 직사각형의 변은 모서리가 둥글어지면서 원의 반지름이 점점 작아질 때, 뭉툭한 직사각형의 변이라는 경계를 벗어남으로써 생기는 것입니다. 만일 매끄러운 곡선의 경계상에 있는 곡선도 '곡선'으로 인정한다면, 내가 방금 그린 지그재그 선도 곡선으로 불러야 할 것입니다."

멩거는 이 순간 교수가 하는 말을 이해하지 못했지만, 갑자기 직관적으로 아버지의 목소리와 더불어 떠오른 양심의 가책을 향해 대답할 수 있을 것 같았다. 방금 한이 칠판에 그린 지그재그 선은 그가 신문 경제란이나 아버지 또는 아버지의 동료 교수와 제자들의 논문에서 본 적이 있는 것이었기 때문이다. 그가 본 것은 상장기업의 주식 시세를 나타낸 곡선이었다.

이미 20세기 전반에도 주식이나 채권의 시간적인 추세를 보여 주는 독특한 그래프는 중개인이나 투자자들에게 중요한 역할을 했다. 시간 축은 오른쪽으로 뻗어 나간다. 그리고 시간 축의 각 점에서 본 유가증권의 시세는 수직으로 표시된다. 시세가 환상적인 가격으로 오를 때는 그래프도 올라가고 시세가 바닥으로 떨어지면 그래프도 밑으로 내려간다. 이렇게 형성된 점의 조직이 곡선의 원형이다. 물론 한이 세미나를 시작할 때 칠판에 그린 높은음자리표처럼 매끈한 곡선이 아니라 그가 방금 말한 지그재그 선과 같은 곡선이다. 그리

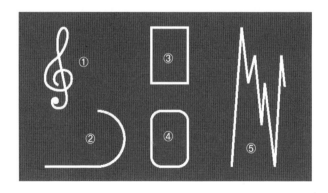

〈그림1〉①은 한스 한이 칠판에 그린 높은음자리표의 매끄러운 곡선. ②는 직선에 반원이 덧붙여진 그림. ③은 네 모서리가 있는 곡선으로서의 직사각형의 변. ④는 뭉툭한 직사각형의 변. ⑤는 지그재그 선이 각각 보인다.

고 수많은 사람의 시선이 쏠리는 곡선이기도 하다. 이 곡선에 많은 돈이 걸려 있기 때문이다. 이 곡선이 곤두박질칠 때, 주식을 보유한 사람들은 그래프를 보며 경악한다. 그러나 갑자기 수직 상승 곡선을 그리면 엄청난 환호성을 터트린다.

정수의 차원에서 곡선의 운동을 이해한 멩거의 '차원론'

지그재그 곡선은 자신만의 고유한 세계를 가진 기발한 수학자들에게 이상적인 형태는 아니다. 증권시장의 지그재그 곡선은 손에서 손으로 전달된다. 이 곡선의 추이에 수많은 사람과 그들의 가족, 회사 나아가 국가의 운명이 좌우된다. 그러므로 그 독특한 본질에 관하여 오랫동안 숙고하는 것은 당연한 일이다.

사실 그 곡선은 정말 특이하다. 1871년부터 1921년까지 전형적인 등락 현상을 보여 주던 상장기업의 시세 변동을 보면 그렇다. 1873년의 빈 만국박람회부터 1908년의 보스니아 합병을 거쳐 제1차 세계대전의 배척에 이르기까지 동시에 일어난 역사적 사건에서 일부 주식이 갑자기 하락하거나 순식간에 폭등한 예를 확인할 수 있기 때문이다. 하지만 그것만으로 모든 것이 설명되지는 않는다. 정치적으로 지루한 소강 국면에도 끊임없이 시세가 갈팡질팡하는 현상을 보였기 때문이다.

이 곡선을 확대해 보기로 하자. 1916년부터 1921년까지의 기간에 기업의 시세 변동을 확인해 보면 그 이전의 등락과 달라진 것이 없다. 그전에 가파르게 올라가던 곡선이 다시 적당히 평균을 유지하고 안정을 보이는 것이 아니라 사실은 불안한 지그재그 형태가 어지럽게 이어진다. 멀리서 보면 곡선은 그전과는 다른 인상을 준다. 불안하고 변덕스러운 변화가 유지된다. 단순히 연말의 일시적 휴식을 지나 거래소가 개장한 첫날인 1921년 1월 3일부터 1921년 3월 4일까지의 기간을 집중적으로 볼 때도 정확하게 똑같은 현상이 일어나고 있다. 1921년의 경우 앞 그림에서 단지 평온한 흐름을 유지하는 것으로 보이는 부분을 확대해서 보면 – 수직 축도 거기 맞춰 확대하

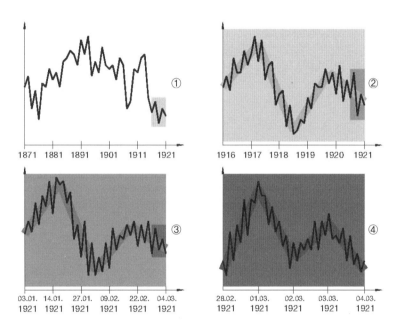

〈그림2〉 ①은 장기간의 시세 변화. 맨 끝 밝은 회색으로 표시된 직사각형 부분의 시세 변화는 ②에서 다시 확대된 형태가 보인다. 또 여기서 끝의 좀 더 진한 회색으로 표시된 직사각형 부분의 시세 변화는 ③에서 다시 확대된 형태가 보인다. 또 여기서 끝의 어두운 회색으로 표시된 직사각형 부분의 시세 변화는 ④에서 다시 확대된 형태가 보인다. 확대할 때마다 네 개의 직선으로만 이루어진 것처럼 보이던 시세 변동은 올이 풀리듯 지그재그 선으로 변한다.

므로 더 세밀하게 분류할 수 있다 - 갑자기 두드러진 동요 현상을 느낄 수 있다. 그리고 2월 28일부터 3월 4일까지의 주간만 봐도 끊임없이 변덕스럽게 그래프가 움직인다.

이런 그래프와 세미나실 칠판에 여전히 큼직하게 그려진 높은음자리표의 매끄러운 곡선을 비교하는 것은 무척 단순한 일이다. 기업의 시세 변동을 정확하게 그리려고 하는 사람은 완전히 실패할 수밖에 없다. 특히 1871년에서 1921년 사이에 그려진 최초의 지그재그 선은 거의 터무니없이 그린 엉터리 약도나 다름없다. 또 확대한다고 해도 요동치는 시세 변동을 정확한 그래프로 재현할 수는 없다. 순간순간 들쭉날쭉 변하는 수많은 톱니 모양을 간추린 그래프로는 파악할 수 없다.

시세 변동의 곡선을 완벽하고 정확하게 묘사하려는 사람은 소설가 로렌스 스턴(Laurence Sterne)이『트리스트럼 섄디(Tristram Shandy, 로렌스 스턴이 집필한 총 9권의 전기로 미완성작이다. 줄거리가 탈선을 거듭하는 등 세계문학사상 진기한 작품으로 꼽힌다 - 옮긴이)』의 전기를 묘사하려고 할 때와 똑같이 실패하고 말 것이다. 작가는 주인공의 삶에서 일어나는 별 의미 없는 사소한 부분까지 다 말하려고 하다가 총 9권에 권마다 40장으로 된 대작을 썼음에도 사실상 트리스트럼 섄디의 출생 이후로 더 이상 이야기를 끌고 나가지 못했다. 마찬가지로 꼼꼼한 그래프 제작자가 1871년부터 1921년까지의 시세 변화를 정확한 곡선으로 묘사하려고 해도 결국 1871년 2월 2일, 월요일의 범위를 벗어나지 못할 것이다.

높은음자리표 곡선이 얼마나 긴지는 간단하게 확인할 수 있다. 곡선에 나란히 이어진 점을 그려 넣고 높은음자리표의 휜 부분을 두 점 사이를 연결한 직선으로 대체하는 것이 가장 간단한 방법이다. 그런 다음 짤막한 각 직선 구간을 길게 이으면 그만이다. 물론 정확한 곡선 형태가 아니라 작고 짧은 직선 형태이기는 하다. 하지만 점을 더 빽빽하게 채울수록 임의로 높은음자리표에 가까운 형태에 접근할 수 있다.

들쑥날쑥 변동이 심한 시세표의 지그재그 곡선에서는 이런 구간의 측정 방법이 통하지 않는다. 이때는 '실제 구간'이란 것이 없다. 연결해야 할 점들이 너무나 많고 아주 짧은 시간대라고 해도 지나치게 많은 점이 줄어들지 않기 때문이다. 시세 변동 곡선의 '구간'이란 말을 하는 것은 무의미하다. 설사 그것이 끝없이 길다고 말해도 의미 없기는 마찬가지다. '끝없이 길다'는 말은 무슨 뜻인가?

오토 슈라이어(Otto Schreier)는 그가 커피하우스에서 학교 친구 멩거에게 펠릭스 하우스도르프(Felix Hausdorff)에 대한 이야기를 할 때 이런 생각을 했다. '하우스도르프는 시세 변동 곡선이 일차원적이 아닐 것이라고 생각하지 않았을까?' 직선이건 곡선이건 하나의 선이 일차원적이라고 생각하는 식의 일차원은 아니라는 것이다. 마부가 자신의 길을 따라 마차를 몰듯이 곡선을 따라갈 수 있다는 의미의 일차원은 분명히 이런 곡선이 아니다. 그렇다고 평면을 채우는 식의 이차원도 아니다. 혹시 시세 변동 곡선의 '차원'은 '분수'로시 1과 2 사이에 있는 것이 아닐까?

멩거는 하우스도르프가 아니라 자신의 방식을 써서 이 문제에 체계적으로 다가가고 싶었다. 하나의 점 혹은 여기저기 흩어진 형태로

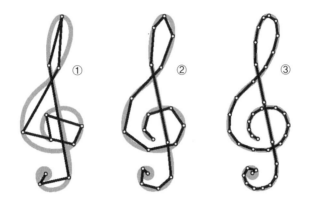

〈그림3〉 매끄러운 곡선 구간은 – 회색으로 표시된 높은음자리표 예에서 보듯이 – 곡선의 점을 직선으로 연결하고 이 선의 구간을 이음으로써 대강 파악된다. ①은 점이 적고 ②는 더 많으며 ③은 아주 많은 곡선의 점이 직선으로 연결되어 있다. 선분의 구간은 왼쪽에서 오른쪽으로 갈수록 늘어나고 점점 더 매끄러운 곡선의 구간을 정확하게 묘사한다.

들어 있는 개별적인 점들이 차지하는 차원이 0이라는 것은 분명하다. 하나의 선이 일차원이라면 높은음자리표의 곡선도 일차원이다. 일차원의 점으로 시작해서 일차원의 점으로 끝나기 때문이다. 정사각형이 이차원인 것은 일차원 선 네 개가 둘러싸고 있기 때문이다. 마찬가지로 일차원의 원주로 둘러싸인 원도 이차원이 된다. 삼차원의 정육면체는 여섯 개의 이차원 정사각형이 둘러싸고 있고, 똑같이 삼차원의 구는 이차원의 구 표면이 둘러싸고 있다.

이런 식으로 차츰 접근하다 보면 '분수의' 차원이 아니라 '정수의' 차원으로 이해가 가능하다. 각 형태를 둘러싸는 것은 언제나 형태 자체보다 한 차원이 낮다. 하지만 이런 생각이 낱낱의 점이나 선분,

매끈한 곡선, 정사각형, 정육면체 혹은 구보다 훨씬 복잡한 형태에도 적용될지는 의문이 생긴다.

멩거의 이 접근방식에 대해 일주일 뒤 그와 이야기를 나눈 한(Hahn) 교수는 '전도유망한', 나아가 '편리하기까지 한' 접근방식으로 명명했다. 그리고 7년 뒤 멩거는 이런 생각 끝에 이론으로 발전한 자신의 저서에 『차원론』이라는 제목을 붙였다. 시세 변동을 볼 때는 그 이상의 숙고가 필요한데 이것은 하우스도르프나 멩거가 미처 생각하지 못한 것이다. 그 곡선이 기하학적인 형상을 띠기 때문이다. 어떻게 해서 끊임없는 동요 현상이 나타나는 것일까?

바슐리에의 '브라운 운동'

갑자기 러시아의 예카테린부르크에서 돌고루코프 후작이라는 사람이 놀랄 정도로 거액의 주식을 매입했다는 소문이 돈다. 그러자 순식간에 시세가 껑충 뛴다. 그러나 곧 익명의 믿을 만한 소식통으로부터 이 소문이 잘못 알려진 것이라는 말이 퍼진다. 그러자 시세는 떨어진다. 불확실성을 퍼뜨리기 위해 소식통은 돌고루코프에게 매수된 것이라는 또 다른 소문이 증권업자들에게 조금씩 퍼진다. 많은 사람이 그의 말을 믿고 주식을 매입하고 또 많은 사람이 회의적인 반응을 보이며 주식을 처분한다. 이들 모두 조금씩 이르거나 늦는다. 이 모든 것을 합리적으로는 이해할 수 없다. 한마디로 말해, 주가의 등락은 '우연에 지배되는 것처럼 발생한다.'

노련한 마부가 마차를 몰 때는 분명한 목표가 있으며 매끈한 곡선의 노선을 따라 말을 몬다. 이와 달리 시세 변동이 들쑥날쑥한 지그재그 곡선은 주점들이 다 문을 닫은 뒤에 만취된 상태로 비틀거리며 길거리를 걷는 주정뱅이의 모습을 떠올리게 한다. 그가 갑자기 오른쪽으로 방향을 틀지 아니면 왼쪽으로 틀지 알 수 없는 노릇이다. 이 사람이 시세 변동의 곡선에서처럼 실제로 매 순간 방향을 바꿀 정도로 취했다면, 집으로 가야 하는데도 좀처럼 주점에서 나오지 않을 것이다.

당시 멩거는 이미 20년 전에 루이 바슐리에(Louis Bachelier)라는 젊은 프랑스 물리학자가 상장기업의 주가 변동을 우연에 지배되는 것과 같이 방황하는 형태로 파악했다는 사실을 몰랐다. 바슐리에는 취객의 비틀거리는 모습이 아니라 그로부터 수십 년 전 스코틀랜드 식물학자 로버트 브라운(Robert Brown)[5]이 묘사한 것처럼, 현미경으로 보이는 미세한 우연의 동작으로 방향을 잡았다. 브라운은 현미경으로 물방울을 관찰하면서 미세한 꽃가루 입자가 물방울 표면에서 불규칙하게 꿈틀대는 모습을 보았다. 브라운 자신은 거기서 생명의 형태를 발견했다고 믿었다. 하지만 사실 그것은 열 교란으로 사방에서 무질서하게 꽃가루 입자에 부딪히며 이리저리 흔드는 물 분자의 작용일 뿐이다. 길거리에서 비틀거리는 취객의 동작이나 물방울 위에서 꿈틀대는 꽃가루 입자 운동이나 예측할 수 없는 증권 시세의 들쑥날쑥 현상은 수학적으로 볼 때, 똑같은 것이다.

바슐리에가 파리에서 수학의 거물 앙리 푸앵카레(Henri Poincaré)에게 제출한 박사학위 논문은 이런 명제를 기반으로 하였다. 푸앵카레는 제자 양성에는 거의 관심이 없었다. 그에게 지도받은 학생은 채 열 명이 되지 않는다. 그의 문하생으로 들어온 제자 중 첫 번째가

루이 바슐리에였다. 소르본의 유명한 세 교수 앞에서 – 두 사람은 이미 백발이 성성한 폴 아펠(Paul Appell)과 조제프 부시네스크(Joseph Boussinesq)였고, 나머지 한 사람은 채 마흔이 되지 않았지만 앞의 두 사람보다 전공 분야에서 훨씬 두각을 나타낸 지도교수 앙리 푸앵카레였다 – 바슐리에는, 프랑스에서 하는 말로 '명제를 방어'해야 했다. 푸앵카레는 바슐리에와 그가 보여 준 아이디어에 감격했다. 하지만 바슐리에에게 적당한 대학의 자리를 주선하는 일은 푸앵카레에게는 힘들었는지, 바슐리에는 혼자 힘으로 보수가 시원찮은 강사 자리를 얻어 생계를 꾸렸다. 그러다가 1926년에야 마침내 디종에서 전임교수 자리에 희망을 품게 되었다.

하지만 이미 파리에서 교수로 탄탄히 자리 잡은 폴 레비(Paul Lévy)가 채용심사 때, 터무니없이 낮은 점수를 주는 바람에 그의 기대는 산산조각이 났다. 한참 세월이 흐른 뒤, 레비는 바슐리에를 심사할 때 자신이 보인 선입견과 잘못된 평가를 사과했으나, 이미 소용이 없었다. 바슐리에가 박사학위 논문에서 제시한 이론은 그의 사후에 차츰 알려졌으며, 새로운 방향을 제시하는 탁월한 논문임을 인정받게 되었다.

어떤 의미에서는 멩거가 한스의 설명을 듣고 처음으로 그것과 관련한 것을 생각했을 때, 그는 주식 시세 같은 지그재그 곡선을 현상학적으로, 즉 그 외형을 면밀하게 관찰했다고 말할 수 있다. 이와 달리 바슐리에는 그 곡선의 실체를 조사했다. 말하자면 곡선의 본질을 본 것이다. 그는 지그재그 곡선이 어떻게 생기는지에 의문을 품었기 때문이다.

곡선의 운동에 관심을 보인 천재들

한 교수와 맹거 그리고 다른 한편으로 멀리 파리에서 단독으로 연구한 바슐리에 외에도 같은 분야에서 이 문제를 철저하게 다룬 다른 연구자들이 있다는 것을 언급조차 하지 않는다면 공정하지 못한 처사일 것이다.

일부를 거론하자면, 1905년 당시 베른 특허국의 3등 심사관이었던 알베르트 아인슈타인(Albert Einstein)은 바슐리에를 모르는 상태에서 브라운 운동의 현상에 몰두했다. 그는 빈의 위대한 이론가인 루트비히 볼츠만(Ludwig Boltzmann)의 의미에서 이 현상을 분석했다. 브라운 운동에 대한 아인슈타인의 논문은 알베르트 아인슈타인의 '경이로운 해'로 불린 1년 동안 그가 이룩해 낸 4대 업적 중 하나였다. 다른 세 편의 논문은 입자현상으로서 빛의 해석에 관한 논문이었다. 이 중에서 아인슈타인은 '광자(光子)'로 불리는 입자가 매우 독특한 특징을 지녔다는 논문으로 노벨상을 받았다. 그리고 나머지 두 편은 특수상대성이론과 유명한 공식 $E=mc^2$을 발견한 논문이다.

마리안 스몰루호프스키(Marian Smoluchowski)는 아인슈타인과 같은 시기에 바슐리에나 아인슈타인을 모르는 상태에서 이후 세계적으로 유명해진 아인슈타인과 같은 인식에 도달했다. 스몰루호프스키는 빈의 아름다운 교외 포어데어브륄(Vorderbrühl)에 사는 폴란드 혈통의 유복한 가문 출신이다. 그는 빈 대학교에서 물리학을 전공했으며 박사학위를 받을 때는 뛰어난 성적 때문에 '황제 임석'의 영예를 안았다. 말하자면 황제 혹은 황제가 임명한 대리가 참석해 학위 수여식을 빛내 주는 특혜를 누린 것이다. 그는 파리와 글래스고, 베를린 등지를 돌아다니며 연구 업적을 쌓은 다음 마침내 렘베르크에서 물리학 교수직을 얻었다. 그는 렘베르크에서 폴란드 자연과학자들의 모임인 '코페르니쿠스 학회'에 가입했다. 폴란드인은 합스부르크 왕가가 통치하는 지역의 수많은 민족의 하나로, 갈리시아 지방의 렘베르크에서는 유난히 사회 진출이 두드러졌다. 스몰루호프스키가 브라운 지그재그 운동에 관하여 선구적인 논문을 쓴 것은 그가 이 학회의 회장으로 있던 1906년이었다. 그는 제1차 세계대전이 일어나기 직전에 살았던 크라카우에서 세상을 떠났는데, 전쟁이 끝나기 1년 전이었고 그곳에서 유행한 이질 때문이었다.

또 멩거와의 친분도 없고 바슐리에나 아인슈타인, 스몰루호프스키의 인식과도 무관한 상태에서 러시아의 젊은 수학자인 파벨 사무일로비치 우리손(Pawel Samuilowitsch Urysohn)은 실제로 소 멩거가 구상한 것과 똑같은 '차원론'을 고안했다. 멩거가 한에게 매료되어 물리학에서 수학으로 바꾸도록 유혹당했다면, 우리손은 모스크바의 로모노소프 대학교에서 강의하는 드미트리 표도로비치 예고로프(Dmitri Fjodorowitsch Jegorow)와 그의 동료 니콜라이 니콜라예비치 루진(Nikolaj Nikolajewitsch Lusin)에게 똑같이 유혹당했다. 이 두 사람은 정수의 차원이라는 의미에 대해 가능하면 포괄적인 정의를 내리도록 우리손에게 영감을 주었다.

사실 멩거와 우리손 이전에 암스테르담 대학교에서 차원론의 사전 작업을 한 학자가 있었다. 바로 네덜란드의 라위천 에흐베르튀스 얀 브로우웨르다. 멩거와 우리손 두 젊은 인재는 이 업적을 통해 독립적으로 서로 뒷받침하는 관계가 되었다. 멩거가 이 업적을 알게 된 것은 그가 브로우웨르의 조교로 2년간 활동할 때였고, 우리손도 괴팅겐 대학(그 유명한 다비트 힐베르트가 근무하던)과 본 대학(섬세한 감각을 지닌 펠릭스 하우스도르프가 그라이프스발트 대학에서 물러난 뒤에 근무하던)을 거쳐 암스테르담 대학으로 브로우웨르를 만나러 갔을 때 이를 알게 되었다. 우리손에게 이 연구 여행은 비극으로 끝났다. 그와 동료인 파벨 세르게예비치 알렉산드로프(Pawel Sergejewitsch Alexandrow)는 방학 동안에 브르타뉴로 가서 1924년 8월 17일 늦은 오후에 대서양 해안에서 수영하기로 했다. 두 사람은 수영하던 중 강한 조류에 밀려 바다 쪽으로 쓸려갔는데, 알렉산드로프만 간신히 해안으로 돌아올 수 있었다. 그의 친구 우리손은 구조되었지만, 이미 숨이 끊긴 뒤였다.

멩거는 1925년이 되어서야 암스테르담으로 갔기 때문에 우리손을 개인적으로 알 기회가 없었다. 브로우웨르와 멩거는 교수와 조교로서 처음에는 서로 무척 높이 평가했다. 하지만 수개월 동안 집중적으로 공동 연구한 뒤 두 사람은 사이가 나빠졌다. 우선 한 사람은 나이가 많은 학자로 주름진 얼굴에 마르고 위엄 있는 신사 풍이었는데, 쌀쌀맞을 정도로 진실을 따지는 성격에도 불구하고 교수라기보다 성직자 같았고 부분적으로 이상한 자신의 견해를 철석같이 믿었다. 또 한편으로 지식욕이 불타고 공명심에 번쩍이는 이해력을 타고난 젊은 조교는 판단력이 날카롭고(그가 파울리에게서 배운) 가벼운 비판에도 지나치게 민감한 반응을 보였다. 둘 중 누가 먼저 아이디어를 냈느냐는 문제가 불거질 때면 아무리 정중한 관계를 유지한다고 해도 두 사람 사이에 싹튼 불화를 막을 수는 없었다.

초판으로 간행된 『차원론』을 들고 기온이 서늘한 암스테르담을 떠나 빈으로 돌아간 멩거는 운이 좋았다. 자리가 비어 있던 빈 대학교 기하학 교수에 임용될 기회가 생긴 것이다. 한스 한은 교육문화부와 접촉해가며 멩거가 성공적으로 귀환할 수 있도록 전력을 기울였다. 고향으로 돌아와 옛날의 은사에게 저서를 건네는 제자, 제자 멩거의 책을 읽고 "이 책은 걸작이야"라고 최고의 찬사를 아끼지 않는 스승 한의 모습이 눈에 선하다.[6]

---

5 브라운 운동(Brownsche Bewegung) : 로버트 브라운(Robert Brown, 1773~1858)은 현미경으로 물방울 속에서 꽃가루가 불규칙하게 떨며 운동하는 모습을 관찰했다. 꽃가루는 물 분자의 열 운동에 자극받은 것이다. 이 운동을 수학적으로 설명한 사람으로는 루이 바슐리에(Louis Bachelier, 1870~1946)와 알베르트 아인슈타인(1879~1955), 마리안 폰 스몰루호프스키(Marian von Smoluchowski, 1872~1917) 등이 있다. 노버트 위너(Norbert Wiener, 1894~1964)는 이 현상에 관하여 매우 정연한 수학 이론을 세웠다. : Andrei N. Borodin, Paavo Salminen, 『Handbook of Brownian Motion - Facts and Formulae』, Basel, 2002

6 차원(Dimension) : 구체적으로 밀해서 한 집합의 차원은 서로 독립된, 가능한 방향의 수이다. 여기서는 그 집합을 떠나지 않고도 이 점에 있는 집합의 한 점에서 벗어날 수 있다. 라위천 얀 브로우웨르(Luitzen Jan Brouwer, 1881~1966)와 파벨 사무일로비치 우리손(Pawel Samuilowitsch Urysohn, 1898~1924), 카를 멩거(Karl Menger, 1902~1985)는 차원을 귀납적으로 정의하고 있다. 한 집합의 경계는 집합 자체보다 1이 적은 차원을 갖는다. 펠릭스 하우스도르프(Felix Hausdorff, 1868~1942)는 차원의 개념을 개발했는데 여기서는 집합의 차원을 짝수로만 생각하지 않는다. : Ryszard Engelking, 『Theory of Dimensions : Finite and Infinite』, Lemgo, 1995

3.
숫자 게임

신은 주사위 게임을
하는가

| 리옹, 1612

세계의 건축사는 누구인가? 그는 셀 수 없이 많은 판으로 이루어지는 게임을 주관하는 것처럼 보인다. 그는 매 판 주사위 게임을 하는데 특히 우주라는 경기장에서는 맹목적인 우연이 활개 치도록 방치하고 있는 것처럼 보인다. 그렇다면 세계의 건축사는 예측할 수 없는 판으로 이루어진 자신의 게임에서 무슨 이득을 보길래 이렇게 하는가? 그는 과연 누구와 게임을 하는 것일까?

메지리아크의 숫자 주머니 게임

"한 판 더 합시다!" "분명히 말씀드리지만, 선생은 벌써 네 번이나 졌다고요. 장담하지만, 한 판 더 해도 나에게는 안 될 거요. 당신이 가진 돈 전부를 바닥 낼 생각은 없으니 이제 그만 합시다!" "다 털려도 상관없소. 한 판만 더해요. 내게도 한번은 행운이 붙겠지."

클로드 가스파르 바셰 드 메지리아크(Claude Gaspard Bachet de Méziriac)는 할 수 없이 상대의 말에 따랐다. 그리하여 메지리아크는 순진한 귀족을 상대로 자신이 발명한 '숫자 주머니'[7]라는 게임을 다섯 번째 하게 되었다. 그것은 단순한 게임이었다. 게임 전적표[8]나 말, 주사위 같은 것은 필요 없고 그저 게임에 푹 빠진 사람 둘만 있으면 된다. 첫 번째 사람이 1에서 10사이의 숫자 하나를 부른다. 그러면 두 번째 사람이 1에서 10 사이의 숫자 하나를 불러서 상대가 부른 수에 더하고 그 합을 말한다. 그러면 첫 번째 사람은 다시 1에서 10 사이의 숫자 하나를 부르고 거기서 합이 나온다. 이런 식으로 서로 번갈아 수를 부르고 더해 나가다가 한 사람이 100이라는 숫자를 부르게 되면 게임이 끝난다. 100을 부른 사람이 이기는 것이다. "좋습니다, 그럼 내가 시작하죠"라고 메지리아크가 말하고 "1"이라는 숫자를 불렀다.

"5요." 상대가 즉시 응수했다.

"5라면…." 메지리아크가 중얼거리더니 "나는 거기에 7을 더해서 12요"라고 말했다.

"13"이라고 상대가 말했다. "1을 더한 거요."

"1을 더했다면 이번에는 거기에 10을 더하지요"라고 메지리아크가 대답하며 덧붙였다. "23이요."

"그럼 나는 27."

"그 27에 34."

"44." 상대는 자신이 이긴 것처럼 당당하게 말했다.

"잠깐만요." 메지리아크는 분명하지 않은 소리로 웅얼거렸다. 그러더니 잠시 후에 "45"라고 소리쳤다.

"48."

"그 48에 8을 더해 56"이라고 메지리아크가 응수했다.

"시간이 빡빡하네"라며 상대가 속마음을 입 밖으로 비치더니 외친다. "나의 다음 수는 60이요."

"그 60에 나는 67이요."

"70" 하고 상대가 더 큰소리로 외치더니 쾌재를 부르며 덧붙였다. "두고 봐요, 내가 80, 90, 100을 부르게 될 테니."

잠시 뒤 메지리아크가 나지막이 "78"이라고 속삭였다.

상대는 승리를 눈앞에 둔 듯 떨리는 목소리로 "80" 하고 대꾸했다.

이어 메지리아크는 "89"라고 냉정하게 말하며 덧붙였다. "아시다시피 내가 이겼어요. 당신이 어떤 숫자를 부르든 최소 90에서 최대 99가 될 수밖에 없으니 뭐라고 하든 나는 '100'을 부를 수 있어요."

"이런 악마 같으니라고." 상대는 메지리아크에게 호통 치더니 1600리브르를 던지고는 – 첫 게임을 100으로 시작해서 판이 거듭될 때마다 두 배로 판돈을 올렸기 때문에 – 그 자리를 떠났다.

17세기 초만 해도 사람들은 오늘날처럼 숫자 계산에 능숙하지 못했다. 계산해야 할 때는 대부분 고대 로마 숫자를 염두에 두었다. 숫자에 관해서는 아는 것이 아무것도 없었으므로 많은 사람이 메지리아크의 '숫자 주머니 게임'에 속수무책으로 당할 수밖에 없었다. 게임을 시작하는 사람이 승리할 것이 분명하기 때문이다. 전략은 1을 부르는 것으로 시작하여 12, 23, 34, 45, 56, 67, 78, 89의 순서로 부르는 것이다. 그러면 상대가 어떤 숫자를 부르건 상관없이 언제나 이길 수 있다. 물론 교활한 사기 도박꾼이라면 1, 12, 23, 34, 45, 56, 67, 78, 89, 100으로 이어지는 숫자를 절대 자동으로 풀어 보이지 않을 것이며, 상대가 부르는 숫자가 그럴싸해 보이도록 과장된 관심을 보일 것이다. 위험할 때는 단지 상대가 먼저 1부터 10까지의 숫자를 부를 때뿐이다. 하지만 상대가 메지리아크가 단골로 사용하는 것과 다른 숫자를 부르는 순간 – 아무것도 모르는 사람이라면 이렇게 할 가능성이 아주 크다 – 사기 도박꾼은 승리를 낚아챈 것이나 다름없다.

바셰 드 메지리아크는 사실 사기 도박꾼은 아니었다. 그는 이 숫자 주머니를 『숫자에서 나오는 즐겁고 멋진 수수께끼(Problèmes Plaisants et Délectables, qui se font par les Nombres)』라는 저서에서 다양한 게임과 수학적 수수께끼의 하나로 소개했을 뿐이다.

수학자이자 언어학자, 예수회 1년 회원이었던 클로드 가스파르 바셰 드 메지리아크 (Claude Gaspard Bachet de Méziriac, 1581~1638) 〈출처(CC)Claude Gaspard Bachet de Méziriac at en.wikipedia.org〉

당시 프랑스에는 이런 책에 마음을 붙일 만한 대중이 있었다. 시민계급과 귀족이 풍요롭게 지낼 때였기 때문이다. 앙리 4세 이후, 루이 8세와 리슐리외 추기경 및 마자랭 재상의 섭정 치하에서 프랑스는 부를 축적했고 국경은 안정되었다. 농부나 소규모 수공업자로 근근이 생계를 이어야 하는 처지가 아니라면, 사람들은 시급히 매달릴 일이나 고달픈 노동을 거의 하지 않았으며 대부분의 시간을 안일한 생활에 빠져 지냈다. 하지만 블레즈 파스칼(Blaise Pascal)이 다음과 같이 혜안으로 지적한 것을 깨달을 만큼, 소수는 그 여유로운 시간에 뭔가 이성적인 일을 시작할 줄 알았다. "열정도 하는 일도 없이, 또 오락이나 뭔가 전념할 것도 없이 완전하게 휴식하는 것만큼 견디기 힘든 일은 없다. 이런 사람은 자신이 아무것도 아니라는 느낌이, 모든 것을 포기하고 불충분하며 종속되고 무기력하며 공허하다는 느낌이 들 것이다. 정신 밑바닥으로부터 끊임없이 권태와 어둠과 비애, 근심, 체념, 절망이 밀려올 것이다."

사람들은 게임으로 시간을 잊은 상태에서 빈둥빈둥 보낼 수 있게 되었다. 게임은 현실을 잊게 해주었다. 게임에는 나름대로 규칙이 있어서, 처음 이 규칙에 동의하고 철저히 지키기만 하면 된다. 우리는 언제 게임이 시작되고 언제 끝나는지를 정확하게 안다. 게임은 나름대로 독특한 작은 세계를 만들어 내며, 불확실하고 위협적인 큰 세계를 잊게 해준다. 유쾌하고 재미있는 것이 게임이며 바셰 드 메지리아크는 정확하게 이런 요소를 자신의 저서로 약속한 것이다.

아주 단순한 사기 도박이라고 할 그의 숫자 주머니를 조금만 더 보기로 하자. 다른 사기 도박과 마찬가지로 여기서도 이를 엄밀한

의미에서는 게임이라고 할 수 없다. 사기 도박꾼이 즐길 목적으로 게임을 하는 것이 아니기 때문이다. 그에게 사기 도박은 일종의 직업이다. 물론 평판이 좋지 않은 일이지만, 벌이가 확실한 직업임은 분명하다. 게임 자체의 즐거움은 없고 기껏해야 순진한 상대의 돈을 갈취하는 도둑질의 기쁨만 있다. 사기 도박꾼은 대접받지 못한다. 경찰이라면 모를까, 이성적인 사람이 이들과 관계를 맺으면 안 된다.[9]

그리고 사기 도박의 피해자에게도 이 게임 자체는 아무 재미가 없다. 결국 돈을 잃을 것이 너무나 분명하기 때문이다. 아주 야비한 사기 도박꾼들은 때로 피해자에게 조금씩 따게 하기도 한다. 그들에게 끝까지 분발하도록 해서 더 뻔뻔하게 돈을 갈취하려고 하기 때문이다. 마치 고양이가 쥐를 죽이기 전에 데리고 노는 식이다. 쥐에게는 도피구가 생긴 것 같지만, 매번 함정으로 드러날 뿐이다.

체스의 '엘로 점수'

하지만 사기 도박을 배척하는 측면에서 보자면 눈여겨볼 장면도 있다. '확실성'이라는 말이 무슨 의미인지 여기서 가장 모범적으로 이해할 수 있기 때문이다. 무자비한 사기 도박의 경우에는 승자가 미리 정해져 있다는 말이다. 우연이 끼어들 소지는 없다. 이 대목에서 카를 멩거를 매료한 한스 한의 설명을 생각해 보자. 멩거는 칠판 왼쪽에 매끄러운 곡선으로 그려진 높은음자리표를 본다. 직선과 거기에 이어진 반원도 있다. 오른쪽에는 한이 분필이 다 닳을 정도로 두껍게 칠한 혼란한 모양의 지그재그 선이 있다. 증권시장에 나오는 모든 주식 시세의 원형이라고 할 지그재그 선을 지배하는 것은 우연이다. 각 없이 매끄러운 선의 경우에는, 어쨌든 한이 지금까지 그린 폭을 보고 어떻게 그릴지를 대강이라도 예측할 수 있다. 그렇다고 해도 직선에 갑자기 반원을 덧붙인다는 것을 예상할 수 있는 사람은 아무도 없다. 하지만 이 반원의 첫 1~2센티미터는 먼저 그린 직선과 거의 구분되지 않는다. 적어도 짧은 구간에서는 매끄러운 곡선을 그리는 상황에서 직선이 계속된다고 예상할 수도 있다.

직선을 그릴 때, 앞으로 어떻게 그어질지 예측할 수 있는 것처럼 능숙한 솜씨가 요구되는 브리지 게임에서도 마찬가지다. 솜씨가 뛰어난 두 명이 한 조가 되어 브리지에서는 풋내기라고 할 초보자 두 명으로 된 팀을 상대할 때는 게임 결과를 미리 알 수 있다는 말이다. 판을 거듭할수록 초보자 팀의 실력이 향상된다고 해도 이것은 기하학적인 형태로 볼 때, 이들의 승리 가능성을 반영한다고 할 직선이 0의 수준에서 살짝 튀어나온 것에 지나지 않는다. 매 판의 결말을 확실성에 근접한 확률로 예측할 수 있는 게임은 일직선에 비유할 수 있다.

'엘로 점수'를 실생활에 도입한다면

그렇다면 매끄러운 곡선에 해당하는 것은 어떤 게임일까? 이 경우에는 장기적인 관점에서 게임이 언제 끝날지 알 수 없다. 하지만 매끄러운 곡선으로 표현될 때, 이 곡선이 다음 순간 어디로 향할지는 언제나 잘 알아맞힐 수 있다. 매 순간의 끝점에서 곡선에 놓인 접선을 생각해 보라. 접선에서 아주 멀 때는 - 적어도 처음에는 - 곡선이 계속된다는 특징이 두드러지게 나타나지 않는다. 접선은 순간적인 '추세'의 역할을 한다. 이렇게 볼 때, 다음 판의 결과를 완전하게 확실하지는 않아도 어느 정도 높은 확률로 예측할 수 있는 게임이 매끄러운 곡선에 해당한다고 할 수 있다.

우리가 아는 것 중 이런 게임은 얼마든지 있다. 예컨대 체스 게임에서 경기를 벌이는 두 사람 가운데 누가 노련한 선수인지 누가 풋내기인지는 금세 밝혀진다. 폴란드 태생의 물리학자이자 통계학자로서 10세부터 미국에 거주한 아르파드 엠리크 엘로(Arpad Emrick Elo)는 20세기 중반에 그때까지 경기 결과의 통계 평가를 토대로 체스 선수들의 이른바 '엘로 점수'[10]를 매기는 평가 체계를 개발했다. 선수들의 경기력을 반영하는 엘로 점수는 한 사람이 다른 선수를 상대로 경기할 때의 승리 전망을 아주 확실하게 예측하도록 해준다. 엘로는 자신의 평가 체계에 따라 부여된 점수를 거의 종교적으로 믿는 반응에 놀라서 말했다. "내가 프랑켄슈타인의 괴물을 만들었다고 생각할 때가 많습니다. 젊은 선수들은 체스판의 말보다 엘로 점수에 더 신경 쓰죠."

스포츠에는 이와 비슷하게 잘 알려진 랭킹이 있다. 테니스에는 테니스 연맹에서 남녀 선수에게 각각 부여하는 세계 랭킹이 있다. 이와 관련한 테니스 경기에서 모든 선수가 딴 점수를 합산하고 그 결과에 따라 각각 등수를 부여한다. 축구에는 국제축구연맹(FIFA)에서 도입한 국가대표팀의 세계 랭킹 제도가 있다. 이에 대한 대안으로 '세계 축구 엘로 평가'라는 평가 시스템까지 있는데, 이것은 체스의 엘로 점수를 모방한 것이다.

메틴 톨란(Metin Tolan)이 자신의 저서 『우수한 팀이 더 많이 이긴다 : 축구의 물리학(Manchmal gewinnt der Bessere : die Physik des Fuballspiels)』

에서 설명한 대로, 예측의 확실성은 유난히 경기 종목에 좌우된다. 특별히 어떤 스포츠를 보는가에 따라 달라진다는 말이다. 테니스의 경우에는 축구보다 지금까지 보여 준 선수의 실력을 더 믿을 수 있다. 여러 가지 이유가 있지만, 무엇보다 끊임없이 선수가 바뀌는 팀 경기에서보다 상대 선수가 일정하기 때문이다. 또 핸드볼이나 야구에서도 축구보다 더 확실한 예측을 할 수 있다. 이것은 전형적인 축구 경기의 경우, 득점이 적게 나오는 것과 관계가 있다(일반적으로 2~3골이 보통이다). 이와 달리 핸드볼이나 야구 경기에서는 훨씬 많은 점수나 골이 나온다. 득점이 적을 때는 팀 실력을 토대로 나오는 예측이 우연으로 빗나갈 수 있다. 실제 경기에서 유난히 약한 팀이 종료 호각이 울리기 직전 행운의 골을 넣어 2대 1로 승리하고 끝날 때도 종종 있다.

경기 결과와 곡선을 다시 한 번 더 비유하면, 거의 확실하게 결과를 예측할 수 있는 경기는 곧게 뻗은 직선에 해당한다. 사기꾼이 피해자에게 일체의 기회를 허용하지 않는 사기 도박의 경우에는 단 한 개의 점으로 이 직선을 대체할 수 있다. 다양한 수준의 상대와 경기하는 체스나 테니스처럼, 확실하게 결과를 예측할 수 있는 게임은 살짝 휘거나 아주 매끄러운 선에 해당한다. 때로 우연 때문에 선수 실력에 대한 평가가 무색해지는 게임은 꾸불꾸불한 길처럼 굴곡이 심한 매끄러운 곡선으로 그 모습이 나타난다.

물론 이렇게 불확실한 비유를 너무 진지하게 받아들일 필요는 없다. 하지만 계속하다 보면, 한스 한이 칠판 오른쪽에 그려 놓은 들쑥날쑥한 '곡선' 같은 지그재그 선은, 우연이 지배해서 매 판의 결과가 불확실한 순수한 도박[11]과 같다.

물리학과 자연과학에 등장한 곡선

특이한 것은 자연과학의 역사도 이런 비유에 포함할 수 있다는 것이다. 어쨌든 멀리서 바라보듯, 불분명한 상태로 비유하면 세 단계로 나눌 수 있다. 처음에 자연은 완전히 투명하게 사전에 정해진 원칙에 의해 단순하고 확고한 법칙을 따른다는 확신이 있었다. 소크라테스 이전의 탈레스(Thales)와 아낙시메네스(Anaximenes), 파르메니데스(Parmenides) 및 그 일파는 이렇게 확신했다. 아리스토텔레스(Aristoteles)가 볼 때, 지상에서 '자연의' 운동은 구 천문학적 관점으로 직선궤도에서 움직였다. 그것은 흙이나 물로 이루어진 무거운 물체가 위에서 아래로 향하는 직선과 공기나 불로 이루어진 가벼운 물체가 밑에서 위로 향하는 직선이었다. 달나라에서 심우주에 이르기까지 오로지 완벽한 천체궤도만 있었다. 비유하자면 아리스토텔레스의 자연 과목은 지상에서는 직선으로, 천상에서는 원으로 특징지을 수 있다. 생각할 수 있는 것은 지극히 단순한 곡선밖에 없었다.

이 같은 자연관에 혁명을 일으킨 사람은 흔히 주장하듯이 코페르니쿠스(Kopernikus)가 아니라 그보다 50년 이후에 등장한 요하네스 케플러(Johannes Kepler)였다. 코페르니쿠스는 여전히 천체궤도가 원형의 모습이라고 철석같이 믿었지만, 케플러는 계산을 통해서 행성궤도가 원과는 다른 곡선이라는 것을 깨달았다. 케플러는 "화성의 궤도는 타원형이다"라는 글을 쓰게 된다. 끊임없이 굴곡이 변하는 곡선이라는 것이다.

요하네스 케플러의 『새 천문학(Astronomia Nova)』이 나온 1609년부터 물리학과 자연과학의 무대에는 측량할 수 없을 정도로 다양한 모습을 지닌 매끄러운 곡선이 등장했다. 그리고 케플러 이후 50년이 지나 그런 매끄러운 곡선을 모든 점의 접선 계산으로 파악하는 미분 수학이 등장했다. 모든 시대를 통틀어 가장 간단한 방법이 발명된 것이다. 하지만 이렇게 간단한 경우가 자연 속에서는 실현되지 못한다. 복잡해도 자연을 충실히 따른다면 언제나 확실한 예상을 할 수 있다. 특히 천문학에서는 흔히 수백 년을, 날씨는 불과 며칠이라도 확실하게 예측한다. 그리고 이런 예측은 신뢰도가 높아서 우주의 형상을 파악하는 데 이용할 수도 있다. 천문관측 기사들의 기술과 예술 같은 솜씨는 이런 예측에 기인한다. 20세기에 들어오기까지 우주 관측은 매끄러운 곡선의 특징을 지녔다.

루트비히 볼츠만(Ludwig Boltzmann)이 1900년에 빈에서 통계물리학을 개발했을 때, 특히 양자 현상에 대한 닐스 보어(Niels Bohr)의 생각이 활로를 개척했을 때, 이전의 매끄러운 곡선은 순전히 우연이 지배하는 지그재그 선처럼 너덜너덜하게 끝이 풀린 모습으로 변했다. 멀리서 보면 이 곡선은 – 낱낱의 꼭짓점은 고려하지 않고 주식의 장기적인 시세만 볼 때와 비슷하게 – 오로지 장기적인 변화에만 관심을 둘 때, 대강 매끄럽게 나타난다. 하지만 사실 우주 내부에서는 아무런 기준도 없는 순수한 우연이 지배한다. 현재 빈의 물리학 귀재로서 외모에서 볼츠만과 비슷한 안톤 차일링거(Anton Zeilinger)는 대대적인 성공을 거둔 저서 『아인슈타인의 베일(Einsteins Schleier)』과 『아인슈타인의 유령(Einsteins Spuk)』에서 줄곧 이 점을 강조한다.

그가 의도적으로 아인슈타인의 이름을 제목에 붙인 것은 아인슈타인이 "신이 주사위 게임을 한다"는 것을 믿지 않은 마지막 물리학자였고 이 점에서 크게 잘못 생각했기 때문이다. 물리학은 가장 깊은 곳까지 지그재그 선이 침투해 있다.

주사위 게임을 하는 신

'주사위 게임을 하는 신'이라는 아인슈타인의 표현은 단지 상징적인 의미로 쓰였지만, 잘못된 선택이라고 할 수는 없다. 요하네스 케플러는 자신의 저서에서 "우리는 여기서 인간 건축사처럼 신이 질서와 규칙에 따라 우주의 기본토대를 세운 것을 본다"고 말했는데, 이로써 우주의 조화를 생각한 것은 훨씬 진지한 의미였다. '세계의 건축사'라는 케플러의 말에서 우리는 도박꾼이 자신의 세계를 가동하듯 이 건축사를 조물주로 생각하는 유혹을 받을 수 있다.

자연이 아리스토텔레스가 생각하는 것과 같은 것이라면, 세계의 건축사라는 말에서는 창조의 소재를 왁스처럼 손에 잔뜩 묻힌 전능한 도박사의 모습이 눈에 어른거린다. 그렇다면 게임의 결과에 대해서, 다시 말해 미래의 모든 사물에 대한 태도에서 흔들릴 것은 하나도 없을 것이다. 모든 것은 운명처럼 처음부터 미리 정해진 것이며 자연의 게임은 매번 너무나도 지루할 것이다. 케플러와 볼츠만, 보어의 생각을 따른다면, 우리는 자연의 게임이 매번 다르게 진행된다고 잘못 생각할 것이다. 변화무쌍하지만, 대체로 계산할 수 있다고 보는 것이다.

세계의 건축사는 셀 수 없이 많은 판으로 이루어지는 게임을 주관하며 여기서 우리는 적어도 부분적으로 게임이 어떻게 진행되는지 추세를 예측할 수 있다는 말이다. 물론 아인슈타인은 세상을 떠날 때까지 이런 생각에 반대했지만, 세계의 건축사가 세계 창조를 통해 덫을 설치한 것은 아니라고 생각하는 잘못을 범했다. 신은 매 판 주사위 게임을 하는 것처럼 보이며 우주라는 경기장에서 맹목적인 우연이 활개 치도록 방치한 것처럼 보이기 때문이다.

이런 생각을 계속 밀고 나가다 보면, 즉시 많은 의문이 제기된다. 세계의 건축사는 예측할 수 없는 판으로 이루어진 자신의 게임에서 무슨 이득을 보는가? 신은 누구와 게임을 하는 것인가? 스타니스와프 렘(Stanislaw Lem)이 자신의 저서 『완벽한 공허(Die Vollkommene Leere)』에서 말한 "서로 수십억 광년씩 떨어진 채 떼로 뭉쳐 있는 소성단 속에 숨은 지능이 그 상대인가? 아니면 우리 인간 개개인인가? 함께 게임한 상대는 지고 그 건축사는 이기는가? 혹은 건축사와 함께 모두가 이기는가? 이런 맥락에서 대체 '이긴다'는 것은 무슨 의미인가? 그리고 게임이 끝났다는 것을 언제 아는가?

괴테가 『파우스트』를 썼을 때 머릿속으로 굴린 의문이 바로 이런 것이었는지 모른다. 파우스트는 세계의 게임을 지배하려고 하며 메피스토펠레스는 파우스트와 게임을 벌이지만 둘이 가지고 노는 공은 서로 다르다. 괴테의 『파우스트』는 예술작품이지 앞에서 말한 의문에 대한 과학 논문이 아니다. 이런 걸 기대한다면 어리석은 짓이다. 게임이니 곡선이니, 세계 건설이니 하는 이 모든 비유는 상징적으로 한 말이기 때문이다. 상징적인 언어에서 천진난만하게 제기한 물음에 궁극적으로 통할 대답은 없다.

그러므로 다시 확실한 현실로 돌아가서 '우연'이란 개념이 본래 무슨 의미인지, 게임에서 우연[12]이 어떤 역할을 하는지 따져 보자.

7 메지리아크의 숫자 주머니(Zahlensack des Méziriac) : 사기 도박(Falschspiel)으로 드러나는 숫자 조합 게임. : Alexander Mehlmann, 『Strategische Spiele für Einsteiger』, Wiesbaden, 2007

8 게임 전적표(Spieltableau) : '게임행렬(Spielmatrix)'이라고도 한다. 한 판에 게이머에게 지급하는 액수를 보여 주는 표. 행렬의 줄과 칸은 게이머의 행위에 따라 작성되고 행렬에는 게이머에게 지급된 액수, 즉 게이머의 이익이나 손실이 표시된다. : Manfred J. Holler, Gerhard Illin, 『Einführung in die Spieltheorie』, Berlin, ⁶2005

9 사기 도박(Falschspiel) : 사기적인 의도로 순진한 게이머의 돈을 조직적으로 갈취하는 도박. : John Nevil Maskelyne, 『Sharps and Flats A Complete Revelation of the Secrets of Cheating at Games of Chance and Skill』, London, 1894

10 엘로 점수(Elo – Zahl) : 체스 게이머의 경기력을 나타내는 급수. 이 개념은 이후 다양한 스포츠 경기에 도입되었다. : Arpad E. Elo, 『The Rating of Chess Players, Past and Present』, Batsford, 1978

11 도박(Glücksspiel) : '노름'이라고도 하며 그 과정이 결정적으로 우연(Zufall)에 좌우되며 확률계산으로 분석할 수 있는 게임을 말한다. : Jörg Bewersdorff, 『Glück, Logik und Bluff : Mathematik im Spiel – Methoden, Ergebnisse und Grenzen』, Wiesbaden, ⁵2010

12 우연(Zufall) : 확률계산(Wahrscheinlichkeitsrechnung)에서 가능성의 조건. 우연을 예상할 때만, 확률계산의 방법을 적용하는 것이 허용된다. : Rudolf Taschner, 『Zahl, Zeit, Zufall – alles Erfindung』, Salzburg, 2007

확률계산과
큰 수의 법칙

| 파리의 포르루아얄 대상 수녀원, 1655

정직한 게이머로서 사람들은 '공정한 주사위'를 사용한다. 우리는 주사위를 던져 6이 나올 확률이 대략 16.7퍼센트가 된다는 것을 알고 있다. 하지만 이것을 안다고 해도 다음번에 던질 때를 위해 이용할 것은 하나도 없다. 6이 나올 수도 있고 다른 숫자가 나올 수도 있다. 매번 확률은 똑같기 때문이다. 확실한 판단은 주사위를 많이 던져본 후에나 내릴 수 있다. 6000번쯤 던져서 6이 약 1000번쯤 나온다면, '공정한 주사위'라고 할 수 있을 것이다. 이것을 '큰 수의 법칙'이라고 부른다.

앙투안 공보의 딜레마

"파스칼 씨, 문제가 생겼어요."

앙투안 공보(Antoine Gombaud)는 블레즈 파스칼이 은거하는 방에서 마음이 편치 못했다. 그는 포르루아얄 데샹(Port Royal des Champs) 수녀원의 전체 분위기가 마음에 들지 않았다. 파리 근교 수녀원에서 보이는 것이라고는 그저 창백한 미소를 지으며 복도를 따라 휙 스치고 지나가는 수녀들의 특이한 삶뿐이었기 때문이다. 그는 수녀들이 몸 바치는 성스러운 이상이 싫었다. 그들이 몰두하는 일은 내적 감동의 관조, 기도, 단식, 고행, 이웃사랑의 실천 같은 것이었다. 그런데 한때 붙임성 있고 온갖 환락을 마다하지 않던 파스칼이 바로 이런 곳으로 와서 수녀원의 담장에 갇힌 채 시간을 보내고 있었다. 적막이 무겁게 억누르는 이곳에서 마음속으로 영혼 구제를 생각하면서 말이다. 공보는 파스칼이 완전히 변했다고 확신했다.

두 사람이 밤을 지새우며 신과 세계에 관하여, 특히 그들이 바라는 세계에 관하여 긴 대화를 나누던 시간은 지나갔다. 이들이 파리를 누비고 다닐 때면, 환락가를 전전했고 살롱이 보이면 그냥 지나치는 법이 없었다. 이들이 쾌락을 추구할 때, 공보가 진부한 것에도 눈을 돌렸다면 파스칼은 동시에 지적 만족을 주는 것에만 관심을 기울였다. 두 사람은 게임용 테이블에 앉아 날이 샐 때까지 주사위 게임과 카드 게임에 몰두하고는 했다.

부자인 공보는 쾌락에 몰두했지만 교양 없는 사람들처럼 행동하지는 않았다. 그는 작가로 활동하는 가운데 예의를 갖추고 남을 배려하는 솜씨가 전문가 수준이었다. 진정한 귀족의 존재와 귀족의 특성에 관해 대화 형식으로 쓴 작품에서 공보는 슈발리에 드 메레 (Chevalier de Méré)라는 가명으로 등장한다. 이후로 그는 친구들에게 이 이름으로 불렸으며 오늘날까지도 이 이름으로 세상에 알려졌다. 하지만 그의 최대 야심은 도박에서 이기는 데 있었다. 그는 끊임없이 도박에 몰두했다. 그런데 어울리던 일행 중에 가장 지적이고 똑똑하던 블레즈 파스칼이 그의 곁을 떠나 은자처럼 고독에 파묻힌 생활을 하고 있는 것이었다.

공보는 마음에 걸리는 문제가 있어서 파스칼과 상의할 수밖에 없었다. 리슐리외와 마자랭의 섭정 시대에 프랑스에서 가장 영리한 파스칼이야말로 이 문제를 해결할 유일한 사람이었기 때문이다. 그래서 공보는 포르루아얄 데상으로 마차를 몰고 와 파스칼이 은거하는 초라한 방문을 노크하고 오랜만에 파스칼을 다시 만났다. 파스칼은 금욕적이고 신성한 수녀원의 분위기에 영향받은 것인지 진정성이 배인 모습이었다.

"파스칼, 정말 반가워요. 골치 아픈 문제가 생겼어요." 공보가 입을 열었다. "당신도 알다시피, 내가 게임을 어지간히 좋아하잖소." 공보는 태연하게 자신을 훑어보는 옛 동료의 눈을 쳐다보았다. 그 눈빛은 공보와는 전혀 다른 그리고 더 어려운 문제를 안고 있는 것처럼 보였으며 공보가 말하려는 문제를 하찮게 여길 것만 같았다. 그래도 공보는 용기 내어 말을 이었다. "지난주 목요일에 내가 한 친구와 게임용 테이블에서 밤새 시간을 보냈는데 말이요, 뭐 그 친구 이름은 중요치 않고. 먼동이 트기 직전에 우리는 마지막 게임에 들어가며 약속했소. 두 사람 중에 먼저 네 판을 이기는 사람이 판돈 전체를 가져가기로 말이오. 두 사람이 건 판돈은 6만 리브르였소."

"당연하죠, 게임이란 짜릿한 맛이 있어야 하니까."

"지당한 말이군요." 공보는 이렇게 대답하더니 잠시 말을 멈추고는 방안을 둘러보았다. 방안에는 단 10리브르를 받을 만한 물건조차 보이지 않았다. 그러고는 다시 입을 열었다. "행운은 내 편이었소. 내리 세 판을 이긴 거요. 그다음엔 내 친구가 두 판을 이겼소. 그런데 바로 이때 일이 발생했지 뭐요. 이미 아침이 밝고 우리가 다음 판의 주사위를 준비하려는 참에 왕의 사자가 살롱으로 들이닥치더니 그 친구에게 다짜고짜 왕궁으로 같이 말을 타고 가야 한다는 거요. 이 '불가항력'[13] 때문에 게임이 강제로 중단되지 않았겠소. 갑작스러운 사태 앞에서 내 친구와 나는 판돈 6만 리브르를 어떻게 분배해야 할지 난감해진 거요."

"그래서 그 문제 때문에 나를 찾았다는 거군요." 파스칼이 나직하게 하는 말이 공보 귀에 들렸다. 공보는 파스칼이 단지 차분하게 말하는 것인지, 아니면 그 말에 가벼운 비난의 뉘앙스가 담긴 것인지 알 수 없었다.

어쨌든 공보는 서둘러 변명하듯 자신의 질문을 덧붙였다. "물론 나도 전부터 훤히 아는 문제긴 해요. 이미 15세기 말에 이탈리아에서 이런 문제에 골몰한 적이 있으니까. 루카 파치올리(Luca Pacioli)는⋯."

"복식부기[14]를 창안한 아주 똑똑한 사람이죠." 파스칼이 말했다.

"⋯바로 그 루카 파치올리는 지금까지 이긴 판에 비례해서 판돈을 분배하자고 제안했소. 그런 식으로 분배한다면, 나는 세 판을 이겼으니 판돈의 5분의 3, 내 친구는 두 판을 이겼으니 판돈의 5분의 2를 받게 되는 거요. 그러면 내가 3만 6000리브르, 내 친구가 2만 4000 리브르요. 그런데 파스칼, 당신과 나 둘이 모두 알고 지내는 메르센 (Mersenne)에게 이 얘기를 했더니, 제롤라모 카르다노(Gerolamo Cardano)의 『도박의 서(Buch der Glücksspiele)』를 소개하는 거요. 나는 카르다노의 글을 읽어보고 그가 파치올리와 다르게 말한다는 결론을 얻었소. 카르다노는 지나간 게임은 중요하지 않고 앞으로 게임을 끝내는 데 어떤 가능성이 있는가를 중시해야 한다는 의견이었소. 그래서 이 가능성을 전부 따져 보았더니 첫째, 내가 다음 판을 이길 가능성, 둘째, 내 친구가 다음 판을 이기고 내가 그다음 판을 이길 가능성, 그리고 셋째, 내 친구가 다음 판과 그다음 판을 내리 이길 가능성 등 세 가지가 있는 거요. 앞의 두 가지는 나에게 유리하고 내 친구에게 유리한 것은 세 번째지. 이렇게 보면 내가 판돈의 3분의 2인 4만 리브르를 받고 내 친구는 3분의 1인 2만 리브르를 받게 된다오. 하지만 일을 경솔하게 처리하여 내 친구와 의를 상하기 싫어 당신을 찾게 되었다오. 파스칼 씨, 파치올리와 카르다노의 방법 중에 누구 것이 옳은지 조언 좀 해주시오."

"흥미로운 질문이오." 한동안 과묵했던 파스칼이 대답하자 공보는 마음이 한결 가벼워졌다. 파스칼이 계속 말을 잇자 공보는 기뻤다. "나로서는 카르다노 방법에 마음이 쏠리지만, 조금 더 생각해 봅시다. 시간을 줄 수 있겠소?"

"시간이야 얼마든지"라고 말하며 공보는 서둘러 상대를 안심시켰다.

"우선 두세 가지 물어봅시다. 혹시 당신 친구와 지금까지 끝난 게임은 다 잊어버리고 다시 3만 리브르씩 판돈을 되찾아가기로 합의하는 건 어떨까요?"

"그건 논외요." 공보가 흥분해서 말했다. "끝난 게임은 끝난 게임이지. 아무것도 되돌릴 수는 없어요. 나는 내 친구 앞에서 지금까지 행운의 여신이 내 편이었으니 6만 리브르 전부를 내가 가져가겠다고도 분명히 말할 수 있소. 하지만 그러면 내가 봐도 불공정하니 나와 내 친구는 올바른 분배 방법에 관심을 쏟는 거요."

"알았소. 그러면 판마다 이길 기회가 두 사람에게 똑같이 있다고 말할 수 있는 거요? 그것이 순수한 도박이요, 아니면 체스나 숙련도 게임[15] 같은 거요?"

"분명히 말하지만, 매 판 두 사람이 이길 확률은 똑같소."

"그리고 당신은 당신 친구가 사기 도박꾼이 아니라는 걸 확신할 수 있소? 처음에 세 판을 당신이 내리 이기도록 해놓고 그다음 네 판을 그가 싹쓸이 한 다음, 판돈을 몽땅 차지하려는 것이 아닌지 확신할 수 있소?"

"파스칼 씨." 공보가 슈발리에 드 메레의 역할을 하듯, 격노한 목소리로 소리쳤다. "우리는 정직한 신사요!"

"물론 그렇겠죠." 파스칼이 속삭이는 목소리로 대답했다. 나지막한 그의 목소리에는 오랜 과거를 회상하는 여운이 깔려 있었다. 파스칼은 공보에게 손을 내밀며 말했다. "편지로 연락하리다."

파스칼과 페르마의 '확률'
방문을 닫고 난 파스칼은 생각에 잠겼다. 그는 가능한 미래의 시나리오를 보는 카르다노의 해법이 목적에 부합한다고 확신했다. 다만 공보처럼 단순한 경우의 수를 열거하는 것은 마음에 들지 않았다. 다음 판에 어떤 가능성이 있는 것일까? 분명히 공보는 이길 수 있을 것이다. 이 경우를 파스칼은 G로 표시했다. 그의 친구가 이기는 경우는 F로 표시했다. 지금까지 지나간 판에 두 판을 더할 때, 어떤 가능성이 생길까?

공보가 두 판을 이기는 경우를 파스칼은 GG로 표시했다. 그리고 그가 첫판을 이기고 그다음 판을 그의 친구가 이기는 경우와 반대로 그의 친구가 첫판을 이기고 공보가 그다음 판을 이기는 경우를 각각 GF와 FG로 표시했다. 그리고 그의 친구가 다음 두 판을 다 이기는 것은 FF로 표시했다. 파스칼이 이렇게 문자조합으로 쓴 쪽지를 보면 다음과 같다.

G GG

F GF

      FG

      FF

이제 파스칼은 다시 생각에 잠겼다. 지금까지 치른 게임을 보면 공보의 친구가 먼저 네 판을 이기는 경우는 맨 밑의 FF뿐이다. 나머지 세 가지 경우는 공보가 이긴다. 이미 세 판을 이기고 있기 때문이다. 이것을 기준으로 6만 리브르를 3대 1 비율로 분배한다면, 공보가 4만 5000리브르, 그의 친구가 1만 5000리브르를 가져가게 된다.

하지만 파스칼의 마음속에는 그가 두 번째 칸에 적어 넣은 GF의 경우가 실현될 가능성이 없다는 의혹이 인다. 다음 판을 공보가 이

긴다면 게임이 끝나기 때문이다. 그렇다면 그가 적어 놓은 기록은
다음과 같이 수정되어야 할 것이다.

G   G̶G̶

F   G̶F̶

    FG

    FF

정말 카르다노가 올바르게 판단한 것일까? 파스칼은 그것을 인정
하고 싶지 않았다. 내심으로는 3대 1의 분배가 올바른 판단이고 이
에 대한 의혹을 지울 수 있을 것으로 생각했다. 하지만 방금 수정한
기록을 원상으로 되돌릴 방법이 여전히 떠오르지 않았다.

당시 프랑스에 사는 수많은 인재 가운데 수학 분야에서는 보르도
와 툴루즈에서 활동하는 법학자 피에르 드 페르마(Pierre de Fermat)
가 누구보다 두각을 보였다. 페르마는 파리에 온 적이 없었지만, 파
리 학자들은 그를 익히 알고 있었다. 메르센이 이끄는 아카데미 – 파
스칼은 청소년 시절부터 이 아카데미 회원이었다 – 에 편지 형식으
로 전달된 내용 때문에 페르마는 괴상하면서도 천재적인 아마추어

블레즈 파스칼과 함께 확률계산법을 발견한
프랑스의 수학자이자 법학자 피에르 드 페르마
(Pierre de Fermat, 1607~1665)
〈출처(CC)Pierre de Fermat at en.
wikipedia.org〉

수학자로 통했다.

　그는 끊임없이 특이한 주장을 하면서 대개 어떤 법칙에 의한 것인지 아무도 알지 못하는 독특한 소수가 잇달아 나온다는 것을 보여주었다. 페르마가 이런 주장의 증거를 밝히는 경우는 절대 없었다. 페르마는 이렇게 편지를 주고받는 친구와 그 동료들에게 늘 자신이 주장하는 것의 근거를 찾아보라고 요구할 뿐이었다. 이런 주장을 증명한다면 그의 재능을 알 수도 있었을 것이다. 실제로 당시 그에 대한 근거를 찾아낸 사람은 아무도 없었다. 하지만 동시에 당대에 페르마가 잘못된 주장을 펴고 있음을 누구도 증명하지 못했다.

　이런저런 생각 끝에 파스칼은 슈발리에 드 메레로 불리는 앙투안 공보의 불가항력에 따른 문제에 관하여 페르마에게 편지를 보내기로 했다. 생각보다 빨리 툴루즈에서 답장이 왔다. 편지에서 페르마는 파스칼이 제안한 3대 1의 분배 비율, 즉 슈발리에 드 메레에게 4만 5000리브르, 그의 친구에게 1만 5000리브르가 분배되는 방법이 옳다는 것을 확인해 주었다.

　이후로 두 학자 사이에는 또 한 차례의 편지 교류가 있었고, 그 과정에서 0과 1 사이의 숫자로 증명할 수 있는 개념으로서 '확률(Wahrscheinlichkeit)'이라는 말이 등장했다.

　다음 판에서 공보가 이길 확률은 2분의 1 혹은 50퍼센트에 해당한다. 이때 게임은 끝이 나고 판돈은 공보가 차지한다. 그다음 판이 계속 이어질 확률은 따라서 50퍼센트이며 한 판 더 진행될 경우, 이 확률의 절반, 즉 25퍼센트 확률로 공보의 친구가 이긴다. 이렇게 되되면, 공보의 친구가 판돈을 차지할 확률은 25퍼센트밖에 안 된다.

설사 한 판 더 이어진다 해도 나머지 확률 25퍼센트는 공보의 몫으로 남는다.

따라서 공보가 먼저 네 판을 이겨서 판돈을 차지할 확률은 50 + 25퍼센트, 즉 75퍼센트에 이른다. 바꿔 말하면, 파스칼이 쓴 쪽지는 다시 한 번 수정해야 한다. 파스칼은 각각 가능한 경우의 확률을 적고 공보에게 유리한 G와 FG로 표시한 수치를 추가했다.

G	G̶G̶	50퍼센트 공보가 이김
F	G̶F̶	
	FG	25퍼센트 공보가 이김
	FF	25퍼센트 공보의 친구가 이김

페르마는 이런 생각을 위를 향해 자라나는 나무 그림으로 일목요연하게 설명한다. 바닥에서 뻗어 나온 줄기의 굵기는 1이다. 게임을 더 해야 한다는 것은 1의 확률, 즉 100퍼센트 확실한 사실이기 때문이다. 그다음 이 줄기는 굵기가 각각 2분의 1인 두 번째 가지로 갈라진다. 가지 하나는 공보가 다음 판을 이기는 경우다. 여기서 나무는 성장을 멈춘다. 이 경우에 게임은 끝나기 때문이다.

또 하나의 가지는 공보의 친구가 이기는 경우다. 그리고 이 가지는 다시 각 굵기가 4분의 1인 두 번째 가지로 갈라진다. 그중 하나는 공보가 이길 경우에 끝나고 판돈을 차지하게 된다. 그전 가지에서 나온 확률 2분의 1과 합치면 공보가 판돈을 차지할 확률은 75퍼센트에 이른다. 공보의 친구가 차지할 확률은 여기서 남은 가지뿐이다. 그 확률은 4분의 1, 즉 25퍼센트에 지나지 않는다.

이 해법의 강점은 슈발리에 드 메레의 문제를 해결하는 데, 한 판의 승패에 대한 가능성을 단순히 50대 50의 비율로 보지 않는다는 데 있다. 공보와 그의 친구가 체스 게임을 했다고 가정해 보자. 두 사람이 수없이 많은 밤을 보내며 많은 판을 두었는데, 공보의 실력이 훨씬 강하다는 것이 입증된다고 해보자. 평균적으로 그는 다섯 판 중 네 판을 이기고 친구는 한 판밖에 못 이긴다. 이럴 경우, 게임이 중단되고 나서 다시 다음 판을 둘 때 공보가 이길 확률은 80퍼센트에 이른다는 말이다. 이러면 나무의 두 가지는 굵기가 다르다. 공보 쪽으로 향한 가지는 5분의 4이고, 친구 쪽으로 향하는 가지는 5분의 1밖에 안 된다. 그리고 이 가는 가지가 다시 한 번 가지치기를 한다. 그 두 가지에서 공보 쪽으로 향하는 가지는 그의 친구 쪽으로 향하

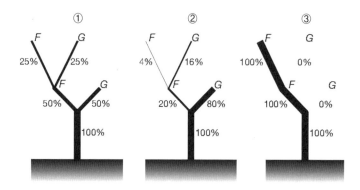

〈그림4〉 페르마의 나무 도식 세 가지는 공보(G로 표시된)와 그의 친구 (F로 표시된) 사이에 벌어질 게임의 진행 과정을 보여 준다. ①에서는 매 판 이길 확률이 50대 50의 비율이다. ②에서는 공보가 평균 다섯 판 중 네 판을 이긴다. ③은 공보가 사기 도박꾼에게 속아 넘어가 한 판도 이기지 못하는 것을 보여 준다.

는 가지보다 굵기가 네 배에 이른다.

그러므로 그의 친구가 게임에 이길 확률은 20퍼센트의 20퍼센트, 즉 겨우 4퍼센트에 지나지 않는다는 말이다. 그렇다면 그에게 돌아갈 판돈은 6만 리브르의 4퍼센트인 2400리브르다. 나머지 5만 7600리브르는 앙투안 공보의 차지가 된다.

심지어 공보가 친구가 사기 도박꾼인 것을 모르고 속아 넘어가는 경우에도 불가항력의 문제에 얽힌 이 올바른 해법은 확률을 계산해 준다. 이때 공보가 다음 판을 이길 확률은 완전히 0밖에 안 되기 때문이다. 첫 번째 가지치기에서 공보에게 향하는 가지는 말라죽고 대신 줄기는 그대로 다른 가지의 굵기로 전달된 상태에서 그다음 가지치기로 향한다. 하지만 거기서도 공보에게 향하는 가지는 목표에 도달하기 전에 말라붙고, 반면 교활한 공보 친구에게 향하는 나머지 가지는 줄기의 굵기가 다시 온전히 유지되어 가차 없이 100퍼센트의 판돈을 요구하게 된다.

사기 도박은 이토록 잔인하게 전개된다. 이 경우라면, 공보는 왕의 사자가 살롱으로 들이닥쳐 게임이 때 이르게 중단된 것을 무척이나 다행으로 여겨야 할 것이다. 파스칼과 페르마가 발명한 확률은 미래를 내다보는 창을 열어 주었다고 생각하는 사람이 많다. 맞는 말이다. 하지만 잊어서는 안 될 것은 이 창의 유리가 젖빛 유리로서 시야가 선명하지 않고 흐리고 불투명하다는 것이다.

주사위 게임의 '큰 수의 법칙'

이 같은 확률의 이치는 주사위를 통해 가장 잘 알 수 있다. 주사위의 대칭으로 우리는 6점이 나올 확률이 얼마나 되는지 처음부터 알 수 있다. 주사위 각 면은 모두 차이가 없으며 거기에 새기거나 그려 넣은 작은 원 혹은 주사위의 '눈'이 보인다. 그 때문에 '공정한 주사위'라면 6이라는 숫자가 나올 확률은 정확하게 6분의 1 혹은 16.7퍼센트에 가깝다. 단지 사기 도박꾼만이 '불공정한 것', 이른바 치우친 주사위를 사용한다.

이들은 예를 들어 1이 새겨진 면과 가까운 주사위 속에 납판을 집어넣는 수법을 쓴다. 1이 나오는 면은 6이 나오는 면의 맞은편에 있기 때문에(마주 보는 면의 숫자를 합치면 언제나 7이 된다) 주사위에 들어간 납의 무게를 이용하면 6이 나오기 쉬운 구조다. 아주 뻔뻔한 자들은 6이 들어간 면이 하나가 아니라 두 개가 있는 주사위를 쓰기도 한다. 그러면 주사위를 던져서 6이 나올 확률은 16.7퍼센트에서 배 가까이 늘어나 33.3퍼센트가 된다.

하지만 정직한 게이머로서 사람들은 '공정한 주사위'를 사용한다. 우리는 주사위를 던져 6이 나올 확률이 대략 16.7퍼센트가 된다는 것을 알고 있다. 하지만 이것을 안다고 해도 다음번에 던질 때를 위해 이용할 것은 하나도 없다. 그 지식은 다음 게임에 아무런 도움조차 주지 못한다. 우리는 6이 나올 수도 있고 다른 숫자가 나올 수도 있다. 매번 확률은 똑같은 것이다.

이를테면 주사위를 열두 번 던진다고 가정할 때, 6이 나올 확률에 관한 지식을 이용할 것이 조금 있다면, 불가능한 것은 아니라고 해도 열두 번 던질 때까지 6이 단 한 번도 나오지 않을 때 놀란다는 정도일 것이다. 하지만 두 번 – 열두 번에 두 번은 별 의미가 없다 – 6이

나올 것을 기대할 이유는 충분히 있다. 때에 따라서는 한 번 또는 세 번 6이 나와도 놀랍지 않다. 하지만 열두 번 모두 6이 나온다면 이상할 것이다. 이런 경우에는 주사위가 '공정한 것'인지 꼼꼼하게 검사하는 것이 현명한 판단일 것이다.

사실 확실한 판단은 주사위를 많이 던져본 후에나 내릴 수 있다. 6000번쯤 던져서 6이 약 1000번쯤 나온다면(정확하지는 않아도 1000에서 별로 멀지 않은 숫자라면), '공정한 주사위'라고 할 수 있을 것이다. 이것을 '큰 수의 법칙'[16]이라고 부른다. 파스칼과 페르마는 이것을 분명히 내다보았다. 하지만 이 말을 최초로 표현한 사람은 여러 파로 갈라진 스위스 학자 집안의 야코프 베르누이(Jakob Bernoulli)와 그의 동생 요한 안헤르(Johann Ahnherr)였다. 이 말은 베르누이의 저서 『올바른 추측의 기술(Ars conjectandi)』에 들어 있는데, 이 책은 베르누이가 사망하고 8년이 지난 1713년에 조카인 니콜라우스 베르누이가 출간하였다.

비록 젖빛 유리로 되어 있다고 해도 확률이 미래를 내다보는 창을 열어 주는 것은 사실이다. 우리가 주사위를 1만 2000번 던진다면, 약 2000번쯤 6이 나온다고 계산할 수 있다. 그리고 지금까지 1만 2000번 던져 약 2000번 6이 나온 주사위를 1만 2001번째 던진다고 할 때, 우리는 그 같은 확률과 상관없이 이 한 번의 주사위 게임에 어떤 숫자가 나올지는 여전히 모른다. 개별적인 사건에 대한 전망은 불투명한 것이다. 그런데도 진정한 의미에서 확률의 지식을 활용하면 거기서 이득을 본다고 말할 수 있다.

13 불가항력(Force Majeure) : 한 사건의 원인이 외부에 있는 '초자연적인 힘', 즉 자연 속에서 예측할 수 없는 힘. 연극에서는 이것이 때로 '데우스 엑스 마키나 (Deus ex Machina)'로 나타나는데, 이 말은 무대 장치를 이용해 신을 출연하게 하는 수법을 뜻한다. 근거 없이 등장하는 사건이나 인물, 외부적 힘을 통해 갈등이 해결된다. : Gero von Wilpert, Deus ex machina. In, 『Sachwörterbuch der Literatur』, Stuttgart, [8]2001

14 복식부기(Doppelte Buchführung) : 모든 거래 내용을 이중으로 장부에 적기 때문에 이렇게 부른다. 복식부기 방법을 창안한 사람은 가상의 대화에서 파스칼이 말하듯, 베네치아의 수도사인 루카 파치올리(1445~1517)가 아니라 상인인 베네데토 코트룰리(Benedetto Cotrugli, 1416~1469)였다. 하지만 가장 먼저 포괄적인 용도를 묘사한 사람은 루카 파치올리였다. : Reiner Quick, Hans-Jürgen Wurl, 『Doppelte Buchführung : Grundlagen - Übungsaufgaben - Lösungen』, Wiesbaden, 2006

15 숙련도 게임(Geschicklichkeitsspiel) : 일반적으로 이것은 특별한 반사 능력 혹은 두드러진 운동 능력을 요구하는 게임을 말한다. 때로는 도박(Glücksspiel)과 달리 우연의 요소보다 게이머의 능력에 좌우되는 게임으로 이해되기도 한다. 이런 정의에 따르면 체스가 여기 해당한다. 오스트리아 재무부는 브리지와 슈납센, 타록을 숙련도 게임으로 분류하면서도 포커는 도박으로 보고 여기서 제외하고 있다. : Florian Dering, 『Volksbelustigungen. Eine bildreiche Kulturgeschichte von den Fahr-, Belustigungs-und Geschicklichkeitsgeschäften der Schausteller vom 18. Jahrhundert bis zur Gegenwart』, Nördlingen, 1986

16 큰 수의 법칙(Gesetz der Großen Zahl) : 여러 번 반복되는 도박판에서 한 사건이 등장하는 빈도수는 거의 언제나 이 사건의 확률로 수렴한다. 확률의 빈도가 '갈수록 근접한다'라는 말을 즐겨 쓸 때도 있다. 반복되는 큰 수에서 언제나 다른 것과 현저한 차이를 보이는 측정값, 즉 '근접'이 일률적으로 발생하지 않는 값이 있을 수 있다는 것도 염두에 둬야 한다. : Jörg Bewersdorff, 『Statistik - Wie und Warum sie Funktioniert』, Wiesbaden, 2011

5.

시간의 게임

시간은 돈이다

| 필라델피아, 1746~/ 암스테르담, 1636~37

1636년 네덜란드에 튤립 광풍이 불었다. 튤립은 오스만 제국에서 들여와 유행하는 화초였다. 여성들은 현란하고 다양한 모습의 튤립을 보며 열광했다. 어디를 가나 튤립을 볼 수 있었다. 가정의 모든 방을 장식했고 살롱마다 꽃병에 꽂혔으며 심지어 옷에도 장식하는 등 가능한 한 모든 곳에 튤립을 애용했다. 수요가 넘쳐나자 튤립구근(알뿌리) 가격이 터무니없이 올라 사재기를 하는 사람도 생겼다. 그러나 다음해가 되자 튤립 가격이 폭락했다. 확률은 이처럼 시간에 따라 달라진다.

벤저민 프랭클린과 시간의 중요성

"시간은 돈이다." 카를 바크스(Carl Barks)와 독일어 번역가 에리카 푹스(Erika Fuchs)는 '세계 최고의 부자'이자 '상상을 초월한 억만장자'인 스크루지 맥덕에게 이 말을 하게 했다. 스크루지는 아주 유명한 오리 집안 시민인 도널드 덕의 인색한 삼촌이자 도널드의 조카인 휴이, 듀이, 루이의 작은할아버지이기도 하다. 스크루지는 금 채굴업자로 알래스카에서 재산을 모았으며, 돈으로 가득 찬 3세제곱킬로미터 크기의 거대한 창고를 가지고 있다. 그런데도 동전 하나하나를 다섯 번씩 뒤집어볼 만큼 단 한 순간도 자신의 돈을 생각하지 않을 때가 없었다. 스크루지는 "시간은 돈이다"라는 격언의 효용성을 안다.

사실 "시간은 돈이다"라는 말은 미국 건국의 아버지 중 하나인 벤저민 프랭클린(Benjamin Franklin)에게서 유래했다. 프랭클린은 팔방미인이었다. 1706년 보스턴에서 비누와 양초 제조공의 아들로 태어난 그는 처음에는 인쇄출판업자 일을 하다가 42세가 되었을 때 사업을 접고 정계로 진출했다. 프랭클린은 작가, 자연과학자, 발명가, 정치 지도자로 활동했다. 그는 필라델피아에 최초의 의용소방대를 설립했고 미국 최초의 순회도서관을 세웠으며 특히 효과가 뛰어나고 연기가 적은 장작난로, 피뢰침, 유리 하모니카, 유연한 도뇨관, 잠수용 오리발, 이중 초점 안경 같은 것들을 발명했다. 또 공동 작성자로서 미국의 독립선언서가 나오는 데 결정적으로 이바지했고, 이후에는 프랑스 주재 대사로서 신생 독립국을 대표했으며 마침내 미국의 헌법을 제정하는 데도 참여했다. 또 84세로 세상을 떠날 때까지

노예제 폐지 운동에 참여하여 대중에게 영향을 주었다.

한번은 프랭클린의 저서에 관심 있는 고객이 그가 운영하는 필라델피아의 서점 겸 신문사로 찾아와 점원에게 서가의 책 한 권을 가리키며 값을 물었다.

"1달러요." 서점의 나이 어린 수습생이 대답했다.

"1달러는 너무 비싼걸." 고객은 값을 깎으려고 했다. "현찰로 내면 할인되나?"

"그건 모릅니다. 우리는 정찰 판매를 하니까요."

"혹시 특별할인이 될지도 모르지. 프랭클린 씨를 직접 보고 말하고 싶은데."

어린 수습생은 점포에 딸린 신문사 편집실로 들어가서 시사 이슈에 관한 기사를 편집하는 프랭클린을 성가시게 했다. "사장님, 어떤 손님이 직접 사장님과 말하고 싶다는데요."

"지금은 안 돼. 너도 보다시피 내가 지금 바쁘잖아."

"손님에게 뭐라고 말할지 모르겠어요, 사장님. 신간 도서를 사려고 하는데요, 1달러 가격이 비싸다는 거예요. 제가 함부로 할인해 주면 안 된다고 말씀하셨잖아요, 사장님."

화가 난 프랭클린은 수정 펜을 내려놓고 점포로 나갔다. 그는 자신을 보고 반가운 표정을 짓는 고객을 향해 퉁명스럽게 말했다. "그 책은 가격이 1달러 25센트요."

"하지만 여기 점원은 1달러라고 했어요." 고객이 어리둥절한 표정을 지으며 말했다.

"그 값을 내지 않으면 안 됩니다! 당신이 내 작업을 중단시켰으니

벤저민 프랭클린
(Benjamin Franklin, 1706~1790)은
인쇄출판업자, 작가, 자연과학자, 발명가,
정치가로 활약했다
〈출처(CC)Benjamin Franklin at en.
wikipedia.org〉

까요."

"농담처럼 들리는군요. 프랭클린 씨!" 고객은 부드러운 목소리를 내려고 했다. "솔직히 말해서 1달러라면 내가 보기에는 자부심이 지나칩니다. 가장 저렴하게 팔 수 있는 가격으로 말해 봐요. 얼마죠?"

그러자 프랭클린은 정말로 목소리에 힘을 주고 말했다. "1달러 50센트요! 그리고 내 시간을 뺏을수록 값은 계속 올라갑니다!"

이 거래가 성사되었는지 아닌지 우리는 모른다. 대신 이 에피소드는 프랭클린이 자신의 글 「젊은 상인들에게 보내는 충고」에서 표현한 "시간은 돈이다"라는 말을 이해하는 방식을 보여 준다. 사람은 모름지기 시간을 가치 있는 일에 써서 정직하게 돈을 벌어야 한다는 것이다.

많은 사람이 육체노동 혹은 정신노동을 통해 빈곤에서 탈출한다면 좋은 일이다. 하지만 근무에 충실하고 열심히 일하는 것으로는 잘살지도 못하고 부호가 되거나 스크루지 맥덕처럼 상상을 초월한 억만장자가 절대 못 된다. 실제로 부자가 되려면 "시간은 돈이다"라는 말을, 자수성가한 사람으로서 프랭클린이 후세에 전한 것보다 훨씬 광범위한 의미로 받아들여야 한다.

말하자면 성공한 빈의 기업인이자 사업가인 미하엘 그륄러(Michael Gröller)가 설명하는 다음과 같은 방식이 한 예가 될 것이다. 호기심 강한 한 젊은 남자가 오스트리아 귀족 가문에서 막내인 루이 나타니엘 프라이헤르 폰 로트실트(Louis Nathaniel Freiherr von Rothschild, 로스차일드 가문)에게 어떻게 하여 그의 가문이 거대한 부를 쌓았는지 물었다. 그러자 로트실트는 교활한 미소를 띠면서 대답했다고 한다. "기꺼이 말해 주죠. 우리는 언제나 조금씩 일찍 팔았답니다."

문제는 미래를 내다볼 줄 아는 데 달렸다는 말이다. 그래야 사업을 성공으로 이끄는 올바른 시점을 선택할 수 있기 때문이다. 하지만 성서에 나오듯, 야곱의 열두 아들 중 미래를 내다보는 눈이 있어 7년의 풍년 뒤에 7년의 기근이 이어지리라는 것을 안 사람은 가장 똑똑한 요셉뿐이었다. 그래서 요셉은 파라오에게 풍년 기간에 수확한 곡식을 비축하고 곧바로 팔지 못하도록 충고할 수 있었다. 공급이 넘치면 수요는 줄어들고 곡식 가격은 바닥으로 떨어지기 때문이다. 그러다가 흉년이 이어질 때, 창고에서 곡식을 내어 굶주리는 이웃 나라 사람들에게 팔면 큰 벌이가 된다. 그때는 굶주리는 사람들이 금값에 버금가는 가격으로 곡식을 사들이기 때문이다.

하지만 보통 사람들은 요셉이 아니며, 미래를 향한 우리의 꿈 역시 확실한 것이 아무것도 없다. 그래서 우리는 확률에 의존한다. 확률은 미래의 사건이 일어나는 정도를 계산하도록 알려 준다. 확률을 이용해 이득을 취하려면, 아주 단순하고 투박하면서도 본질을 드러내는 주사위 게임을 살펴보는 것이 가장 이해가 빠를 것이다.

주사위 게임이 성공하려면 게임 진행자에게 차례로 다가오는 도박 중독자가 많아야 한다. 게임 진행자는 주사위를 손에 쥐고 다가오는 사람 모두에게 주사위를 던져보라고 유혹한다. 그리고 "던져서 6이 나오면 400유로를 줍니다"라고 모든 게임 참여자에게 약속한다. 하지만 게임 진행자에게 주사위를 넘겨받기 전에 100유로를 내야 한다. "이 돈은 6이 나오면 돌려받습니다." 게임 진행자는 이렇게 말하며 참가자에게 달콤한 유혹을 한다.

"그럼 6이 안 나오면?" "그때는 베팅한 돈을 잃는 거죠"라며 진행자가 안타까운 표정을 짓는다. 그러고는 즉시 얼굴을 펴면서 "하지만 생각해 보세요. 던져서 6이 나오면 베팅한 돈도 돌려받고 덤으로 400유로를 버는 겁니다" 하고 베팅을 부추긴다.

이를테면 도박 중독자들이 6000번 이 거래에 동의했다고 가정해 보자. 그러면 총 60만 유로가 게임 진행자의 금고로 들어간다. 게임 참여자 한 사람 한 사람이 그에게 100유로씩 내기 때문이다. 하지만 게임 진행자는 운이 좋아, 6이 나온 사람 전원에게 이 금고에서 500유로씩 지급해야 한다. 그는 확률로 발생할 수 있는 우연의 수가 자기편이라는 것을 알기 때문에 500유로를 기꺼이 내준다. 주사위를 6000번 던질 때, 큰 수의 법칙에 따라 6의 숫자는 대략 1000번 나온다. 행운을 잡은 사람 약 1000명에게 500유로씩 지급하면 총 50만 유로가 된다. 결국 그에게는 약 10만 유로(세금 포함)의 이익이 발생한다.

이것은 수학적으로 확실한 이득이다. 큰 수의 법칙을 믿을 수 있기 때문이다. 이것은 6×7=42라는 사실만큼이나 확실한 것이다.

이 거래에 동의한 참여자 전부를 단도직입적으로 어리석다고 모욕하면 그건 잘못일 것이다. 어리석다는 말은 이들이 100유로의 베팅으로 고통받을 때나 할 수 있을 것이다. 반대로 생활이 부유해서 지갑에 100유로가 더 있거나 덜 있는 것이 별문제가 되지 않는 사람은 – 현명한 농부에 관한 카를 맹거의 비유에 나오는 밀 다섯 자루를 생각해 보라 – 다르다. 물론 이들은 매우 부자라서 순소득 400유로가 생겨도 별 의미가 없기는 마찬가지일 것이다. 이들을 게임으로 잡아끄는 것이 있다면, 기껏해야 불확실한 것을 향한 충동, 짜릿한 전율, 행운이 따를지 안 따를지에 관한 불안한 의문 따위일 것이다.

게임 참여자 한 사람 한 사람에게는 16.7퍼센트라는 승리 가능성과 무관하게 – 여기서는 주사위를 던져 6이 나올지, 안 나올지 그 불확실성으로 제한되는 – 전체적인 결과는 불확실하다. 이와 달리 행운을 좇는 6000명을 설득할 수 있는 게임 진행자에게는 미래의 이익이 확실하다.

그렇다면 왜 길목마다 방금 말한 대로, 행인들에게 주사위 게임을 부추기는 미심쩍은 게임 진행자들이 진을 치고 있지 않은가라는 의문이 즉시 떠오를 것이다. 이에 대한 대답은 게임이 밋밋하고 투박하다는 데서 찾을 수 있을 것이다. 100유로의 베팅이 아주 중요한 사람이라면 그리고 아주 어리석지 않다면, 위험 부담이 너무 커서 거절할 것이다. 그리고 부자라면 400유로를 따는 것보다 위험 부담에 더 큰 관심을 쏟을 것이다. 대개 부자는 그렇게 진부하고 착상이 빈약한 게임에 그들의 시간을 허비하지 않는다.

하지만 이 게임을 다양하게 변형하고 치장하면 얼마든지 성공할 수 있다.

보험 계약의 확률 계산하기

"여보, 이리 좀 와 봐, 보험회사에서 나오셨어!" 남편이 근심 어린 표정으로 아내를 부른다. 중요한 계약을 앞두고 있기 때문이다.

"정말 좋은 집을 구하셨군요." 보험설계사가 자신에게 내준 안락의자에 앉으며 칭찬을 늘어놓더니 가방에서 서류를 꺼낸다.

집주인과 그의 아내는 기쁜 표정으로 고개를 끄떡인다. "여기서 살 수 있게 되어 너무 기쁘답니다." 아내가 눈을 반짝이며 말했다. "아주 많은 돈이 들어갔어요. 남편이 상속받은 유산이 없었다면 이렇게 멋진 집은 엄두도 못 냈을 거예요." "그래서 화재보험을 계약하려는 거죠." 남편이 아내의 설명을 보충했다.

"그렇다면 우리 회사를 잘 찾아오셨습니다." 보험설계사는 서둘러 부부를 안심시켰다. "우리 회사는 개인 고객에게도 완벽한 양식을 갖춰 화재보험 계약을 합니다. 회사에서 상담한 대로 원하시는 계약서를 준비해 왔습니다. 우리는 선생님의 주택이 화재나 폭발 사고, 비행기 추락 사고 혹은 낙뢰로 인해 파괴될 때는 – 말도 안 돼! – 그 손실을 돈으로 보전해드릴 것을 보장합니다. 이 멋진 집의 손실 보험금은 200만 유로입니다."

"그러면 당장 계약서에 서명하죠." 남편이 서두르자 그의 아내는 망설인다. "그러면 우리는 매월 얼마나 내야 하죠?"

"아주 보잘것없는 액수예요." 보험설계사가 친절하게 대답한다.

"연간 보험료가 고작 468유로니까 한 달에는 겨우 39유로예요."

"그런데 왜 하필 그 액수로 정해졌나요?" 아내는 남편처럼 손쉽게 설득될 눈치가 아니다. 보험설계사는 핑계를 둘러대며 안주인의 마음을 달래려고 애쓴다. "다른 보험사에 물어보세요. 이 업계에서 어떤 곳도 우리처럼 유리한 조건을 제시하는 곳은 없을 테니까요."

하지만 이런 핑계로 보험설계사는 필요한 대답을 회피한 것이다. 사실 지금 이루어지는 계약은 앞에서 설명한 주사위 게임의 변형에 지나지 않는다. 468유로라는 연간보험료는, 게임 참여자(이 경우에는 피보험자)가 게임에 참여하기 위해 내는(계약서에 서명함으로써 권리를 인정받는) '베팅'이다. 여기서 주사위를 던지는 것은 1년 동안 집에 무슨 일이 일어나는지 관찰하는 것과 같다. 불이 나서 집이 파괴된다면 이것은 주사위를 던져서 6이 나오는 것에 비교된다. 그러면 정말 이상한 말이지만, 피보험자는 '게임에 이긴 것'이다. 200만 유로라는 '이익'을 올리기 때문이다. 하지만 보험의 경우에는 집이 불에 탈 확률이 주사위 게임처럼 평균 16.7퍼센트가 아니라 이와는 비교도 안 될 정도로 미미하다. 주택이 화재로 파괴되는 경우는 무척 드물기 때문이다. 보험사는 수많은 세월 동안 관찰하면서 100만 채의 주택 중에 1년 동안 화재나 낙뢰, 폭발, 비행기 추락으로 무너질 집이 얼마나 되는지 계산한다. 어림잡아 평균 100채가 파괴된다고 쳐보자. 이것은 무작위로 선정한 집이 1년 동안에 불꽃으로 피해를 볼 확률이 10분의 1퍼밀, 즉 100분의 1퍼센트라는 말이다.

계속해서 계산의 단순화를 위해 – 오로지 원리를 이해하기 위해 – 이 보험사가 집집이 200만 유로의 대가를 보상해 주기로 한 주택이

10만 채라고 해보자. 그러면 10만 명의 집주인으로부터 해마다 1인당 468유로씩 받는다고 할 때, 보험사가 연간 거둬들이는 보험료는 4680만 유로에 이른다. 물론 보험사는 1년간 10만 채의 주택 중에 10분의 1퍼밀에 해당하는 10채가 화재나 낙뢰, 폭발, 비행기 추락 등의 이유로 전파된다는 것을 고려해야 하고 그에 따라 200만 유로 ×10, 즉 2000만 유로를 보상해 주어야 한다. 보험사는 이 돈을 기꺼이 지급한다. 그래도 여전히 연간 2680만 유로가 남아 세금이나 직원 인건비, 화재 예방 조처를 위한 투자, 로비 활동, 특히 적립금을 위해 쓸 돈이 충분하기 때문이다. 게다가 피보험자 혹은 피보험자의 부탁을 받은 사기꾼이 저지른 방화인지 아닌지 화재 피해의 원인을 밝혀내기 위해 유급 탐정을 고용할 수도 있다. 피보험자에 의한 방화라면 사기나 다름없고 그러면 보험사는 보험금을 지급하지 않아도 되기 때문이다. 주사위 게임과 비교한다면, 100유로를 베팅하고 게임 진행자에게 주사위를 받은 다음 주사위를 던질 때 눈을 감지 않고 던지는 경우와 같다. 고의로 6이 위로 보이게끔 잡고 던지는 사기 도박꾼처럼 우연의 근거를 무력하게 하면서 동시에 도박의 내용에서 나오는 모든 결과를 망가트린 것이다.

확률의 변동 가능성을 염두에 두어라

한편으로는 보험 계약이 원칙적으로 진부한 주사위 게임과 같지만 – 비슷한 종류의 수많은 변종의 한 예로서 – 다른 한편으로 보자면 두드러진 차이가 있는 것도 사실이다. 두 가지만 예를 들어보면, 우선 주사위 게임에서는 100유로 베팅의 대가로 약속한 400유로가 별로 매력이 없다. 이와 달리 연간 468유로라는 보험료의 대가로 200만 유로의 '이익'을 볼 가능성은 – 적어도 집을 잃어버린 것을 위로해 주는 '이익'으로서 – 매혹적인 혜택이다. 피보험자로서는 해마다 약 500유로를 지급할 때, 4000년 동안 베팅한 액수의 '이익'을 본다고 말할 수도 있기 때문이다. 그와 그의 자녀, 손자 세대가 이 '베팅'으로 지출하는 비용은 그가 볼 때, 약속받은 '이익'에 비하면 너무나 보잘것없다.

이 때문에 앞에서 예를 든 별로 매력이 없는 진부한 주사위 게임과 달리 룰렛이나 로또 같은 도박은 대중에게 인기가 높다. 이런 도박은 적은 베팅으로 엄청난 이익을 볼 수 있다는 기대 때문에 노름꾼들을 자석처럼 끌어들인다. 다음 장에서는 이런 도박을 자세히 다룰 것이며 특히 룰렛의 술책을 검증해 볼 것이다.

둘째로 우리가 예를 들어 본 가상의 대화에서 안주인에게 다른 보험사와 비교해 보라는 보험설계사의 마지막 말은 아주 진지하게 생각해 볼 필요가 있다. 비록 질문을 비껴가기는 했지만 그의 변명은 의미가 있다. 200만 유로 보험에 대한 468유로의 보험료는 보험사에서 확인한 손실의 확률만큼이나 절대불변의 것이 아니기 때문이다. 비즈니스를 하다 보면 확률은 시간이 가면서 변하게 마련이다.

화재보험 사업이 좋은 예라고 할 수 있다. 수십 년 전까지만 해도 집에 불이 날 확률은 낮지 않았다. 과거에는 벽난로와 불꽃이 이글거리는 화덕을 썼고 조명도 촛불이나 석유등, 가스등을 사용했다. 부주의하거나 한눈팔다가는 끊임없이 화재 발생 위험에 노출된 환경이었다. 훨씬 빈번한 화재 발생 탓에 당시 1년 동안 보험에 든 주택한 곳의 화재 발생에 대하여 보험사가 평가하는 확률은 오늘날보다 훨씬 더 컸다. 그에 따라 연간 보험료 역시 훨씬 높게 책정되었다.

이런 이유로 보험사는 화재 예방시설 개선에 큰 관심을 기울였고 화재 예방의 법적인 규정을 강화하기 위해 집중적으로 로비했다. 손실사고 확률을 계속 줄여나가는 것이 중요하기 때문이다. 연간 보험료가 적을수록 주택 소유자들의 보험 계약률은 올라갈 것이다. 그리고 경쟁 보험사가 손 놓고 있는 것도 아니다. 같은 값이면 혜택을 많이 주는 곳으로 고객이 몰릴 것이다.

기업들이 연구개발에 투자하는 것은 과학을 사랑하거나 많은 돈으로 뭘 할지 몰라서가 아니라 지금까지 응용하던 기술을 개선하거나 기술혁신을 꾀함으로써 제품이 이익을 창출하는 확률을 높이기 위해서다. 어떤 제품으로 완벽한 성공을 거둔다는 약속은 허풍치고 과장하는 사기꾼들이나 하는 말이다. 진지한 비즈니스맨이라면 오로지 확률로만 계산해야 함을 안다. 따라서 이런 확률을 계산하는 것은 이들에게 중요할 뿐만 아니라 자신의 발전을 내다볼 수 있기도 하다. 단기적인 추세에 현혹된 나머지 지속해서 변하는 확률의 일시적인 방향에 성급하게 베팅했다가는 비극적인 결말을 볼 수 있다.

네덜란드의 튤립 투기 열풍

1636년으로 거슬러 올라가 네덜란드에 튤립 광풍이 불었던 시점을 조명해 보자.[17] 튤립은 그 얼마 전에 오스만 제국에서 들여와 유행하는 화초였다. 여성들은 현란하고 다양한 모습의 튤립을 보며 열광했다. 어디를 가나 튤립을 볼 수 있었다. 가정의 모든 방을 장식했고 살롱마다 꽃병에 꽂혔으며 심지어 옷에도 장식하는 등 가능한 한 모든 곳에 튤립을 애용했다. 아내가 튤립을 원하면 남편은 튤립을 사야 했다. 그러다가 수요가 넘쳐나자 튤립 거래가 끊겼다. 튤립구근(알뿌리)밖에 구할 수 없었다. 그것도 터무니없는 가격이었다. 마침내 뿌리마저 구하기 힘들어졌다.

"당장 튤립구근 다섯 개만 줘요!" 한 네덜란드인이 화원으로 들이닥쳐 주인에게 말했다.

"미안합니다, 그레버 씨." 주인이 대꾸하며 "내년 2월이나 돼야 다시 들어와요"라고 덧붙였다.

"값은 얼마든지 주겠소." 얀 그레버가 초조한 기색을 드러내자 화원주인은 한 가지 거래를 제안했다. "우리끼리 약속할 수는 있죠. 현재 셈퍼 아우구스투스(Semper Augusta, 고가의 줄무늬 튤립-옮긴이) 한 뿌리를 100굴덴에 팔고 있습니다. 이 품종으로 다섯 개가 아니라 열 뿌리를 드리겠습니다. 다만 물건은 1637년 2월 중순에 드릴 수 있어요."

"그렇다면 지금 1000굴덴이나 되는 터무니없는 값을 요구하면서 반년 뒤에나 물건을 넘기겠다는 말이요?" 고객이 흥분한 목소리로 소리치자 가게 주인은 그를 진정시키면서 말했다. "아니, 아니에요. 지금 뿌리 값을 내실 필요는 없습니다. 그건 물건을 넘길 때 내시면 됩니다. 생각해 보세요. 튤립 알뿌리 가격의 변동 추세를 보면 내년 초엔 셈퍼 아우구스투스 한 뿌리에 500굴덴은 할 겁니다. 그래도 나는 계속 뿌리당 100굴덴을 받을 거예요. 2월 중순이면 선생님은 열 뿌리를 받고 대금을 내는 거죠. 그러면 1000굴덴을 내고 5000굴덴의 가치가 있는 보물을 손에 쥐는 거나 다름없는 거예요. 남는 장사 아닙니까?"

"듣기에는 달콤한 말이로군요." 얀 그레버가 맞장구쳤다.

"하지만 그레버 씨, 이 약속은 나에게도 장점이 있습니다. 나도 조금 벌어야 하지 않겠어요? 선생님이 셈퍼 아우구스투스 열 뿌리를 1637년 2월 15일에 뿌리당 100굴덴의 가격으로 상품 인도와 동시에 대금을 지급하겠다고 구매 계약하면 인도보증서 발행 대가로 1000굴덴을 주셔야 합니다."

"아니, 달랑 종이 한 장에 그건 너무 비싸지 않소? 현재 최고급 튤립 품종 열 뿌리 값이란 말이요!"

"이 보증서 대금을 당장 지급하셔야만 계약이 성립합니다."

얀 그레버는 잠시 계산해 보았다. 사실 그가 필요한 것은 다섯 뿌리다. 나머지 다섯 뿌리는 2월에 상품을 인도받은 뒤에 팔 수 있을 것이다. 한 뿌리에 500굴덴을 받는다면 모두 2500굴덴이 된다. 생각해 보니 지금 화원 주인에게 인도보증서 값으로 1000굴덴을 주고 뿌리를 받을 때 다시 1000굴덴을 준다고 해도 그에게는 500굴덴이 남는 거래다. 어차피 다섯 뿌리는 필요한 것이고 덤으로 돈까지 생긴다. 이런 생각 끝에 그는 화원 주인과 거래 계약을 하고 1000굴덴을 주었다. 당시에는 거금이었다.

하지만 확률은 시간이 가면서 변하는 법이다.

처음에는 상황이 유리하게 돌아가 얀 그레버는 기쁨에 겨웠다. 튤립구근 가격은 1636년 12월에 천정부지로 솟구쳤다. 셈퍼 아우구스투스 구근 단 한 뿌리에 1000단위를 호가하는 일도 드물지 않았다. 이듬해 1월 말, 값이 너무 오르자 얀 그레버는 구름에 올라탄 기분이었다. 하지만 2월 3일, 하를렘의 경매에 나온 튤립이 예상 가격에 팔리지 못하는 일이 벌어졌다. 그리고 이후 며칠 동안의 경매에서도 상품은 팔리지 않았다. 그렇지 않으면 경매인들이 전 같으면 말도 안 되는 헐값에 투매했다. 이 와중에 고객들은 튤립이 지속적인 가치가 나가는 상품이 아니라는 사실을 불현듯 깨달았다. 그저 단조롭고 쓸데없는 꽃에 지나지 않는 것이다.

얀 그레버는 불안해졌다. 가격 하락이 멈춘다면, 이것은 12월에 가격이 올랐을 때처럼 그의 거래에 좋은 조짐일 것이다. 2월 15일 상품 인도일이 가까워지면서 가격 변화 동향이 드러났다. 보기 드문 오름 추세는 전혀 변할 낌새가 보이지 않았고 곳곳에서 내림 추세만 드러났다. 급기야 1굴덴만 줘도 셈퍼 아우구스투스 튤립 한 뿌리를 구할 수 있게 되었다. 인도보증서 대가로 1000굴덴을 준 얀 그레버는 암스테르담의 집 한 채 값과 맞먹는 돈을 창밖으로 내던진 꼴이었다. 가격 변동 때문에 그는 가난뱅이로 전락했다.

"내 1000굴덴을 되찾아야겠소! 여기 그 잘난 인도보증서 받으시오!" 파산한 그레버가 화원 주인에게 호통쳤다.

"그건 찢어버려도 됩니다." 주인은 언짢은 얼굴로 대답하고는 튤립 열 뿌리가 담긴 자루를 넘겨주면서 그레버를 내쫓았다.

* * *

17 튤립 위기(Tulpenkrise) : 17세기 전반, '네덜란드 황금시대'에 튤립구근이 투기 대상이 된 사건으로, 경제사에서 최초로 기록이 잘 된 투기 열풍. : Herbert Zbigniew, 『Der Tulpen bitterer Duft』, Frankfurt am Main, 2001

* * *

6

시스템의 게임

상트페테르부르크의 역설

| 파리와 포르루아얄 데샹, 1659~/ 상트페테르부르크, 1738

오늘날까지 수많은 룰렛 중독자가 믿는 미신이 있다. 이들은 '평준화의 법칙'이 있다고 생각한다. 이들은 카지노에서 고객 서비스로 테이블 위에 설치한 전광판에 방금 끝난 게임의 우승 번호가 표시된 것을 홀린 듯이 바라본다. '평준화의 법칙'을 믿는 사람들은 연달아 다섯 번이나 검은색이 딴 것을 보면서, 무슨 일이 있어도 빨간색에 거액을 베팅한다. 빨간색과 검은색이 다시 균형을 맞출 수밖에 없다고 생각하기 때문이다. 그런데 평준화의 법칙을 믿어도 되는 것일까?

파스칼이 개발한 이익 시스템

『룰렛의 이론(La Théorie de la Roulette)』. 도박사들을 유혹하는 제목으로 1659년에 나온 이 책은 전혀 이름이 알려지지 않은 아모스 데 통빌(Amos Dettonville)이라는 사람이 썼다. 저자 이름에서 글자를 바꾸다 보면(고대 라틴어 알파벳으로 U와 V는 같은 글자다) 당시 프랑스에서 많은 사람이 읽은 유명 도서 『시골친구에게 보내는 편지(Lettres provinciales)』를 쓴 루이 드 몽탈트(Louis de Montalte)가 만들어진다. 이 책은 루이 드 몽탈트가 프랑스에서 예수회가 팽창하는 것에 반발하여 쓴 18편의 독설적인 편지를 모아 놓은 내용이다. 루이 드 몽탈트나 아모스 데 통빌은 모두 가명으로, 거기에는 프랑스 최고 명사의 이름이 숨어 있다. 바로 슈발리에 드 메레로 알려진 앙투안 공보와의 대화를 통해 이미 우리에게 알려진 블레즈 파스칼이다.

사실 이 책을 '룰렛의 이론'으로 직역하는 경향이 있기는 하지만, 파스칼이 이 책에서 중점을 둔 것은 고대 회전식 추첨기에서 유래한 것으로 당시 유난히 인기를 끌던 도박 이론에 관한 것이 아니다. 그보다는 파스칼 자신이 프랑스어로 '룰렛'[18]이라고 부른 이른바 '사이클로이드(구르는 곡선)' 원리를 다루고 있다.

그렇다고는 해도 파스칼을 두고 도박에서 확실한 승자가 되는 방법의 창안자라고 말하기도 한다. 그것은 우연을 이용해 돈을 따는 시스템을 말한다.

이익 시스템을 고안하는 데 특히 이 도박이 적합하다는 것은 분명하다. 이익의 확률이 전반적으로 숙련도와 경험, 게임 상대의 세련된 기술 그리고 그 밖의 수많은 외부적 상황에 좌우되는 다른 게임과 달리, 이 도박에서의 확률은 엄격하게 정해져 있고 잘 알려진데다가 변화가 없기 때문이다. 그리고 이 도박은 비즈니스 세계에서 이익의 확률이 시간에 달려 있다는 사실에서 연유하는 변덕스러운 리스크[19]를 모른다. 이와 관련한 고통스러운 경험은 앞장에서 이미 묘사했다.

이렇게 볼 때, 룰렛은 생각할 수 있는 가장 단순한 게임이다. 그리고 이것 역시 앞장에서 설명한 단순한 주사위 게임의 변형이다. 6면이 달린 주사위가 37칸이 달린 회전하는 바퀴로 대체된 것일 뿐이다. 주사위 게임에서 1부터 6까지 특정한 숫자가 나오는 확률은 상아로 만든 공이 바퀴가 회전한 후에 1부터 37까지의 특정한 칸에서 멈추는 확률로 변한다. 주사위 게임에서는 이겼을 때, 베팅액의 6배가 아닌 5배를 주는 데 비해, 룰렛 게임에서는 베팅액의 36배를 준다(룰렛 게임기를 발명한 사람은 37칸이 있는데도 불구하고 교활하게 0부터 36까지 번호를 매겼다). 각 칸의 개별적인 번호 외에 서로 다른 숫자 종류, 이를테면 짝수나 홀수에 베팅하기도 하고 검은색이나 빨간색에 베팅하는 등 선택의 변화가 다양해서 이 게임에 많은 사람이 매혹당한다. 하지만 원칙적으로는 놀라우리만큼 단순하다.

그러므로 게임에서 확실하게 따는 시스템이 있고 이 게임이 사기도박이 아니라면, 여기서 모든 게임의 원형이 비롯된다는 것은 분명하다.

"빨간색에 100리브르를 걸겠소." 앙투안 공보가 파스칼이 고안한 이익 시스템의 전략을 배운 대로 베팅했다. 그가 액면가 100리브르의 칩을 딜러에게 던지자 딜러는 고객의 주문대로 이것을 빨간 칸에 올려놓는다.

"27, 파스, 엥페르, 루즈!" 딜러는 상아 공이 27이라는 숫자가 쓰인 칸에 떨어진 다음 외친다. 프랑스어로 '파스(Passe)'는 '망케(Manque)'의 반대말로서 27이라는 숫자가 18보다 크다는 의미이며 '엥페르(Impair)'는 '페르(Pair)'의 반대말로 27이라는 숫자가 홀수라는 것을 뜻한다. 그리고 '루즈(Rouge)'는 '누아르(Noir)'와 반대로 27이 검은색이 아니라 빨간색 칸에 있다는 것을 의미한다. 베팅한 돈의 두 배에 해당하는 200리브르는 이제 공보의 몫이다.

"돈을 따면 집에 가는 게 좋을 거요"라고 파스칼은 공보에게 충고했다. 하지만 100리브르라는 이익은(수공업자라면 평균 연간소득에 해당하는) 공보에게 너무 하찮았다. 호탕한 노름꾼으로서 공보는 다시 베팅한다. "베팅은 소액으로 시작하시오"라고 파스칼은 충고했다.

"다시 빨간색에 100리브르요"라고 말하자 딜러는 고객 요구대로 공보의 칩을 다시 빨간색 칸에 올려놓는다.

"31, 파스, 엥페르, 누아르!" 이번에는 공보가 잃었다. 딜러는 공보를 비롯해 선택을 잘못한 고객들의 칩을 레이크로 쓸어간다.

"이번에는 빨간색에 200리브르!" 공보는 파스칼이 시킨 대로 베팅한다. "잃은 다음에는 딸 때까지 두 배로 베팅하시오. 이게 전략이요. 그리고 마침내 따게 되면 집으로 가는 거요."

"17, 망케, 엥페르, 누아르!"

공보는 다시 잃었다. 이제 또다시 배로 베팅해야 한다. "이제 빨간색에 400리브르!"

"네, 알았습니다, 손님." 딜러는 이렇게 대답하고는 공이 회전하는 바퀴의 칸에 떨어지자 큰 소리로 확인한다. "6, 망케, 페르, 누아르!" 400리브르가 카지노 계좌로 들어간다.

공보는 딸 때까지 두 배로 올리는 베팅을 멈추지 않을 것이다.

"빨간색에 800리브르."

"26, 파스, 페르, 누아르!" 또 잃었다.

"빨간색에 1600리브르."

"13, 망케, 엥페르, 누아르!" 불운이 멈추지 않고 계속된다.

칩이 바닥난 공보는 두툼한 지갑을 뒤지더니 왕의 초상이 새겨진 루이도르 금화 몇 개를 꺼냈다. 전부 3200리브르였다. "이 돈 전부를 빨간색에!" 딜러는 즉시 예쁜 금화를 값싸 보이는 칩으로 바꾸고는 빨간색 칸에 올려놓자 공은 35라는 번호가 매겨진 칸에 멈춘다. 그리고 35는 검은색 칸에 있었다.

룰렛 테이블 주변의 노름꾼들이 이 광경을 보며 점점 흥분 상태로 빠져든다. 사실 속으로는 잔뜩 긴장했지만, 공보가 겉으로는 태연하게 6400리브르라는 거금을 가방에서 꺼내 몽땅 빨간색에 걸자 이들은 깜짝 놀란다. 오직 딜러만이 변함없이 태연하다. "이 이상은 안 됩니다." 딜러가 이렇게 말하고 나서 공은 천천히 굴러가다 마침내 룰렛 바퀴의 한 칸에 멎었다. "3, 망케, 엥페르, 루즈!" 마침내 빨간색이 나왔다. 공보가 레이크로 밀어주는 6400리브르 어치의 칩을 받자, 그가 베팅한 돈과 합쳐 총 1만 2800리브르의 돈이 그의 수중에 들어왔다. 엄청난 액수다. 공보는 서둘러 계산대로 가서 칩을 현금으로 바꾸고 계산해 본다. 다시 시작한 이후 그가 베팅한 돈은 전부 얼마나 될까? 맨 처음에 100리브르, 그다음에 200, 400, 800, 1600 그리고 3200 이다음에 마침내 6400리브르, 총 1만 2700리브르를 베팅했다. 그가 1만 2800리브르를 손에 쥐고 자리를 뜨자 사람들은 부러운 표정으로 그를 바라봤지만, 사실 그의 순이익은 100리브르에 불과했다. 맨 처음에 딴 100리브르와 다를 것이 없었다.

"내가 개발한 시스템에서 더 많은 이익을 기대해서는 안 돼요." 며칠 후 공보가 파스칼을 찾아가 딴 돈이 너무 적다며 불만을 터트리자 파스칼이 그에게 타이르며 말했다. 공보는 거의 규칙적으로 파스칼을 방문하는데도 삭막한 벽이나 창백한 수녀들 그리고 수녀원의 숨 막히는 분위기를 낯설어 했다. 하지만 도박을 이해하려는 호기심이 이런 반발심보다 더 강했다.

"마음에 안 드는 건 순이익이 적은 것만이 아니에요. 시작할 때의 베팅도 마음에 안 들어요." 공보가 불만을 늘어놓는다. "이런 식으로 게임 하는 건 너무 지루해요. 게임 할 때 나를 자극하는 것은 모두 예상치 않은 일이 발생하거나 승리를 낚아채는 비결처럼 번쩍이는 아이디어인데, 아무리 기대하지 않는다고 해도 이런 것이 전혀 보이지 않아요. 베팅을 두 배로 늘리면 금세 액수가 커지는 것은 확실하죠. 그러나 그걸로 부자가 되지는 않는다는 겁니다. 100리브르건 1000리브르건 상관없이, 결국 내가 이긴다는 것을 알기는 하지만, 내가 정말 맛보고 싶은 모험은 찾아볼 수 없다는 거죠."

"그리고 당신이 볼 때 하찮은 이익 때문에 허비하는 시간이 너무 길다는 거로군요." 수녀원에 은거한 이후로 한순간도 도박을 생각한 적이 없는 파스칼이 동의한다는 듯이 입을 열었다.

"이러면 어떻겠소? 빨간색 대신 0에 베팅하는 것이?" 이 말은 카지노 용어로 룰렛 바퀴에 0이라는 숫자가 쓰인 칸을 뜻한다. 공보는 이 말을 하면서 영리하지만 세상을 등진 파스칼의 방법보다 더 나은 전략을 발견한 것 같은 환상에 빠졌다. "그러면 베팅의 35배를 따지 않겠소?" 공보는 이렇게 설명하면서 자기 생각을 덧붙였다. "게임이 지루한 거야 전과 다름없지만, 적어도 이길 때는 이익이 두둑하니 말이오."

"하지만 0이 나올 확률이 너무 낮다는 것을 생각해 보시오." 파스칼이 대꾸하고는 다시 말을 잇는다. "그 확률은 37대 1, 즉 2.7퍼센트를 가까스로 넘는 정도요. 공이 연속해서 40번씩 0에 멈추지 않는 일이 비일비재할 거요. 항상 이걸 염두에 둬야 하오."

"내가 가진 돈에 비하면 그런 건 아무 문제도 안 됩니다."

"공보 씨!" 이 말을 듣고 파스칼은 흥분했다. "1리브르로 시작한다고 해도 40번씩 배로 늘어나다 보면 규모가 무려 1조 리브르예요. 100만 리브르의 100만 배란 말이오!"

"그건 내 재산과 비교할 수조차 없을 만큼 어마어마한 액수군요." 공보가 작은 소리로 인정한다.

"카지노의 재산으로도 감당이 안 되죠"라고 파스칼이 말하는 사이 공보가 재빨리 말을 가로막는다.

"그 불쌍한 녀석들이야 당연하죠. 거래 은행의 기반이 약해서 카지노가 한계를 정했으니까요. 예를 들어 난 10만 리브르 이상은 절대 빨간색에 걸지 않아요. 개인에게 카지노가 10만 리브르가 넘는 이익금을 지급할 수는 없기 때문이죠."

"그건 전혀 몰랐소"라고 파스칼이 대답했다.

그리고 잠시 생각한 다음 파스칼이 다시 입을 열었다. "카지노 운영자가 한계를 정한 것은 돈이 없어서가 아니라 약삭빠르기 때문이에요. 그래야 잃은 다음에 두 배로 베팅하는 내 전략을 무산시킬 수 있을 테니까. 공보 씨, 만일 당신이 100리브르로 베팅을 시작해서 계속 빨간색에 걸었는데, 운 나쁘게도 열한 번이나 연속해서 검은색이 나온다면 당신은 한 푼도 따지 못하고 게임이 끝나는 거요. 생각해 봐요. 100리브르에서 열 번, 두 배로 늘려간다면 차례로 200, 400, 800, 1600, 3200, 6400, 12800, 25600, 51200이 되고 이어 10만 2400이 되는데, 열 번 만에 10만 리브르를 넘어서니 당신은 더는 베팅을 할 수 없다는 말이지요."

"열한 번이나 연속해서 검은색이 나오다니, 어떻게 그런 일이 있을 수 있겠소." 공보가 반발했다.

'평준화의 법칙'을 믿어도 될까?

오늘날까지 공보처럼 수많은 룰렛 중독자가 믿는 미신이 있다. 이들은 '평준화의 법칙'[20]이 있다고 생각한다. 이들은 카지노에서 고객 서비스로 테이블 위에 설치한 전광판에 방금 끝난 게임의 우승 번호가 표시된 것을 홀린 듯이 바라본다. '평준화의 법칙'을 믿는 사람들은 연달아 다섯 번이나 검은색이 딴 것을 보면서, 무슨 일이 있어도 빨간색에 거액을 베팅한다. 빨간색과 검은색이 다시 균형을 맞출 수밖에 없다고 생각하기 때문이다.

이런 추정이 중단기적으로 매우 잘못되었다는 것을 깨닫는 데는 이론적인 설명보다는 롤프 도벨리(Rolf Dobelli)의 베스트셀러 『스마

트한 생각들(Die Kunst des klaren Denkens)』에서 설명하듯, 이 끔찍한 사건에 직접 참여한 사람의 실제 이야기를 들어보는 것이 훨씬 효과적일 것이다.

"1913년 여름, 몬테카를로에서는 믿을 수 없는 일이 일어났다. 카지노의 룰렛 테이블로 사람들이 몰려들었다. 눈앞에서 벌어진 일을 도저히 믿을 수가 없었기 때문이다. 공이 스무 번째나 연속해서 검은색에 멎은 것이다. 수많은 노름꾼은 이 기회를 놓칠세라, 다투어 빨간색에 베팅했다. 하지만 또다시 검은색이 나왔다. 그러자 더 많은 사람이 몰려들었고 누구나 빨간색에 걸었다. 이제는 색깔이 반드시 바뀐다고 생각한 것이다. 하지만 다시 검은색이었다. 검은색은 이후로도 계속 반복되었다. 그러다가 무려 스물일곱 번째에 가서야 드디어 빨간색이 나왔다. 이때는 이미 노름꾼들이 거액을 몽땅 날린 뒤였다. 모두 파산 지경에 이른 것이다."

"내가 말하는 게임 시스템은 잊어버리시오"라고 파스칼이 애원하다시피 말하자 공보는 놀란 표정을 지었다. "룰렛과 관계된 이익 시스템은 무엇이든 잊어버리란 말이오. 만일 당신이 이미 카지노의 도박에 푹 빠졌다면 반드시 지켜야 할 철칙이 하나 있소. 들어갈 때 돈을 주고 바꾼 칩만 가지고 게임을 하라는 거요. 그리고 이 돈은 처음부터 불에 타버린 것이라 없어져도 아쉬울 게 없다고 생각하시오. 그날은 이것으로 끝내고 더는 칩을 바꾸지 말라는 말이오. 그냥 게임을 즐기시오. 나라면 재미없겠지만, 당신은 분명히 즐길 수 있을 것이오. 그리고 게임 하는 동안에는 새벽에 돈을 딴 상태로 집에 돌아갈지, 잃은 상태로 돌아갈지를 일체 생각하지 마시오. 생각해 봤자 게임의 재미만 망칠 테니까."

상트페테르부르크의 역설

파스칼이 개발한 이익 시스템은 그가 젊은 나이에 세상을 떠나고 정확하게 50년이 지난 뒤, 스위스 학자인 니콜라우스 베르누이가 독특한 게임의 아이디어를 떠올리는 데 영향을 주었다. 니콜라우스 베르누이는 『올바른 추측의 기술』을 쓴 야코프 베르누이의 조카였다. 니콜라우스 베르누이가 자기 삼촌이 세상을 떠난 뒤에 이 책을 발행했다는 것은 이미 앞에서 설명했다. 자신과 마찬가지로 확률과 도박에 빠진 동료 피에르 르몽 드 몽모르(Pierre Rémond de Montmort)에게 보내는 편지에서 니콜라우스 베르누이는 독특한 게임을 개발했다고 말했다. 니콜라우스 베르누이의 사촌으로 황제에 의해 상트페테르부르크 대학의 물리학 교수로 임명된 다니엘 베르누이가 편지에서 언급된 이 게임을 재발견하고 세상에 알리지 않았다면, 이 편지는 아마 망각 속으로 사라졌을 것이다. 다니엘 베르누이는 상트페테

『올바른 추측의 기술(Ars conjectandi)』을 발행한 야코프 베르누이의 조카 니콜라우스 베르누이(Nikolaus Bernoulli, 1687~1759). 그는 '상트페테르부르크의 역설 (Sankt-Petersburg-Paradoxon)' 창안자다 〈출처(CC)Nikolaus Bernoulli at de. wikipedia.org〉

르부르크의 카지노로 독자를 안내한다. 그곳에서는 아이디어가 풍부한 딜러가 – 이름을 알렉세이라고 해두자 – 카지노 사장에게 다음과 같이 제안하는 장면이 나온다.

"룰렛 게임에서 고객이 100루블 정도 되는 거액을 베팅하게 할 방법이 있어요. 베팅을 한 사람에게 '계속 빨간색'이나 '계속 검은색'을 선택할 수 있게 하는 겁니다. 이 사람이 계속 빨간색에 베팅했다고 가정해 보죠. 공이 검은색에 멎으면 고객은 1루블을 받고 게임은 끝납니다. 공이 빨간색에 멎었다면 한 판 더 하는 겁니다. 그래서 두 번째에 검은색이 나온다면 고객은 2루블을 받고 게임은 끝납니다. 빨간색이 나왔다면 게임을 계속하죠. 세 번째에 검은색이 나온다면 고객은 4루블을 따고 게임은 끝납니다. 빨간색이 나왔다면 게임이 이어집니다. 0이 쓰인 녹색 칸은 공이 멎지 못하게 막아두고요. 이런 식으로 계속하는 거죠. 공이 빨간색에 멎으면 언제나 한 판 더 하는 겁니다. 공이 검은색에 멎어 게임이 끝날 때까지 고객은 계속 돈을 받고 말이에요. 이 게임이 도박사들에게 주는 매력은 1루블로 시작한 상금이 판을 거듭할 때마다 두 배로 늘어난다는 데 있습니다. 두 번째 게임에서 2루블, 그다음 4, 8, 16, 32, 64루블로 계속 늘어난다는 거죠. 공이 열 번 연속해서 빨간색에 멎으면 도박사는 베팅액의 5배가 넘는 512루블을 받을 수 있는 겁니다."

"도박사들이야 좋지만, 우리는 좋을 게 없어." 사장이 이렇게 대꾸하자 독창적인 아이디어를 낸 딜러는 깜짝 놀란다. "어떤 방법으로 100루블씩이나 베팅하게 만들 텐가?" 자기 아이디어에 자신감이 한 풀 꺾인 알렉세이에게 사장이 물었다.

"솔직히 말해, 막무가내로 덤벼드는 노름꾼이라면 걸어볼 만한 액수라고 생각했어요."

"그리고 장기적인 측면에서 보면 우리가 지는 게임이야." 사장이 언짢은 표정을 지으며 투덜거린다. 빠른 암산을 즐기는 그의 습관은 사업에 쓸모가 많았다. 사장은 알렉세이가 제안한 게임을 자신이 왜 꺼리는지 그 이유를 알아듣기 쉽게 자세하게 설명한다. "카지노 고객이 약 100만 명 정도, 좀 더 정확하게 말해서 102만 4000명의 고객이라 치고, 이들이 잘 알려진 이 게임에 관심을 둔다고 예상해 보세. 그리고 100루블이 아니라 5루블의 베팅을 요구한다고 쳐보자고."

"왜 하필 102만 4000명이죠?" 알렉세이가 궁금해서 묻는다.

"1024를 열 번 계속해서 2로 나누면 나머지 없이 꼭 떨어지기 때문일세. 배후에 어떤 원리가 작동하는지 곧 알게 될 거야. 아무튼 카지노 고객 하나하나가 베팅한다고 쳐보세. 그러면 카지노 계좌에는 500만 루블이 넘는 돈이, 정확하게 512만 루블이 들어오겠지. 이해하기 쉽도록 모든 참여자가 '계속 빨간색'에 베팅했다고 가정해 보세. 그리고 이들이 모두 개별적으로 게임을 했다고 생각하는 거야. 이제 표를 만들어서 첫째 칸에는 공이 차례로 어떤 색깔에 멎는지 쓰는 거야. 둘째 칸에는 100만 명이 넘는 참여자가 얼마의 확률로 선택한 색깔을 맞추는지 쓰고, 셋째 칸에는 각 참여자가 몇 루블을 얻는지, 넷째 칸에는 카지노가 이 줄의 경우, 계좌에서 얼마나 인출해야 하는지 쓰는 거야. 내 말이 무슨 뜻인지 곧 이해할 걸세."

"제 생각에 넷째 칸에는 둘째 칸과 셋째 칸의 결과가 들어가겠네요." 알렉세이가 영리한 눈빛으로 말했다.

"바로 그거야. 첫 번째 줄 왼쪽에는 'S'라고 쓰네. 공이 맨 처음 검은색(Schwarz)에 멎는 경우를 뜻하는 거지. 0이 쓰인 칸은 공이 굴러가지 못하도록 막아 놓았으니까 이 확률은 2분의 1일세. 이 경우에는 우리가 참여자에게 1루블을 줘야 해. 이 말은 우리가 전체 고객 중에서 50만 명 이상에게" - 사장은 둘째 칸에 51만 2000이라고 쓴다 - "1루블씩 지급해야 한다는 뜻이야." - 사장은 셋째 칸에 1이라고 쓰고, 넷째 칸에는 51만 2000이라고 쓴 다음 덧붙인다 - "이 고객들은 이제 끝난 거야. 그리고 계좌에는 아직 약 450만 루블이 남아 있네."

사장의 설명이 이어진다. "둘째 줄 왼쪽에는 'RS'라고 쓰네. 공이 처음에 빨간색(Rot)에 멎고 그다음엔 검은색에 멎을 경우를 뜻하는 거야. 이 확률은 2분의 1의 절반인 4분의 1일세. 이 경우엔 우리가 참여자에게 2루블을 줘야 해. 이 말은 남은 고객 중에서 100만 명의 4분의 1이 넘는 사람들에게" - 사장은 둘째 칸에 25만 6000이라고 쓴다 - "2루블씩 지급해야 한다는 뜻이지." 이렇게 말하면서 사장은 셋째 칸에 2라고 쓴다.

그리고 사장은 넷째 칸에 다시 51만 2000이라고 적고 덧붙인다. "25만 6000×2=51만 2000이지. 이제 계좌에는 약 400만 루블이 남았네. 셋째 줄 왼쪽에는 'RRS'라고 쓰네. 공이 처음 두 번은 빨간색에 멎고 그다음에 검은색에 멎은 경우를 말하는 거지. 이 확률은 4분의 1의 절반, 즉 8분의 1일세. 이 경우에 우리는 참여 고객에게 4루블씩 지급해야 하네. 이 말은 우리가 남은 고객 중에서 100만 명의 8분의 1이 넘는 사람에게" - 사장은 둘째 칸에 12만 8000이라고 적는다─"4루블씩 지급한다는 뜻이지." 사장은 셋째 칸에 4라고 쓰고 넷째 칸에 다시 51만 2000이라고 쓰고는 덧붙인다. "12만 8000×4=51만 2000이지. 이제 계좌에는 350만 루블 조금 넘는 돈이 남았네. 이런 식으로 계속되는 거야. 몸서리치도록 잔인하게 말일세."

사장은 별말 없이 표의 나머지 일곱 줄을 채운다. 첫째 칸에는 *S*, *RS*, *RRS*, *RRRS*라는 문자열이 밑으로 이어지다가 맨 끝에는 *RRRRRRRRRS*라고 쓰여 있다. 그리고 그 옆에는 512000, 256000, 128000, 64000, 32000, 16000, 8000, 4000, 2000 그리고 1000이라는 숫자가, 다시 그 옆 셋째 칸에는 1, 2, 4, 8, 16, 32, 64, 128, 256, 512라는 숫자가, 넷째 칸에는 51만 2000루블이라는 거액이 열 번 표시된다.

"이 표를 보게, 알렉세이! 열 번째 줄 이후에는 계좌에 입금된 500만 루블이 조금 넘는 돈 중에 한 푼도 남지 않게 되네. 이미 전액이 참여 고객의 상금으로 다 지급된 거지. 그런데도 여전히 1000명은 512루블이 넘는 이익이 약속된 행운아에 속한다는 말일세. 여기서 다시 500명은 1024루블을 받고 다시 250명은 2048루블, 다시 125명은 4096루블을 받는 식으로 계속 이어지네. 하지만 계좌 잔액이 바닥나서 우리가 지급할 수 없는 돈이라고!"

"그러면 베팅액을 5루블이 아니라 100루블로 올리면 되잖아요." 알렉세이가 이의를 제기한다.

"그렇다고 우리가 잃는 원칙이 변하는 건 아닐세. 고객 수를 대폭 늘리고 숫자를 적을 줄의 수만 늘리면 되니까. 결국 넷째 칸에 적는 상금 총액은 카지노 계좌에 있는 돈을 초과하네."

"베팅을 1000루블로 늘려도 부족할까요?" 사장의 설득력에 풀이

1024000명의 도박사가 각 5루블씩 베팅할 경우
은행에 입금된 돈 : 1024000 × 5루블 = 5120000루블

공이 멎는 색깔 :	맞춘 고객 :	고객 1인당 상금(루블) :	총지급액(루블) :
S	512 000	1	512 000
RS	256 000	2	512 000
RRS	128 000	4	512 000
RRRS	64 000	8	512 000
RRRRS	32 000	16	512 000
RRRRRS	16 000	32	512 000
RRRRRRS	8 000	64	512 000
RRRRRRRS	4 000	128	512 000
RRRRRRRRS	2 000	256	512 000
RRRRRRRRRS	1 000	512	512 000
...	...	...	???

〈그림5〉 카지노 사장이 직원에게 이른바 '상트페테르부르크의 역설'을 설명할 때 이용한 표

죽은 알렉세이가 자기 아이디어를 살려보려고 애를 쓴다.

"그만 잊어버려! 설사 100만 루블의 베팅을 요구한다고 해도 장기적인 측면으로 볼 때, 우리는 이 게임에서 확실히 진다니까. 계산으로 보여 줬잖아. 그리고 이런 게임에 1000루블이라는 거금을 베팅할 만큼 무모한 사람이 어디 있겠나? 리스크가 너무 커."

알렉세이는 실망한 채 사장의 방에서 나왔다. 동시에 어리둥절한 기분이었다. 역설적인 이야기였기 때문이다. 한편으로 보면, 사장이 단언하듯 이런 게임에 1000루블을 베팅한다면 무모한 사람일 것이다. '계속 빨간색'에 베팅하고 바로 첫 번째 판에서 공이 검은색에 멎는 경우는 전체의 절반에 해당한다. 그 순간 절반은 999루블의 손실

을 본다. 이렇게 보면, 100루블의 베팅을 요구한다고 해도 과연 사람들이 이 게임으로 몰려들지 의문이다.

그런데 다른 한편으로 보면, 사장이 이 게임을 거부하는 이유는 장기적인 측면에서 카지노가 분명히 진다는 계산이 나오기 때문이다. 더구나 고객의 베팅액이 아무리 높더라도 마찬가지라는 것이다. 어째서 카지노가 잃는, 시험 삼아 하는 게임에 모험을 거는 도박사가 없다는 말인가?

우리가 예로 든, 알렉세이를 아주 혼란스럽게 한 이런 모순을 흔히 '상트페테르부르크의 역설'[21]이라고 부른다. 다니엘 베르누이가 상트페테르부르크에 있는 카지노에서 이런 장면을 연출해 보였기 때문이다.

무제한의 이익을 차단할 때만 역설을 풀 수 있다

파스칼이 아직 살아 있다면, 실망스럽고 어리둥절한 알렉세이가 상트페테르부르크의 역설을 물어볼 때, 그는 아마 분명히 다음과 같이 문제를 풀었을 것이다.

"자네가 본 대로, 알렉세이, 이 게임은 도박사가 '계속 빨간색'에 베팅한 경우라면, 공이 검은색에 멎어야 끝이 나네. 이런 경우가 첫 판에 나올 수도 있지만 – 도박사로서는 운이 나쁘게도 – 동시에 아주 많은 판이 기다린다고 예상할 수도 있겠지. 아주 많은 판이 거듭된다고 해도 공이 언제 검은색에 멎을지를 미리 알 수는 없네. 하지만 한없이 룰렛 테이블을 지키는 사람은 아무도 없네. 언젠가는 피곤해져서 카지노를 떠날 걸세. 언젠가는 돌아가던 룰렛 기계도 멈추겠지. 또 언젠가는 상아 공도 깨질 것이고. 무한한 게임이란 생각은 환상일세. 그러므로 한도를 정할 수밖에 없을 거야. 따라서 자네 생각을 수정해야 하네. 카지노는 처음부터 – 이를테면 1000루블 하는 식으로 – 한도를 정한다고 말이지. 게임은 처음에 자네가 설명한 대로 진행될 걸세. 베팅하고 나면, 도박사는 '계속 빨간색'이나 '계속 검은색'을 결정하네. 이 사람이 '계속 빨간색'을 선택한다고 가정해 보자고. 자네가 딜러로서 공을 굴리네. 공이 처음으로 검은색에 멎거나 혹은 – 이것이 하이라이트인데 – 카지노가 어쩔 수 없이 한도로 정한 상금을 지급할 때까지 계속 굴리는 거야. 그러면 게임은 늦어도 한도에 도달하면 끝이 나지. 그밖에는 모든 절차가 알렉세이 자네가 말한 대로 진행될 것이네. 공이 첫판에 검은색에 멎으면 도박사가 1루블을 받고 게임은 끝나네. 공이 두 번째 판에 검은색에 멎으면 도박사가 2루블을 받고 게임이 끝나고. 공이 세 번째 판에서 검은색에 멎으면 도박사가 4루블을 받고 게임이 끝나네. 판이 거듭될수록, 공이 처음으로 검은색에 멎고 도박사에게 지급해야 하는 돈은 두 배로 늘어나지. 하지만 이 숫자가 한도를 초과하면 게임은 어쨌든 끝나네. 도박사는 한도로 정해진 상금을 받아. 우리가 말하는 '상트페테르부르크의 룰렛'을 '완벽하게' 이긴 거지."

"하지만 베팅액이 1000루블이라면, 1000루블을 한계로 정할 때는 참여할 사람이 없을 겁니다"라고 알렉세이가 이의를 제기할 수 있다. 이때 파스칼은 "당연한 말이야" 하고 대답하고 계속 설명할 것이다.

"자네 사장의 입장이 되어 카지노가 참여한 도박사 각 개인에게 지급하는 상금이 얼마나 될지 생각해 보세. 운 나쁘게 공이 첫판에 검은색에 멎는 사람은 전체의 절반이고 이들에게 1루블씩 지급하네. 이어 처음에는 빨간색이 나왔지만 두 번째 판에 검은색이 나오는 사람은 전체의 4분의 1이고 이들에게 2루블씩 지급하네. 그다음에는 모든 참가자의 8분의 1에게 4루블씩 지급하고. 이런 식으로 한도에 이를 때까지 계속되는 거야. 한도로 정한 1000루블에 이르기 전에 1, 2, 4, 8, 16, 32, 64, 128, 256, 512루블을 지급해야 한다는 말이지. 모든 참여자의 절반, 4분의 1, 8분의 1에게… 하는 식으로 진행되고. 그러다가 결국 끝까지 남은 참여자에게 1024루블이라는 거액을 지급해야 하네. 512의 두 배가 1024이니까. 이렇게 상트페테르부르크의 룰렛에 완벽한 승리를 거두는 도박사는 평균적으로 전체의 1024분의 1로 극소수에 해당하네. 사장이 제대로 계산한 것처럼, 지급해야 할 상금은 어차피 마찬가지야. 한계에 이르기 전에 지급하는 규모는 참여 도박사의 수×0.5루블 하는 식으로 계산이 되거든. 액수는 1, 2, 4, 8, 16, 32, 64, 128, 256, 512의 열 가지 경우가 있어. 여기에 마지막에는 상트페테르부르크 룰렛에 완벽한 승리를 거둔 극소수에게 줄 몫이 추가되네. 그것은 0.5루블이 아니라 온전한 1루블이고 말일세. 그러면 10×0.5루블=5루블이고, 상금 한도를 1000루블로 정할 때, 여기에 1루블을 더한 6루블이 상트페테르부르크 룰렛이 요구하는 공정한 베팅액일 걸세."

"베팅이 6루블이라면, 이 게임에 관심을 가질 사람이 많을 것 같군요"라고 알렉세이가 결과를 인정한다. 하지만 곧 질문을 던진다. "그렇다면 장기적인 측면에서 카지노가 이익을 볼 텐데요. 베팅을 7루블로 하는 것이 더 현명하지 않겠습니까?"

"물론 가능하지. 그러나 베팅을 6루블로 해도 카지노의 이익을 남길 아주 그럴듯한 수법이 있을 거야. 이를테면 자네가 처음 제안한 대로 막아 놓은 0이 쓰인 칸을 다시 열어 놓는 거지. 공이 이 칸에도 떨어지게 바꾸는 걸세. 이럴 경우 그다음에 지급할 액수를 절반으로 줄이기로 사전에 약속하는 거야. 보통 룰렛에서도 이와 비슷한 술책으로 이익을 보니 말일세."

"상금 한도를 100만 루블로 정하면 어떨까요?"

"그래도 베팅은 눈에 띄지 않게 올려야 하네. 100만 루블이 한도라고 해도 베팅은 11루블이 적당하네. 자네도 계산할 수 있을 거야."

"그래도 한도 없는 게임이 왜 역설적인지 이해가 안 됩니다."

"사장 말이 맞아. 그건 무의미하니 잊어버리게!"

다니엘 베르누이 자신을 비롯해 일단의 수학자들은 파스칼의 마지막 충고를 진지하게 받아들이려고 하지 않았다. 이들은 온갖 방법으로 한도가 없는 상트페테르부르크 룰렛에서 역설의 비밀을 풀려고 애썼다. 그리고 지극히 의심스러운 결과밖에 얻지 못했다.

카를 멩거도 상트페테르부르크 역설에 매달린 사람 중 하나였다. 그는 자기 부친이 개발한 한계효용이론으로 이 문제를 풀 것으로 생각했다. 100만 단위의 이익이라면 가난뱅이에게는 엄청난 사건이겠지만, 억만장자에게는 별로 언급할 가치가 없을 것이다. 생각에 골몰하다가 멩거는 무제한의 이익 가능성을 차단할 때만 역설을 피할 수 있음을 깨달았다. 그는 이미 학생 시절에 이런 생각을 논문으로 작성했지만, 이 글은 1934년에 가서야 《국민경제지》를 통해 발표될 수 있었다. 그리고 1934년 같은 해에, 단순한 도박과는 전혀 다른 게임을 본격적으로 연구하는 데 토대가 되는 카를 멩거의 저서가 나왔다. 이런 배경에서 우리는 다음 장에서 다시 카를 멩거와 그의 스승 한스 한으로 돌아갈 것이다.

* * *

18 룰렛(Roulette) : 룰렛을 할 때는, 기본사건으로서 0과 36까지의 숫자 중에서 혹은 사건으로서 특정 수의 집합에 베팅한다. 일정한 칸에서 멎는 구슬이 기본사건 및 사건의 발생 여부를 결정한다. : Pierre Basieux, 『Faszination Roulette. Phänomene und Fallstudien』, München, 1999

19 리스크(Risiko) : 바람직하지 않은 사건이 발생할 확률 및 이런 사건이 야기할 손실의 결과. : Nicholas Rescher, 〈A Philosophical Introduction to the Theory of Risk Evaluation and Measurement〉, Washington D. C., 1983

20 평준화의 법칙(Gesetz des Ausgleichs) : 큰 수의 법칙(Gesetz der großen Zahl)은 이를테면 동전을 던질 때 계속 '뒷면'이 나오는 경우, 그다음에는 '앞면'이 나올 확률이 높아진다는 착각을 낳기 쉽다. 다른 도박에서도 순진한 게이머들이 이와 비슷한 착오를 범한다. : Jörg Bewersdorff, 『Glück, Logik und Bluff : Mathematik im Spiel』, Berlin, ⁶2012

21 상트페테르부르크의 역설(Sankt-Petersburg-Paradoxon) : 거액을 단 한 번만 베팅해도 평균해서 거액의 이익을 예상할 수 있는 도박을 가리키는 말. : Karl Menger, The role of uncertainty in economics. In, 『Selected Papers in Logic and Foundations, Didactics, Economics』, Dordrecht, 1979

* * *

7.
학자들의 게임

당대 지성
빈 학파의 결성

| 빈, *1921년~1934년*

멩거는 정치 집단들의 선동 활동을 정확한 사고의 방법으로 진단할 필요가 있다고 확신했다. 어떤 동기에서 사람들은 말하고 행동으로 옮기는가? 그들 눈앞에 아른거리는 목표는 어떤 것인가? 그들은 어떤 기준을 기초로 삼는가? 어떻게 하면 윤리와 도덕의 문제를 정확하게 제기하여 명확한 해결 방법을 대답으로 제시할 수 있는가?

당대 지성의 모임 빈 학파

"이 책은 실망스럽군." 이 말을 내뱉는 순간 과거 제자였던 동료가 당황하는 모습을 보자마자 한스 한은 '실망'이라는 거친 표현을 취소하고 싶었지만, 이미 엎질러진 물이었다. 방안에는 싸늘한 침묵이 번졌다. 카를 멩거는 아무 말도 없었다.

"멩거, 내 말을 오해하지 마." 한은 상대를 달래려고 했다. "이 책은 사회학자나 경제학자, 철학자에게는 지나치게 수학적이고 반대로 수학자에게는 너무 모호하게 쓰여 있어. '도덕, 의지, 세계형성'이라는 제목은 많은 기대를 품게 하지. 독자는 제목을 보고 책을 읽으려고 할 텐데, 그들이 찾는 것을 발견하지 못할까 봐 걱정이야."

그는 화제를 돌려 안부를 물었다.

"그건 그렇고 멩거, 요즘 어떻게 지내?"

카를 멩거는 이미 곡선의 정의에 관한 한스의 첫 세미나 시간 직후 중병에 걸린 적이 있다. 제1차 세계대전이 깊은 상처를 남긴 1921년이라는 비상 시기에 그가 '빈(Wien) 병'이라는 이름으로 불리며 창궐한 결핵에 걸린 것은 이상할 것이 없었다. 멩거는 요양을 위해 수개월 간 아플렌츠(Aflenz) 산악 지대에서 지내야 했다. 공기가 좋은 고지대 마리아첼 부근의 소도시가 그의 피난처가 되었다. 여기서 그는 자신이 빈에서 가져왔거나 혹은 빈에서 보내 주는 책과 원고에 의지하여 수학 연구를 계속했다. 그가 결핵으로 어쩔 수 없이 아플렌츠 산골에 머무는 동안, 아버지 노 멩거가 빈에서 세상을 떠났다. 노 멩거의 죽음으로 1871년에 발행된 그의 저서 『국민경제학의 기본원리(Grundsätze der Volkswirthschaftslehre)』를 대폭 수정하여 제2판을 발

오스트리아계 미국 경제학자이자 수학자
카를 멩거(Karl Menger, 1902~1985).
아버지와 대비해 소 멩거라고 불린다
⟨출처(CC)Karl Menger at en.wikipedia.org⟩

행하려던 계획은 차질을 빚었다. 소 멩거는 아버지의 기념사업으로 시작된 원고 작업이 마무리되도록 끝까지 관심을 두고 매달렸다. 드디어 1922년 완성된 책을 손에 쥐었을 때, 그는 경제 법칙 전문가로 성장해 있었다.

아플렌츠와 빈 사이에 오간 편지로 소 멩거는 빈의 중앙 무대와 꾸준히 접촉할 수 있었다. 이런 관계는 멩거가 2년 가까이 아플렌츠에 요양을 위해 체류한 뒤에도, 또 빈에서 수학 공부를 마치고 암스테르담으로 브로우웨르를 만나러 간 뒤에도 계속 이어진 것으로 보인다. 이 무렵에도 빈에 있는 동료들과의 접촉은 활발했다. 멩거는 누구보다 보험수학을 공부하는 학생으로서 그가 '미치'라고 부른 힐다 악사미트(Hilda Axamit)와 자주 연락했다. 이후 1935년에 미치는 멩거의 아내가 된다.

당시 빈의 과학계에서는 많은 일이 있었다. 활동적인 한스 한 주변으로 대학 내 인재 일부가 모여들어 한이 물리학과 철학 방향으로 쏟는 관심을 공유했다. 이러한 관심은 이미 한 스스로 빈 대학 학생으로 공부하던 세기 전환기 이후에 형성된 것이기도 했다. 당시 그가 알고 지낸 인물 중 가장 영향력이 큰 두 사람은 통계물리학의 개척자인 루트비히 볼츠만(Ludwig Boltzmann)과 특히 탄환이 빠른 속도로 비행할 때 생기는 공기의 응축원뿔(Verdichtungskegel, 음파 충격에 의한 수증기의 급격한 응축으로 생기는 원뿔 모양-옮긴이)에 관한 정확한 묘사로 유명한 물리학자 에른스트 마흐(Ernst Mach)였다.

이 중에서 막강한 영향력을 발휘한 사람은 마흐였다. 그는 엄격한 신념으로 물리학을 오로지 직접적인 관찰로 제한하려고 했다. 그는 '진리'는 그 자체로 존재하는 것이 아니라는 이유로, 이론에 담긴 진리를 놓고 벌이는 토론을 쓸데없는 것으로 간주했다. 문제는 오직 실험과 일치하는가, 유용한가에 달려 있다는 것이다. 마흐는 루트비히 볼츠만의 이론을 하찮게 여겼다. 그의 이론은 원자와 이른바 분자라는 원자 결합이 존재한다는 가정에 의존한다는 이유에서였다. 마흐는 원자를 허황한 화학자들이 만들어 낸 망상으로 여겼다.

볼츠만은 마흐의 편협성을 신랄한 아이러니로 헐뜯었고 마흐 쪽에서는 한층 더 노골적으로 대응했다. 한번은 에른스트 마흐의 학생이 시험을 보던 도중에 원자라는 말을 하자 마흐는 냉랭한 눈빛으로 학생을 쏘아보며 흥분한 목소리로 말했다. "자네가 원자를 보았나?"

"보지는 못했습니다, 교수님."

"나가서 한번 찾아보게. 그리고 하나 찾으면 다시 돌아와서 발견한 것을 내게 보여 주게."

무정하리만큼 엄격한 마흐와 착상이 풍부한 볼츠만 두 사람은 모두 한스 한에게 깊은 인상을 주었지만, 곧 이 철학적인 멘토들은 빈

존재의 수학 113

에서 사라졌다. 이미 수년 전부터 뇌졸중 증상이 나타난 마흐는 제1차 세계대전이 발발하기 직전에 빈을 떠났고, 그보다 먼저 1906년 9월 5일, 심한 우울증에 시달리던 볼츠만은 두이노에서 창살에 목을 매어 자살했기 때문이다.

비록 볼츠만과 마흐는 의견이 일치한 적은 거의 없었지만, 한은 두 사람의 관점에서 공통의 결론을 끌어내었다. 즉 당시 빈에서 숭배하던 칸트(Kant)나 셸링(Schelling), 헤겔(hegel) 같은 철학자에게서 벗어나야 한다는 것이다. 과거 철학의 전통이나 스콜라철학, 교부신학, 고대 철학을 높이 평가하는 것은 중요하지만, 철학에 새로운 근대적인 사고방식을 도입하는 것 역시 중요하다고 믿었다. 그리고 수학과 정밀과학의 인상적인 인식에서 나온 사고방식은 볼츠만과 마흐에게 빚진 것이라고 생각했다.

사변적인 관념론을 극복하는 것이야말로 한이 세상을 떠날 때까지 떠받들던 지상명령이었다. 그가 볼 때는, 오로지 논리와 수학의 뒷받침을 받는 가운데 실험으로 검증되는 경험 명제만이 탄탄한 철학의 초석이었다. 영국의 경험론자인 존 로크(John Locke)와 데이비드 흄(David Hume)을 보면 그런대로 마음이 편했다. 또 통찰력이 뛰어난 버트런드 러셀(Bertrand Russell)은 알프레드 노스 화이트헤드(Alfred North Whitehead)와 함께 당시 막 출간된 『수학 원리(Principia Mathematica)』를 썼는데, 이 책은 전반적인 수학이 제한된 기본원리로 거슬러 올라간다는 내용이었다. 그런데 빈의 철학연구소에서 실제로 알려지지 않은 이 러셀을 한이 '우리 시대 가장 중요한 철학자'로 치켜세운 것은 의아한 판단일 수밖에 없었다.

물리학 '너머'에 관심을 가진 비트겐슈타인

제1차 세계대전이 발발하기 직전인 1914년, 평화롭던 시기에 한은 화려한 환상도로 모퉁이마다 늘어선 커피하우스에서 뜻이 같은 사람들과 어울렸다. 여기 모인 사람들은 자유로운 분위기에서 철학 서클을 형성했다. 물리학자이자 수학자로서 경제학자 루트비히 폰 미제스의 형제인 리하르트 폰 미제스(Richard von Mises)도 이 모임에 속했다. 여기에 총명한 젊은 물리학자 필리프 프랑크(Philipp Frank)가 가세하며 철학의 트리오가 결성되었다. 한의 친구이자 훗날 매제가 된 오토 노이라트(Otto Neurath)도 이들과 이따금 합류했다. 이들은 새롭고 정확한 철학을 주장하는 한스 한을 보며 다르타냥과 『삼총사』의 관계 같다는 느낌을 받았다. 하지만 커피하우스의 한담에서 진지한 철학이 나오기 전에, 긴 전쟁에 따른 황폐하고 일그러진 분위기가 이들을 방해했다.

그래도 한은 포기하지 않았다. 전쟁이 끝나고 그가 빈 대학교의 수학 교수직을 맡은 이후에 과거 마흐와 볼츠만이 맡고 있던 철학 교수 자리는 비어 있었다. 한은 이제 군소 국가로 전락한 오스트리아 수도에 자기 생각대로 최고의 인재를 불러들이기 위해 교육문화부와 접촉하며 모든 수단을 마련했다. 한이 볼 때는 모리츠 슐리크(Moritz Schlick)가 적임자 같았다. 슐리크는 아인슈타인과 함께 이름이 알려졌고 양자론의 시조 격인 막스 플랑크(Max Planck)에게 박사 과정 때 지도를 받았다. 키가 크고 체격이 건장한 한과 땅딸막한 키에 사회주의 이념에 가까운 경제학자인 노이라트, 그리고 언제나 우아한 옷차림에 자연스러운 품위를 발산하는 슐리크는 실제로 새로운 트리오를 형성하게 되었다. 젊고 근대철학에 관심 있는 학자를 서클에 받아들인 것이다. '서클(Kreis)'이 적절한 표현이다. 애초 기상학에 관심을 두고 매주 목요일 저녁 베링거 거리 38 – 42번지 회색 건물에 있는 작은 강의실에 모이던 사람들이 그들의 모임을 '빈 서클'로 불렀기 때문이다(흔히 '빈 학파'로 옮기는 이 모임의 원어는 'Wiener Kreis', 즉 빈 서클이다 – 옮긴이).²²

빈 학파에 참여한 회원의 전체 명단을 여기서 일일이 열거할 필요는 없을 것이다. 한스 한이 옛 제자 중 가장 재능이 뛰어난 쿠르트 괴델(Kurt Gödel)과 카를 멩거를 목요 모임에 규칙적으로 참여시켰다는 사실을 언급하는 것으로 충분할 것이다. 한은 논리학과 수학이 뒷받침된 경험적인 관찰의 토대 위에 철학을 새로 정립하는 것을 빈 학파의 과제로 보았다. 그에게는 여전히 버트런드 러셀이 모범이었다. 그러던 어느 목요일 저녁에 빈 학파의 회원으로 기하학 교수이던 쿠르트 라이데마이스터(Kurt Reidemeister)가 참석자들에게 얇은 책 한 권을 보여 주며 말했다.

"여러분, 내 생각에는 우리가 이 작품에 토론을 집중해야 할 것 같아요. 루트비히 비트겐슈타인(Ludwig Wittgenstein)이 쓴 『논리철학논고(Tractatus logico – philosophicus)』라는 책입니다."

"루트비히 누구라고요?" 노이라트가 물었다.

"비트겐슈타인." 라이데마이스터가 반복하며 덧붙였다. "이름 있는 가문이에요. 그의 부친인 카를 비트겐슈타인은 오스트리아의 크루프(철강무기 재벌)라고 할 수 있어요. 강철업계의 거두로 대부호죠."

오토 노이라트는 동의하지 않는다는 듯 입술을 삐쭉거렸다. 그러자

라이데마이스터는 노이라트 쪽으로 얼굴을 돌리고 말을 이었다. "그에게는 자녀가 많아요. 그런데 아들인 루트비히는 유산을 모두 친척들에게 나누어 주고 정작 본인은 수도승처럼 산답니다. 그뿐만 아니라 자기 저서를 출판하는 데 드는 비용을 대주겠다는 가족의 제안마저 거절했다니까요." 라이데마이스터는 한이 있는 쪽으로 고개를 돌리며 계속 설명했다. "이 책을 극구 칭찬하고 영어와 독일어 2개 국어로 출판한 사람이 누군지 알아요? 바로 버트런드 러셀이라고요."

"정말이요?" 한이 놀라서 묻는 사이 노이라트는 책장을 넘기다가 맨 마지막 페이지를 들여다보며 입을 연다. "내가 읽어보죠. '제한된 전체로서 세계의 느낌은 신비롭다.' 여러분, 이 책은 형이상학을 다루는 것이 분명합니다!"

'형이상학' 같은 말은 빈 학파에서 사형선고를 받은 것이나 다름없었다. 전체 회원 간에 무언의 합의 같은 것이 있었다. 물리학 그 너머에는 – 글자 그대로 물리학 '너머에' 있다는 의미로 형이상학('Meta'–Physic)에는 – 아무것도 없다고 보았기 때문이다.

슐리크는 노이라트의 손에서 책을 집어 들고는 잠시 들여다본 다음 입을 열었다. "우선 이 비트겐슈타인이라는 사람이 적어도 자기 생각의 구조를 투명하게 짰다고 나는 봅니다. 모든 명제에 번호를 매겼어요. 중요한 명제에는 숫자 번호만 붙어 있고, 이 중요한 명제에 주석을 단 문장에는 하위 번호까지 붙어 있군요. 아주 체계적으로 계속되는 것으로 보아 우리가 이 책을 분석할 때 큰 도움이 되겠어요. 다른 한편으로 나도 서문의 한 문장을 낭독하고 싶군요. 여기서 비트겐슈타인 씨는 다음과 같이 주장합니다. '이 책의 전반적인 의미를 말로 표현한다면, 말할 수 있는 것은 분명하게 말해야 하고 말할 수 없는 것은 침묵해야 한다는 것이다.' 하지만 이 말은…." 슐리크는 이제 노이라트를 정면으로 바라보며 말을 잇는다. "내 생각에 우리 모임의 좌우명과 다를 것이 별로 없군요." 슐리크는 자기 말을 강조하듯 목소리를 유난히 높인다. "이 책에 서문에서 말한 대목이 담겨 있다면, 또 러셀이 이 책을 입이 마르도록 칭찬하면서 높이 평가했다면, 친애하는 노이라트, 엄격한 잣대를 들이댄다고 해도 우리가 이 책을 분석할 가치는 있을 겁니다."

한이 볼 때, 슐리크가 자신의 권위를 빌려서 이런 결론을 내린 것은 아주 잘한 행동이었다. 아마 한 자신도 그보다 표현을 더 잘하지는 못했을 것이다. 그리고 그가 예측한 것은 실제로 증명되었다. 수년간 비트겐슈타인의 『논리철학 논고』는 빈 학파의 핵심 주제가 되었기 때문이다. 하지만 저자를 빈 학파와 연결하려는 여러 차례의 시도는 실패하고 말았다. "비트겐슈타인이 나에게 설명하기를, 철학에서 할 말은 자기 저서에서 다 말했다고 하더군요." 프리드리히 바이스만(Friedrich Waismann)은 비트겐슈타인을 만나고 온 결과를 빈 학파의 동료들에게 보고하면서 실망스러운 말로 결론 내렸다.

"그는 우리가 하는 일을 시간 낭비로 보고 '한과 노이라트 그리고 나머지 일행'을 경멸하는 말을 하면서 어떤 경우에도 오지 않겠다고 하더라고요. 그러고는 무뚝뚝하고 쌀쌀맞게 나를 내쫓았어요."

과학의 대도시 빈

카를 멩거와 쿠르트 괴델이 빈 학파와 맺은 관계는 좀 달랐다. 괴델은 회의에 규칙적으로 참여했고 다루어지는 주제에 항상 관심을 쏟았다. 하지만 그 자신이 의견을 표명하는 적은 없었다. 괴델의 침묵에는 말 못할 이유가 있었다. 사실 그는 토론에서 제기된 모든 발언을 몰래 발췌해서 자신의 순수한 수학적 언어로 옮기려고 했기 때문이다. 이것은 부분적으로 비트겐슈타인의 책 때문에 촉발된 빈 학파의 논쟁에서만큼 뜨겁게 주목받은 적이 없었다.

비트겐슈타인에 대한 괴델의 존경심은 매우 제한적이었다. 괴델의 생각은 부분적으로 빈 학파에서 허용된 수준을 훨씬 벗어날 때도 있었다. 그런 생각은 '형이상학'이라는 저주를 받았기 때문이다. 이후 수십 년이 지나서야 비로소 괴델은 이런 생각의 베일을 조금씩 걷어 냈다. 1941년, 히틀러의 마수로부터 안전한 프린스턴에 도착하고 나서 괴델은 모든 '신의 존재증명' 중에 가장 형이상학적이라고 할, 중세 수도사이자 사상가인 캔터베리의 안셀모(Anselm von Canterbury)에 기원을 둔 이른바 '신의 존재론적 증명'을 수학적인 언어로 번역했다. 이때 그는 이런 행위가 어느 한 사람의 종교적 혹은 무종교적 특성을 변화시킬 수 없다는 것을 알았다. 괴델은 때로 자신이 시도하는 신의 존재증명이 단순히 자기 재능을 시험하는 조그만 수학 게임이라고 주장했다. 하지만 그 말은 아마 괴델 자신의 종교적 특징을 숨기려는 핑계였을 것이다. 만약 노이라트나 혹은 형이상학 금지라는 원칙을 완고하게 옹호하는 사람이 괴델의 생각을 알았더라면 그는 즉시 빈 학파에서 쫓겨났을 것이다.

이와 달리 카를 멩거는 빈 학파의 관심사를, 특히 한과 슐리크의 관심사를 능력껏 뒷받침했다. 그는 괴델처럼 규칙적으로 회의에 참석하지는 않았다. 그 이유는 멩거가 1930년과 1931년에 매사추세츠 주에 있는 하버드 대학교와 텍사스에 있는 라이스 연구소에서 연구에 매달렸기 때문이다. 하지만 빈에 있는 제자 게오르크 뇌벨링(Georg Nöbeling)이 편지로 최신 정보를 끊임없이 제공하고 있었다.

그는 빈 학파의 대표적인 참여자들이 토론하는 주제를 일반대중에게도 공개하자는 한의 제안을 충실하고도 자발적으로 후원했다. 그리하여 해마다 각 분야 대가들이 담당하는 5~6차례의 공개 강의가 수학 대강의실에서 열렸다. 빈 문화의 전당이라고 할 국립 오페라하우스 입장권과 맞먹는 값의 방청권만 있으면 누구나 들을 수 있었다. 〈해묵은 문제 – 정밀과학의 새로운 해법〉이라는 일반적인 제목으로 유명한 학자들, 예컨대 고분자화학의 발명자 헤르만 마르크(Hermann Mark), 젊은 나이에 노벨물리학상을 받은 베르너 하이젠베르크(Werner Heisenberg), 빈에서 가장 유명한 이론물리학자 한스 티링(Hans Thirring), 이 밖에도 한스 한을 필두로 하는 빈 학파의 유명인사가 강사진을 이루었다. 세계 경제공황 및 대량 실업 사태와 맞물린 그 어렵던 시절에 오페라 입장권에 해당하는 적지 않은 고액을 내야 함에도 대강의실은 계속해서 빽빽하게 들어찼다.

멩거는 이 아이디어를 낸 발기인들을 후원했다. 그는 수입금을 관리하면서 한편으로는 볼츠만 묘지에 조각상을 세웠고, 다른 한편으로는 한과 푸르트벵글러를 위해 조교로 봉사한 수학자 올가 타우스키가 재정적으로 빚을 지지 않도록 도왔다. 당시 대학에는 유급 직원의 자리가 드물었기 때문이다. 멩거는 또 대규모 강연 행사를 조직했는데, 그것은 그가 수학 세미나를 열면서 수학의 최근 연구 결과를 전문적 소양이 있는 관심 계층에게도 공급했기 때문이다. 멩거는 비록 브로우웨르와 긴장된 관계를 유지하기는 했지만, 그를 빈으로 초대해서 강연할 기회를 주었다.

"어쩌면 이것이 비트겐슈타인을 은둔 생활에서 불러낼 기회가 될 거요." 슐리크는 흥분한 목소리로 말하며 제안했다. "그의 누이가 만남을 주선하면 바이스만과 내가 비트겐슈타인과 잠시 얘기를 나눌 수 있을 거요. 물론 여전히 철학에 관심을 보이려고 하지 않겠지만, 브로우웨르가 빈에 온 것이 철학이 아니라 수학의 토대에 관한 강연 때문이라고 말하면, 내 생각에는 비트겐슈타인이 오는 데 희망을 걸 수 있을 겁니다."

빈 학파에서 대표 한 사람이 비트겐슈타인을 찾아갔는데, 다행히 쫓겨나지는 않았다. 이 사람은 돌아와서 회원들에게 비트겐슈타인이 올지 말지 심사숙고하겠다는 언질을 주었다고 전했다.

브로우웨르의 강연이 열릴 시간이 다가오자 차츰 청중이 강의실을 채우기 시작했다. 그때 갑자기 긴 복도를 따라 걸어오는 비트겐슈타인의 모습이 보였다. 백발이 성성한 금욕주의자로서 톨스토이 같은 인상이었다. 한은 너무 감동해서 두 팔로 안으며 인사를 나누었고 그를 강연장으로 안내하면서 첫째 줄 주빈석에 앉히려고 했다. 하지만 비트겐슈타인은 한사코 뿌리치면서 겸손한 태도로 다섯 번째 줄에 가서 앉았다. 쿠르트 괴델도 홀 맞은편 구석에 있었다.

비트겐슈타인과 괴델, 두 사람은 브로우웨르의 강연에 서로 다른 방식으로 매혹되었다. 괴델은 이 강연을 듣고 여기서 나온 공식적인 생각이 자신과 매우 단단하게 연결된다고 생각하고, 자신이 아리스토텔레스 이후로 가장 위대한 논리학자가 될 거라는 결론을 내렸다. 비트겐슈타인도 강연에 깊은 인상을 받은 나머지 부근의 커피하우스에서 열린 후속 회의에 어쩔 수 없이 참가하여 수년 만에 처음으로 철학에 관해 발언했다. 그리고 케임브리지에서 세상을 떠날 때까지 그는 철학에의 관심을 접지 못했다.

이런 점에서 브로우웨르의 강연은 멩거와 한이 빈 학파를 위해 목표한 대로 대성공을 거두었다. 이때부터 빈이 전쟁의 폐허에서 과학의 대도시라는 과거 명성을 되찾고 새로운 과학의 중심지로 우뚝 서리라는 환상이 지배했다. 하지만 이후 독일에서 히틀러가 집권하고 이에 오스트리아 국민이 전국적으로 열광하는 등 일련의 정치적 사건은 지나치게 민감한 멩거를 불안하게 했다. 그는 나치즘의 허위 주장에 많은 학생이나 교수마저 속아 넘어가는 대학에 염증을 느꼈고, 빈 학파로부터도 차츰 발을 뺐다. 회원 일부가 발표한 '과학적 세계관'이라는 글도 마음에 들지 않았다. 빈 학파 회원이 아니냐고 누가 물어보면 그는 "솔직히 말해 빈 학파 회원은 아닙니다. 나 스스로는 그저 빈 학파와 가깝게 지냈을 뿐이라고 생각하죠"라고 대답했다.

윤리와 도덕의 문제를 제기하다

멩거는 확산하는 정치적 흐름이 자신이 의무로 알던 이상과 모순된다고 느꼈다. 그리고 빈 학파 내에서 점점 외부 세계와 담을 쌓고 은둔하는 토론자들이 정작 정치적으로 황폐해진 이 시기에 필요한 토론이 무엇인지 모른다는 것이 안타까웠다. 그는 정치 집단들의 선동 활동을 정확한 사고의 방법으로 진단할 필요가 있다고 확신했다.

어떤 동기에서 사람들은 말하고 행동으로 옮기는가? 그들 눈앞에 아른거리는 목표는 어떤 것인가? 그들은 어떤 기준을 기초로 삼는가? 어떻게 하면 윤리와 도덕의 문제를 정확하게 제기하여 명확한 해결 방법을 대답으로 제시할 수 있는가? 멩거는 자기 생각을 간단히 알아볼 수 있도록 정리해 보았다. 공동의 관심사를 통해 뭉치는 개별적인 사회집단에 동그라미를 쳐보고 동그라미 사이에 차이가 클 때는 서로 방향이 다른 화살표로 각 집단이 얼마나 서로 협력하는지 혹은 적대적인지를 그렸다. 이런 생각 끝에 멩거는 1934년에 쓴 책의 제목을 『도덕, 의지, 세계형성(Moral, Wille und Weltgestaltung)』이라고 붙였다. 그런데 빈 학파 회원들에게서도 비판이 쏟아졌다.

"멩거, 제머링(Semmering, 빈에서 남쪽으로 100킬로미터 떨어진 오스트리아의 이 '마의 산'은 당시 빈 시민들에게 인기 있던 피서지다)의 희박한 공기가…당신이 책을 쓰는 데 나쁜 영향을 준 것이나 아닌지 걱정이 됩니다."

"멩거, 당신은 버트런드 러셀에게 도덕과 윤리가 지식의 이론과 아무 상관이 없다는 것을 모르는 거요?"

"멩거, 내가 보니 이 책에는 형이상학이 꽤 들어갔네요."

그리고 마침내 과거의 스승인 한에게서는 앞에서 나오듯 "이 책은 실망스럽군"이라는 쓸쓸한 비평을 듣게 되었다.

하지만 멩거의 저서에서 방향타가 될 만한 것을 발견한 사람도 분명 있었다. 수학자가 아니라 경제학자로서 루트비히 폰 미제스의 제자이며 빈 학파와는 거리가 먼 사람이었다. 그는 프리드리히 폰 하이에크(Friedrich vin Hayeks)의 후임으로 오스트리아 경기 동향 연구소장으로 있던 오스카르 모르겐슈테른(Oskar Morgenstern)이었다. 이 사람이 볼 때 멩거의 책은 어떤 계시 같은 것이었다.

****

22 빈 학파(Wiener Kreis) : 1922년부터 1936년까지 한스 한(Hans Hahn, 1879~ 1934)과 모리츠 슐리크(Moritz Schlick, 1882~1936)의 주도로 매주 목요일 저녁에 빈 대학교 수학/물리학/화학부 건물 강의실에 모인 철학자 및 과학이 론가 그룹. 빈 학파의 구성원 혹은 빈 학파와 가까운 인물은 앨프리드 줄스 에 어(Alfred Jules Ayer, 1910~1989), 구스타프 베르크만(Gustav Bergmann, 1906~1987), 루돌프 카르나프(Rudolf Carnap, 1891~1970), 헤르베르트 파 이클(Herbert Feigl, 1902~1988), 필리프 프랑크(Philipp Frank, 1884~1966), 쿠르트 괴델(Kurt Gödel, 1906~1978), 올가 한 - 노이라트(Olga Hahn - Neurath, 1882~1937), 카를 구스타프 헴펠(Carl Gustav Hempel, 1905~1997), 빅토르 크라프트(Victor Kraft, 1880~1975), 카를 멩거(Karl Menger, 1902~1985), 하 인리히 나이더(Heinrich Neider, 1907~1990), 오토 노이라트(Otto Neurath, 1882~1945), 빌라르트 반 오르만 콰인(Willard Van Orman Quine, 1908~ 2000), 테오도르 라다코비치(Theodor Radakovic, 1895~1938), 한스 라이 헨바흐(Hans Reichenbach, 1881~1953), 알프레트 타르스키(Alfred Tarski, 1902~1983), 프리드리히 바이스만(Friedrich Waismann, 1896~1959) 등이 있다. : Karl Sigmund, 『Sie nannten sich Der Wiener Kreis : Exaktes Denken am Rand des Untergangs』, Wiesbaden, 2015

****

8.

카드 두 장의 게임

셜록 홈즈의 마지막 사건을 해결하라

| 프린스턴, 뉴저지, 1938

홈즈는 모리아티가 자신이 생각하는 것을 훤히 꿰뚫어보고 캔터베리에서는 창밖을 내다보기만 하고 그가 하차하는 것이 보이지 않으면 도버까지 계속 가는 것이 더 바른 판단이라고 결론 내리리라는 것을 알고 있다. 따라서 홈즈는 캔터베리에서 내리는 것이 더 나은 선택인지를 놓고 고심한다. 그러나 그는 자신이 이런 생각을 한다는 것을 모리아티가 안다는 것도 알고 있다. 캔터베리에서 내리는 것과 도버까지 계속 가는 것 중 어떤 선택이 홈즈에게 더 현명한 것일까?

셜록 홈즈의 딜레마를 풀어라

"단 두 장의 카드로 포커[23]를 한다니 우스꽝스럽군요." 오스카르 모르겐슈테른이 어리둥절한 표정으로 쳐다보자 존 폰 노이만은 태연하게 할 말을 계속한다. "기다려 봐요. 그것으로 내가 당신의 문제를 푼다는 것을 곧 알게 될 테니까."

여기서 말하는 문제는 수년 전부터 오르카르 모르겐슈테른을 애먹인 것이었다. 그는 아서 코난 도일의 애독자였는데 셜록 홈즈와 악당 모리아티 교수가 런던에서 도버로 가는 장면을 잊을 수가 없었다.

모르겐슈테른은 폰 노이만에게 코난 도일의 「마지막 사건(The Final Problem)」을 원본 이상으로 해결하기 어려운 이야기인 것처럼 묘사했다. "홈즈는 무장한 모리아티에게서 도피하려고 빅토리아 역에서 도버 행 열차에 올라탑니다. 그런데 차창 밖을 내다보니 기차가 움직이기 시작하는 순간 모리아티가 달리는 기차에 뛰어올라 안으로 들어오는 것을 보고 깜짝 놀라죠. 물론 서로 다른 칸이라서 열차가 달리는 동안에는 홈즈가 모리아티로부터 안전합니다. 칸마다 복도를 따라 죽 이어진 급행이 아니라 칸마다 따로따로 분리된 완행이니까요. 하지만 홈즈와 모리아티가 도버에서 같이 내리면 그 악당이 승차장 계단에서 분명히 인정사정없이 총으로 홈즈를 쏠 겁니다.

그래도 한 가닥 희망은 있죠. 열차가 런던과 도버 사이에 있는 캔터베리에서 정차하니까요. 홈즈가 캔터베리에서 내렸는데 우연히 모리아티가 창밖을 내다보지 않아서 홈즈가 사라지는 것을 보지 못한다면 모리아티는 도버까지 계속 갈 것이고 홈즈는 위기에서 벗어날 수 있을 겁니다. 그런데 홈즈가 운 나쁘게 내리는 방향을 잘못 잡아 그가 캔터베리에서 내리는 것을 모리아티가 본다면 위험해지는 거죠.

두 번째 문제도 있습니다. 자신이 열차에 뛰어오르는 모습을 홈즈가 봤다는 것을 모리아티가 알고 있는 경우죠. 그러면 모리아티는 홈즈가 열차에서 미리 내릴 가능성을 염두에 둘 겁니다. 그러므로 홈즈는 모리아티도 창밖을 살피지 않고 바로 하차해서 열차가 떠난 뒤에 자신을 쏠 것으로 생각하죠. 여기서 홈즈는 모리아티가 제 꾀에 넘어가 캔터베리에서 내릴 때, 자신은 내리지 않고 도버까지 계속 가는 것이 더 현명하다는 결론을 내립니다.

하지만 홈즈는 모리아티가 홈즈 자신이 생각하는 것을 훤히 꿰뚫어보고 캔터베리에서는 창밖을 내다보기만 하고 홈즈가 하차하는 것이 보이지 않으면 도버까지 계속 가는 것이 더 바른 판단이라고 결론 내리리라는 것도 알고 있습니다. 따라서 홈즈는 캔터베리에서 내리는 것이 더 나은 선택인지를 놓고 고심합니다. 그러나 그는 자신이 이런 생각을 한다는 것을 모리아티가 안다는 것도 알고 있죠. 캔터베리에서 내리는 것과 도버까지 계속 가는 것 중에 어떤 선택이 홈즈에게 더 현명한 것일까요?”

셜록 홈즈의 딜레마에 골몰할 때, 오스카르 모르겐슈테른은 빈에서 카를 멩거의 『도덕, 의지, 세계형성』이라는 책을 본 적이 있다. 여기서 멩거는 무엇보다 서로 적대적인 두 집단의 상호작용을 묘사했다. 모르겐슈테른은 이 글에서 자신이 묘사하는 셜록 홈즈의 딜레마가 추상적으로 제시되었음을 알았다. 그리고 멩거가 수학에서 이런 저런 유형의 상호작용을 설명하는 도구를 마련하려고 한다는 것을 알았다. 모르겐슈테른은 수학을 공부하지는 않았지만 언제나 수학이라는 학문에 감탄했다. 그가 생각하는 이상은, 자신이 빈 대학교에서 가르치고 오스트리아를 위해 경제자문위원으로 일하는 전공분야, 즉 경제학에 수학적인 엄격한 기준을 도입하는 것이었다. 그런 의미에서 멩거의 수학책은 그에게 중요했다.

그렇다고 해도 이제 이런 얘기를 하려고 멩거를 찾아갈 수는 없었다. 멩거가 오스트리아를 떠났기 때문이다. 사회민주주의를 금지하고 – 회원 다수가 이 금지된 당파와 가까운 빈 학파로서는 치명타였다 – 전국적으로 유혈 사태가 번지며 오스트리아에서 히틀러 지지자들이 점점 극성을 부리는 흐름 속에서 멩거는 불안해졌다. 설상가상으로 극심한 혼란이 일던 1934년에는 한스 한이 세상을 떠났다. 정부는 한의 죽음으로 인한 빈 자리 충원을 거부했다. 빈 학파로서 종말의 신호는 그로부터 2년 뒤에 슐리크 교수가 빈 대학교 본부 건물에서 피살된 사건이었다. 전에 그에게 배운 학생 하나가 정신질환 증상이 있었다. 그는 슐리크를 적대시하던 사람들에게 사주를 받고 옛날의 스승을 여러 차례 위협했다. 그러다가 이른바 '철학자의 계단'에서 모리츠 슐리크에게 총을 쏘았다.

오스트리아 경제동향연구소장이자
존 폰 노이만과 함께 게임이론을 개발한
오스카르 모르겐슈테른
(Oskar Morgenstern, 1902~1977)
〈출처(CC)Oskar Morgenstern at en.
wikipedia.org〉

미국 인디애나 주에 있는 노트르담 대학교에서 수학 교수직을 제안하자 멩거는 "빈을 떠날 수만 있다면" 하고 생각했다. 당분간 빈의 자리는 사직하지 않았지만, 1938년 3월, 히틀러가 오스트리아에 군대를 이끌고 입성했을 때, 빈의 교수직을 내려놓았다.

이와 달리 모르겐슈테른은 1938년까지 빈에 머물렀다. 그의 후원자인 한스 마이어(Hans Mayer)와 페르디난트 데겐펠트-쉔부르크(Ferdinand Degenfeld-Schönburg)는 모르겐슈테른이 대학은 물론이고 국가를 위해 전문가로서 귀중한 이바지를 했다고 굳게 믿었다. 그래서 모르겐슈테른을 음해하는 오트마르 슈판(Othmar Spann)의 악의적인 공격으로부터 그를 보호해 주었다.

작센 지방의 괴를리츠 출신인 모르겐슈테른은 초등학교 다닐 때부터 빈에 살았기 때문에 이 도시에 애착이 강했다. 히틀러가 빈에 입성하기 직전 미국으로 강연 여행길에 오른 것은 그로서는 정말 행운이었다. 나치즘만큼 끔찍하게 생각하는 것이 없었기에 빈으로 돌아온다는 생각은 할 수 없었다. 게다가 게슈타포의 블랙리스트에 그의 이름이 올라 있었다. 이런 배경에서 모르겐슈테른은 프린스턴 대학교에서 자리를 마련해 주자 뉴저지에 남기로 했다.

프린스턴 대학교에서 멩거가 재직하는 노트르담 대학교까지는 1100킬로미터가 넘었다. 하지만 프린스턴 고등연구소까지는 1.6킬로미터에 불과했다. 이곳에는 활동적인 수학의 대가 존 폰 노이만이 연구하고 있었다. 브륀(Brünn) 출신 수학자로서 아직 빈에 머물던 에두아르트 체흐(Eduard Čech)는 전에 모르겐슈테른에게 폰 노이만을 주목하라고 말한 적이 있었다. 그가 모르겐슈테른이 고심하는 수수께끼를 풀 수 있으리라고 말했던 것이다. 그래서 모르겐슈테른은 자신이 골몰하던 문제를 풀기 위해 맹거의 책을 들고 그를 찾아갔다. 홈즈는 캔터베리에서 내려야 하나 아니면 도버까지 계속 가야 하나?

적대적인 두 집단의 상호작용

"아주 흥미로운 질문입니다." 존 폰 노이만은 오스카르 모르겐슈테른이 아서 코난 도일의 이야기를 자기 기준으로 들려주자 솔깃한 반응을 보였다. 두 사람은 독일어로 대화했다. 독일어는 모르겐슈테른의 모국어였고 폰 노이만은 6개 국어를 자유자재로 구사했다. 어릴 때부터 쓰던 사람들 이상으로 능숙했다.

"그리고 이 문제는 단순히 범죄 이야기만 관계된 것이 아닙니다." 모르겐슈테른은 문제에 관하여 계속 설명했다. "예를 들어 내가 라디오를 한 대 구매하고 청구서를 받았다면, 나는 즉시 대금을 지급할지, 작동시험을 해본 다음에 사용할 것인지 아니면 반송할 것인지 어떻게 결정하면 좋은지 생각해 봅니다. 하지만 마냥 기다릴 수는 없죠. 회사에서 지급 독촉장을 보내며 가격을 올려 받을 수도 있으니까요. 이때도 어떻게 선택하는 게 옳은지 모르겠어요."

"지극히 당연한 말입니다. 하지만 일단 그 얘기는 제쳐 놓고 불쌍한 홈즈의 딜레마에 집중하기로 하죠. 당신이 가장 골몰하는 문제니까요. 내가 제대로 들었다면 당신은 대립하는 양쪽 당사자들에게 최선의 전략이라고 할 방법을 찾고 있습니다. 나도 10년 전에 매달려 본 문제죠. 나는 수학 연감에 단체 게임에 관한 6페이지짜리 논문을 쓴 적이 있어요. 이 문제를 꿰뚫어 볼 수 있다는 거죠. 당신은 전체를 단순히 게임으로 봐야 해요. 이것이 홈즈와 모리아티에게 생사가 달린 문제든, 아니면 구매한 상품을 놓고 경제적인 손실을 보지 않기 위해 지급 방법이나 반송을 놓고 벌이는 문제든 상관없어요. 게임에는 서로 경쟁하는 양 당사자가 있죠. 이들이 지켜야 하는 게임 규칙도 있습니다. 아주 간단하게 말해 이들은 움직일 것이냐 아니냐의 선택에 직면했어요. 그리고 이길 가망이 있는 전략을 찾고 있는 거죠." "그건 나도 알아요. 다만 구체적으로 어떻게 하냐는 거죠. 홈즈와 모리아티의 경우에 말입니다."

"보세요, 모르겐슈테른. 홈즈와 모리아티는 게임의 양 당사자예요. 그리고 이들의 게임 도구는 캔터베리라는 중간역입니다. 즉 '통과할 것이냐' '내릴 것이냐' 하는 거죠. 폰 노이만은 연필을 들더니 표를 그리고 적는다. 왼쪽에는 '홈즈'라고 쓰고 오른쪽 옆으로는 '통

		모리아티	
		통과	하차
홈즈	통과		
	하차		

〈그림6〉

과'와 '하차'라는 말을 적어 넣는다. 또 위에는 '모리아티'라고 쓰고 그 밑 칸에는 다시 '통과'와 '하차'라고 적어 넣는다.

"이제 각 도구를 사용할 때 이 게이머들에게 어떤 이익이 있는지 적어봅시다." 폰 노이만이 계속 설명하면서 개별적인 경우를 적어 넣는다. "두 사람 모두 캔터베리를 통과하면, 같이 도버에서 내립니다. 홈즈에게는 불리한 경우죠." 폰 노이만이 말하며 첫 번째 칸 왼쪽 밑에 0이라고 적는다. 그리고 "모리아티에게는 유리한 경우고"라고 말하며 오른쪽 위에 있는 칸에는 1이라고 적는다. "만일 홈즈가 통과하고 모리아티가 캔터베리에서 내린다면, 홈즈가 게임을 이깁니다." 폰 노이만은 두 번째 칸 왼쪽 밑에 1이라고 쓰고 오른쪽 위에는 0이라고 쓴다. "모리아티는 멍청하게 캔터베리에 혼자 남는 거죠. 이제 홈즈가 내리고 모리아티가 열차에 남아 창밖으로 내다보는 경

		모리아티	
		통과	하차
홈즈	통과	1 0	0 1
	하차	½ ½	1 0

〈그림7〉

우를 생각해 봅시다. 이 경우에는 왼쪽 밑에 홈즈나 모리아티 모두에게 각각 $\frac{1}{2}$의 점수를 줍니다. 홈즈가 운이 좋아 모리아티가 반대쪽을 내다볼 확률이 $\frac{1}{2}$이고 홈즈가 운이 나빠 모리아티가 그를 발견하고 따라서 내릴 확률은 똑같이 $\frac{1}{2}$이기 때문입니다. 끝으로 두 사람 다 캔터베리에서 내린다면 불쌍한 홈즈에게는 확실한 죽음을 의미하겠죠. 이때는 두 사람 다 통과할 경우와 같은 점수를 적습니다." 폰 노이만은 기록한 표를 모르겐슈테른에게 보여 준다.

"동의합니다." 모르겐슈테른은 쾌활한 목소리로 대답했다. "그런데 이 숫자로 어떻게 내 문제를 푼다는 것이죠?"

"모르겐슈테른, 내가 포커 게임을 상당히 즐긴다는 걸 모르죠?" 모르겐슈테른은 느닷없는 폰 노이만의 질문이 무슨 뜻인지 알 수 없었다. "몰랐는데요, 왜요?"라고 그가 어리둥절한 반응을 보이자 존 폰 노이만은 계속 설명했다. "나는 포커를 하며 대부분은 잃지만, 아무렇지도 않아요. 나에게는 게임 자체의 매력이 중요하거든요. 연필과 종이를 들고 수학적인 풀이를 하기에는 포커가 너무 복잡해요. 하지만 실제로 아주 간단한 본질에 집중하다 보면 이 게임의 어디가 매혹적인지 금세 알 수 있죠. 우리가 달랑 카드 두 장만 들고 포커를 한다고 생각해 보세요. 하트 에이스와 클럽 킹 두 장만 가지고 말입니다."

"단 두 장의 카드로 포커를 한다니 우스꽝스럽군요."

오스카르 모르겐슈테른이 어리둥절한 표정으로 쳐다보자 존 폰 노이만은 태연하게 할 말을 계속한다. "기다려 봐요, 그것으로 내가 당신 문제를 푼다는 것을 곧 알게 될 테니까. 하트 에이스가 클럽 킹을 이긴다는 건 분명하죠. 우리가 베팅하는 규모는 어차피 중요하지 않아요. 문제는 우리 두 사람 각자에게 가장 유리한 전략을 찾아내는 거죠. 당신이 카드를 섞는다고 가정해 보죠⋯."

"달랑 두 장 가지고 섞으려면 힘깨나 들겠군요." 오스카르 모르겐슈테른이 빈정대듯 한마디 한다.

"정신 나간 소리처럼 들릴지는 모르지만 내 말을 믿어 봐요. 헛소리가 아니니까. 내가 카드 한 장을 고릅니다. 내가 킹을 골랐는데 정직한 사람이라면, 판이 끝났음을 알리면서 베팅한 것을 잃을 겁니다. 이건 당신에게 가산점이 붙는다는 의미죠. 내가 에이스를 잡고 베팅을 했는데 당신이 받는다면(콜) 그 판은 내가 이기고 가산점은 나에게 붙습니다. 그런데 킹이나 에이스를 집을 확률은 똑같이 $1/2$이기 때문에 장기적으로 보자면 많은 판을 해야 승부가 갈린다는 의미예요. 내가 정직하게 게임 하고 베팅할 때 당신이 받으면 결국 우리는 각자 똑같은 가산점을 받을 겁니다. 여기까지는 좋아요. 하지만 포커의 매력은 카드를 받고 나서 꼭 솔직할 필요가 없다는 것이지요."

"당신이 킹을 잡았는데도 손안에 감추고 베팅하며 허세(블러핑)를 부릴 수 있겠죠."

"맞습니다. 그리고 이제 당신 차례예요. 하지만 당신은 내가 어떤 카드를 잡았는지 모릅니다. 나머지 한 장은 가려진 채 테이블 위에 있기 때문이죠. 이제 당신은 따라서 콜을 하든가 패스를 할 수 있어요. 만일 내가 에이스를 손에 들고 블러핑을 하는 것이 아니라면, 당신은 패스하는 것이 더 나은 선택이죠. 이때 가산점은 마땅히 당신에게 돌아갑니다. 반대로 내가 블러핑을 하는데 당신이 패스한다면 나는 킹을 들고 있다고 해도 그 판을 이기고 가산점을 가져갑니다.

그렇지 않고 내가 블러핑을 할 때, 당신이 콜을 한다면 그 판은 당신이 이기고 가산점도 가져가죠. 다만 조심할 것은 내가 베팅하고 당신이 받을 때는 내가 집은 카드를 보여 주어야 한다는 것입니다. 당신이 유념할 것이 또 있어요. 판을 돌리기 전에 내가, 이를테면 킹을 잡았을 경우 블러핑을 할 건지 아닌지 미리 작심할 수 있다는 겁니다. 또 판을 시작하기 전에 당신은, 이를테면 내가 처음부터 포기하지 않는다고 할 때 콜을 할 건지 패스할 건지 결심할 수 있다는 거죠." 이제 존 폰 노이만은 다시 종이와 연필을 들고 말을 잇는다. "각 상황에 해당하는 게임 장면을 보여 드리죠. '조니'는 납니다. 본디 야노스라고 하는데 미국에서는 조니라고 부르죠. 당신도 그렇게 불러도 됩니다. 다만 내가 성에 대해서는 좀 까다로워서 미국인이 되었는데도 '폰'을 빼지 않아요. 좀 공화당 냄새가 날지는 모르지만."

<table>
<tr><th colspan="2"></th><th colspan="2">오스카르</th></tr>
<tr><th colspan="2"></th><th>콜</th><th>패스</th></tr>
<tr><td rowspan="4">조니</td><td rowspan="2">블러핑</td><td>1</td><td>0</td></tr>
<tr><td>0</td><td>1</td></tr>
<tr><td rowspan="2">블러핑 안 함</td><td>½</td><td>1</td></tr>
<tr><td>½</td><td>0</td></tr>
</table>

〈그림8〉

"나는 오스카르예요." 모르겐슈테른도 성은 빼고 자기 이름만 소개했다.

"좋아요, 당신도 이름만 쓰기로 하죠. 우리가 얻는 가산점이 어떻게 분배되는지 표에 적어 볼게요." 이 말을 마치자 존 폰 노이만은 빠르게 표를 작성하고는 새로 사귄 친구에게 보여 준다.

"알아보겠어요?" 그가 자신감에 찬 어조로 물었다.

"좀 전의 계산표와 같은데요."

"맞습니다. 이런 결과가 나온 이유는 분명해요. 왼쪽 위칸은 내가 킹을 잡고 블러핑을 한 경우죠. 당신이 콜을 하면 나는 킹을 보여 주어야 하고 가산점은 내가 아니라 당신에게 붙습니다. 반대로 당신이 패스하면 오른쪽 위칸처럼 카드를 보여 주지 않고도 내가 블러핑으로 가산점을 가져갑니다. 당신에게는 0이라고 적죠. 오른쪽 아래칸은 내가 어떤 카드를 잡든지 블러핑을 하지 않는 경우죠. 킹을 잡는다면 그 즉시 당신에게 가산점이 붙습니다. 에이스일 경우, 당신이 영리하게 베팅을 하지 않고 패스한다면 가산점을 받는 거죠. 따라서 이 칸에는 당신에게 1, 나에게 0이라고 적습니다. 내가 베팅을 할 때, 당신이 콜을 한다면 당신이 지는 거고요. 또 왼쪽 아래칸도 어떤 카드를 잡든 내가 블러핑을 하지 않는 경우예요. 킹이면 나는 처음부터 포기하는 거고, 에이스라서 내가 베팅할 때 당신이 콜을 한다면 당신이 지는 거죠. 바로 이것이 내가 처음에 설명한 바로 그 게임 전략입니다. 많은 판을 거듭하다 보면 우리 두 사람의 가산점이 비슷하게 되죠. 그래서 이 칸에서는 매 판 두 사람에게 절반의 가산점을 주는 겁니다."

"알겠습니다. 홈즈와 모리아티 경우와 같은 딜레마로군요. 당신이 블러핑을 하지 않는다고 내가 가정할 때, 나는 패스하는 것이 현명한 거라는 말이죠. 두 번째 줄 오른쪽의 '내' 점수 1이 왼쪽의 ½보다 크니까요. 내가 패스할 것을 당신이 알 때, 당신은 어쩔 수 없이 블러핑을 하게 된다는 말이고요. 두 번째 칸의 '당신의' 1점이 아래에 있는 당신의 '0'점보다 크니 말입니다. 게이머가 처한 진퇴양난의 상황을 수치로 잘 표현했다는 것을 알겠어요. 다만 이런 진퇴양난에서 어떻게 벗어나느냐라는 의문이 생긴다는 거죠."

"포커를 할 때 분명한 것은, 블러핑은 자주 할 수 있지만, 항상 블러핑을 하면 안 된다는 겁니다. 또 패스를 자주 해도 되지만, 항상 패스만 해서는 안 된다는 겁니다. 그것을 스케치로 분명하게 보여 줄게요." 폰 노이만은 다시 종이를 꺼내 그림을 그린다. 먼저 왼쪽 위에서 비스듬히 오른쪽 밑으로 직선을 긋는다. "이 직선은 당신이 콜 하는 것을 뜻합니다." 그는 직선 옆에 '오스카르 콜'이라고 쓴 다음 그

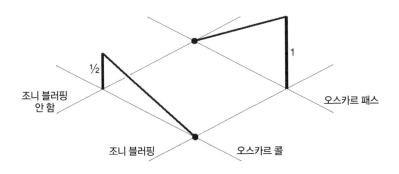

〈그림9〉 존 폰 노이만이 오스카르 모르겐슈테른에게 그려 보인 첫 스케치

옆에 나란히 직선을 하나 더 긋고는 '오스카르 패스'라고 적는다. "이 직선은 당신이 패스하는 것을 뜻하고요." 그는 이제 왼쪽 밑에서 오른쪽 위로 다시 직선을 긋고는 '조니 블러핑 안 함'이라고 적는다. 또 그 밑에 직선을 나란히 긋고는 '조니 블러핑'이라고 적는다. "이 두 직선은 내가 쓸 수 있는 수단을 상징하는 거죠"라고 폰 노이만이 설명한다. "네 개의 직선에서 정사각형이 만들어지는데…."

"평행사변형이라고 해야 하지 않나요?"

"아니, 아니오. 이 정사각형을 옆에서 비스듬히 본다고 생각해야 합니다. 모서리마다 위쪽 수직 방향으로 내가 이길 확률을 적어 넣을 거니까요. '조니 블러핑'과 '오스카르 콜'이 만나는 앞에 있는 모서리는 내가 운이 나빠서 지는 경우죠." 폰 노이만은 이 모퉁이에 진한 점을 찍는다. "오른쪽에 '조니 블러핑'과 '오스카르 패스'가 만나는 모서리는 내가 운 좋게 이기는 경우고요." 폰 노이만은 이 모서리에 위쪽 수직 방향으로 길고 두꺼운 선을 긋고는 1이라고 적는다. '조니 블러핑 안 함'과 '오스카르 콜'이 만나는 왼쪽 모서리는 우리 두 사람 똑같이 5대 5의 확률이에요." 폰 노이만은 이 모서리에 위쪽 수직 방향으로 절반 정도 길이의 두꺼운 선을 긋고는 ½이라고 적는다. "그리고 뒤쪽에 '조니 블러핑 안 함'과 '오스카르 패스'가 만나는 모서리도 내가 운이 나빠서 당신에게 가산점이 붙는 경우죠." 폰 노이만은 앞에서 한 대로 이 모서리에 진한 점을 찍는다.

그러고는 계속 설명했다.

"만일 당신이 판마다 콜 한다는 것을 내가 안다면 나는 기하학적으로 앞에 있는, 오른쪽으로 비스듬히 내려간 직선에서 움직일 겁니

다. 그 직선 위에 나는 왼쪽 모퉁이에 그려진 수직선의 꼭짓점에서
½ 높이로 앞쪽의 진한 점까지 이어지는 두꺼운 선을 그립니다. 직선
위로 그어진 이 선이 얼마나 우뚝 솟느냐가 내가 이길 확률을 보여
주는 거죠. 그리고 얼마의 빈도로 내가 블러핑을 하느냐 하지 않느
냐에 좌우됩니다. 블러핑을 자주할수록 나는 앞쪽의 진한 점에 더
가까워지고 그만큼 더 어리석은 게임을 하는 거죠. 내가 이길 확률
은 0에 이르기까지 줄어드니까요. 이 직선에서 꼭짓점 가까이 아주
왼쪽으로 치우칠 때, 가장 영리한 게임을 하는 거고요. 내가 이길 확

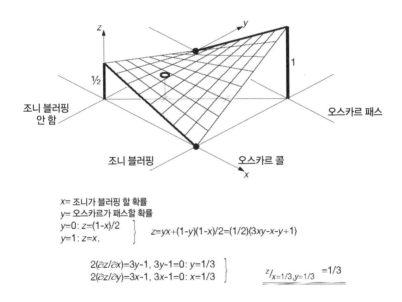

x= 조니가 블러핑 할 확률
y= 오스카르가 패스할 확률
$y=0: z=(1-x)/2$
$y=1: z=x,$ ⎫⎬⎭ $z=yx+(1-y)(1-x)/2=(1/2)(3xy-x-y+1)$

$2(\partial z/\partial x)=3y-1, 3y-1=0: y=1/3$ ⎫⎬⎭ $z/_{x=1/3,y=1/3} =1/3$
$2(\partial z/\partial y)=3x-1, 3x-1=0: x=1/3$

〈그림10〉 존 폰 노이만이 오스카르 모르겐슈테른에게 보여 준 스케치. 그 밑으로는
손으로 쓴 계산이 보인다. 이것으로 존 폰 노이만은 '고무판' 있는 안장점(새들 포
인트, 변수가 두 개인 함수에서, 한 변수에는 극소점이면서 다른 변수에는 극대점이
되는 변수의 값 – 옮긴이)의 위치와 높이를 확정한다.

률이 적어도 ½은 되니까 말이죠.

뒤쪽의 오른쪽 밑으로 비스듬히 이어지는 직선에서 움직일 때는, 즉 당신이 계속 패스할 것이라는 가정에서 볼 때는, 똑같은 이치가 거꾸로 적용됩니다. 여기서 나는 오른쪽 모퉁이에 1이라는 높이로 그려진 수직선 꼭짓점으로 이어지는 두꺼운 선을 그립니다. 여기서 도 나는 이 선이 직선 위로 얼마나 솟구치는가에 따라 내가 이길 확률을 판단합니다. 여기서 내가 블러핑을 자주 할수록 확실하게 이길 때까지 확률은 올라갑니다."

"하지만 나는 계속 콜을 부르지도 않고 또 계속 패스하지도 않을 텐데요. 이 그림이 무슨 의미인지 아직도 모르겠군요"라고 모르겐슈 테른은 조심스럽게 자기 생각을 드러냈다.

홈즈가 살아남을 '최소극대화의 원칙'은?

"우리가 정사각형 경계를 이루는 선을 따라 움직이지 않는 것은 맞아요. 하지만 사각형의 각 점은 내가 얼마나 블러핑을 하고 당신 이 얼마나 패스할 것인지 그 빈도를 알려줍니다. 예컨대 정사각형의 중심은 내가 전체 판의 절반을 블러핑 하고 절반을 당신이 패스하는 경우에 해당하죠. 그리고 뒤쪽 사각형 모서리 점은 내가 아주 드물 게 블러핑을 하고 당신은 빈번히 패스하는 것을 보여줍니다. 이제 두껍게 그은 두 선 사이로 유연하고 탄력적인 고무판이 늘어져 있다 고 상상해 봐요."

폰 노이만은 종이에 음영 선을 그려가며 이 내용을 분명히 보여 주려고 애썼다. "이 고무판이 사각형의 각 점에서 떨어진 거리가 내가 이길 확률이 얼마나 되는지 보여 줍니다. 즉, 내가 당신이 패스하는 빈도를 알고 내가 블러핑 하는 빈도를 안다면, 고무판을 이용해 내가 이길 확률을 계산할 수 있다는 거죠."

"이 고무판은 어느 정도 안장의 형태를 이루는군요."

"그리고 이 안장 위의 저 점은 말 탄 사람이 무게중심을 두는 점이지요. 수학에서 '안장점'으로 부르는 이것이 우리를 문제 해결로 이끌어 줍니다."

존 폰 노이만은 자신이 하는 말을 잘 알고 있다. 그는 승마 지식도 있다. 다만 언제나 넥타이를 맨 정장 차림으로 말을 탈 뿐이다. 넥타이를 매지 않고 말을 타는 모습은 아주 보기 드물었다.

"안장 밑에 있는 사각형의 점이 우리가 가장 관심을 두는 점이죠. 내가 블러핑의 빈도를 이 점에 맞춘다면, 당신은 이 점을 통과하는 직선, 즉 '조니 블러핑' 혹은 '조니 블러핑 안 함'이라는 표시로 왼쪽 밑에서 오른쪽 위로 비스듬히 그어진 직선을 따라서만 움직일 수 있습니다. 당신이 어떤 빈도의 패스를 선택하든 당신은 내가 이길 확률을 줄일 수 없죠. 내가 사각형의 평면에서 수직의 선으로 가지고 있는 안장점이 그 확률이니까요. 따라서 나에게는 안장점 바로 아래가 적어도 분명히 확보할 수 있는 승리 확률의 최대치가 됩니다. 그래서 내가 '최소극대화 원칙'[24]을 말하는 거고요."

"이 안장점의 위치를 찾으려면 복잡한 계산이 필요하겠죠?"

"몇 줄 되지 않습니다. 잠깐만요, 내가 블러핑 하는 확률을 x로, 당신이 패스하는 확률을 y로 표시하면 x, y는 사각형에 있는 점의 좌표가 됩니다. 이 점에 있는 고무판의 높이를 z라고 한다면…" 오스카르 모르겐슈테른은 존 폰 노이만이 공식을 경쾌하게 전개해 나가자 아무 말도 하지 못한 채 놀란 표정을 짓는다. 그로서는 무슨 말인지 알아들을 수가 없다. 끝으로 폰 노이만은 결과로 나온 답에 두 번 줄을 긋고는 거의 자신에게 말하듯 나지막이 중얼거린다.

"당연히 이렇게 되죠. 대칭 상의 원리로 안장점 밑에 있는 사각형의 점은 왼쪽에서 오른쪽으로 그어진 사각형 모퉁이의 대각선상에 있죠. 그리고 거기 있는 수직선의 길이가 2대 1의 비율이기 때문에 이 점도 2대 1의 비율로 왼쪽 모퉁이에 가까워야 합니다."

이렇게 말하고 나서 폰 노이만은 놀란 표정을 짓는 모르겐슈테른을 올려다보고 다음과 같이 알려준다.

"안장점은 평균적으로 내가 세 판 중 한 판을 블러핑 하고 당신이 평균적으로 세 판 중 한 판을 패스하는 그 지점에 있습니다. 거기서 나는 적어도 세 판에 한 판은 이길 확률을 확보하죠. 말하자면 안장점이 그 정도 거리로 사각형 평면 위에 있는 겁니다. 3분의 1은 큰 확률은 아니지만 내가 최소한도로 도달할 수 있는 확률의 최대치예요."

"하지만 만일 내가 규칙적으로 한 판은 패스하고 그다음 두 판은 콜 한다면 그건 의미가 없지 않을까요? 당신은 이 전략을 즉시 간파하고 거기에 게임을 맞추겠죠."

"당연히 나는 '평균적으로만' 세 판 중에 한 판 블러핑 해야 하고 당신도 '평균적으로만' 세 판에 한 판 패스해야 하는 겁니다. 그래서 그 빈도는 내가 3분의 1, 당신이 3분의 1이라는 결과가 되는 거고요. 규칙적인 결정은 반드시 피해야 하죠. 우리 두 사람은 각자 판을 벌이기 전에 돌아선 채로 주사위를 던지는 것이 가장 현명할지도 모릅니다. 1이나 2가 나오면 나는 블러핑을 하고 그렇지 않으면 블러핑을 하지 않는 거죠. 당신은 1이나 2가 나오면 패스를 하고 그렇지 않을 때는 콜을 하고 말이죠. 이런 식으로 우리는 큰 수의 법칙을 활용하는 겁니다. 이것이 이 단순한 포커 게임에서 우리 두 사람에게 가장 합리적인 전략이에요."

"그러면 홈즈는 어떻게 해야 하죠?"

"홈즈의 경우에도 나는 캔터베리로 가는 동안에 주사위를 던져 보라는 조언밖에 할 수가 없습니다. 1이나 2가 나오면 도버까지 내처 가고 그렇지 않으면 캔터베리에서 내리는 거죠."

"생사가 달린 운명을 주사위 하나에 의지한다면 너무 무모하지 않나요?"

"수학에서는 가련한 홈즈에게 일러 줄 더 나은 방법이 없어요. 그러고 나면 홈즈는 적어도 33퍼센트가 넘는 확률로 살아남는다는 것을 알게 될 겁니다. 하지만 당신의 질문이 위탁 판매인이나 고객, 기업 태도와 관련한 것이라면 내가 생각해 낸 최소극대화 원칙이 아주 유용할 겁니다. 경제의 경우에는 결정할 일이 계속 이어지니까요. 그때는 결정할 사람에게 어떤 빈도로 긍정적인 결정을 하고 부정적인 결정을 할 것인지 조언하는 게 큰 의미가 있을 수 있습니다."

"이에 관해 우리가 책을 한 권 써야겠군요."

"동의합니다. 한 권 쓰죠."

"질문이 하나 더 있어요. 당신은 표를 작성할 때 칸마다 숫자 두 개를 적었어요. 왼쪽 밑에는 왼쪽 게이머 것과 오른쪽 위에는 오른쪽 게이머의 것을 말이죠. 그게 꼭 필요한가요? 왼쪽 밑의 숫자를 안다면 오른쪽 위의 숫자도 아는 것 아닌가요? 그 숫자는 합쳐서 1이 나오니까요. 왼쪽 게이머의 숫자만 적으면 충분하지 않으냐 하는 거죠. 나머지 숫자는 자동으로 알게 될 테니 말이에요."

"아주 좋은 제안입니다"라고 폰 노이만은 일단 칭찬하고는 덧붙인다. "오늘은 당신의 이해를 돕기 위해 그런 거죠. 평소에는 당신 말대로 한답니다. 어느 게임에서든지 한 사람이 이기면 나머지 한 사람은 진다는 것을 아는 식이죠."

존 폰 노이만이 말한 이 마지막 문장은 이른바 제로섬 게임[25]에 해당한다. 이런 것과 다른 게임이 또 있다는 것을 그는 상상할 수 없었다.

---

23 포커(Poker) : 영미권에서 52장을 가지고 하는 카드 게임으로, 5장으로 '득점 조합'의 패를 만들어 우열을 가린다. 이때 게이머는 상대 패를 모르는 상태에서 자기 패에 대하여 다양한 액수의 베팅을 한다. 베팅에 걸린 돈은 최종적으로 가장 강한 패를 지닌 사람 혹은 자신이 건 베팅에 대하여 아무도 대응하는 사람이 없을 때, 최후로 남은 사람이 차지한다. 이로 인해 패가 약한데도 블러핑으로 딸 가능성도 있다. : David Sklansky, 『The Theory of Poker』, Regensburg, 2006

24 최소극대화 원칙(Maximin – Regel) : 상대 게이머의 게임방식과 무관하게 가능한 최대의 이익을 확실히 노리게 해주는 게임 전략으로 게임이론에서 최소의 이득을 최대로 확대하는 전략이다. 두 게이머가 최소극대화 원칙의 전략에 따르면 이들의 게임은 내시 균형(Nash–Gleichgewicht)을 이룬다.

25 제로섬 게임(Nullsummenspiel) : 전체 게이머의 이익과 손실의 합이 0이 되는 게임. 단 두 사람이 게임을 한다면, 제로섬 게임에서 한 사람은 정확하게 상대가 딴 것 만큼 잃는다. : Manfred J. Holler, Gerhard Illing, 『Einführung in die Spieltheorie』, Berlin, [7]2009

9

생사의 게임

최대 손실과
최대 이익

| 부다페스트, 1908~ / 프린스턴, 뉴저지, 1929~1957

존 폰 노이만은 자신과 모르겐슈테른이 함께 저술한 게임이론서에 군부가 관심을 쏟기 시작하는 것이 기뻤다. 전쟁 수행을 추상적으로 볼 때는, 제로섬 게임에 견줄 수 있다는 레오니트 후르비츠의 예견은 옳았다. 전쟁은 대치중인 쌍방이 아군에게는 최대 이익을 보고 적군에게는 최대의 손실을 안기려는 '게임'이라는 것이다. 그러므로 이 '게임'에서는 최소극대화의 원칙에 관심을 둔다. 어떻게 하면 적의 반응과는 상관없이 최대의 이익을 끌어 낼 것인가?

미국의 과학 전성기를 예견한 폰 노이만

"왜 우리가 있는 빈으로 오지 않는 거요?" 존 폰 노이만이 빈을 방문했을 때, 빈 학파 회원에게 이런 질문을 받은 것은 1930년대 초였다. 하지만 존 폰 노이만은 사양하는 제스처를 취하며 말했다. "내가 미리 말해두지만 빈의 전성기는 곧 끝날 겁니다. 그와 반대로 부유한 미국인들은 과학 발달에 관심이 엄청나요. 유럽에서는 감히 흉내조차 못 낼 정도로 말이죠. 내 동료인 오즈월드 베블런(Oswald Veblen)은 멋진 '고등연구소'를 설립하는 데 참여했고요. 나는 이미 프린스턴에 자리 잡고 이름도 요한에서 존으로 바꿨답니다. 미국은 미래를 상징해요. 북쪽을 봐요. 거기서는 야만적인 불량배가 힘을 키우면서 독일의 이름과 독일의 문화, 독일의 경제를 오염시키고 있잖아요. 유럽 어느 나라도 이 파괴자를 막지 못할 겁니다. 오히려 내가 되묻고 싶군요. 왜 우리가 있는 미국으로 오지 않는 거요?"

"하지만 당신은 오스트리아에 뿌리가 있잖아요?"

"그건 맞아요"라며 폰 노이만은 인정했다. "정확히 말해 헝가리에 뿌리가 있죠. 하지만 그 당시는 헝가리가 도나우 왕국(제1차 세계대전이 끝나기 전의 오스트리아-헝가리 왕국을 말함 - 옮긴이)에 속했을 때죠. 열살 때 아버지가 황제에게 성 앞에 붙는 귀족 표시를 하사받았어요. '노이만 폰 마기타'라는 이름이 얼마나 자랑스러웠는지! 아버지가 작위를 받으니 내 부모가 최고라는 생각이 들었죠. 나도 덩달아 이름에 '폰'이 붙었으니까요. 하지만 내 유럽 뿌리는 잘려 나갔어요. 확신하건대, 대서양 건너 새 고향에서 잘 해나갈 겁니다."

이야기를 마친 존 폰 노이만은 잠시 옛 추억에 잠겼다. 부모 모습

수학자, 수학 물리학자, 컴퓨터 개척자로
오스카르 모르겐슈테른과 함께
게임이론을 개발한 존 폰 노이만
(John von Neumann, 1903~1957)
〈출처(CC)John von Neumann at en.
wikipedia.org〉

이 눈에 아른거리면서 부다페스트에 있던 아버지의 아름다운 저택
이며 노이만 가에서 열린 화려한 저녁 파티 같은 장면이 떠올랐다.
그런 날이면 부유한 은행가이자 궁정 참사관인 막스 폰 노이만은 다
섯 살이 안 된 어린 아들을 불러내 신동이라며 소개하고는 했다.

  "벌써 글을 아니?" 어느 노부인이 어린 그에게 묻자 아버지 노이
만은 하인을 시켜 부다페스트 전화번호부를 가져오게 했다. 전화번
호부를 가져오자 아버지는 한 장을 찢어내고는 그것을 아들에게 주
면서 방에 들어가서 자세히 읽어 보고 5분 뒤에 다시 오라고 했다.
손님들에게 마실 것들을 권하면서 막스 노이만은 그 부인에게 잠시
만 기다려 달라고 말했다. 곧 어린 야노스가 찢어진 전화번호부를
들고 돌아오자 아버지는 아들이 손에 든 것을 부인에게 넘겨주면서
거기서 아무 이름이나 한 명 불러 보라고 했다.

  "다르바스, 가보르"라고 부인이 말하자 세일러복 차림의 꼬마가
즉시 대답한다. "5, 5, 7, 9, 7, 6. 다르바스, 가보르. 주소는 에르제베
트 키랄리네 우츠카 15번지. 이번에는 번호를 불러 주세요!"

"3, 2, 8, 8, 4, 1."

"그 번호는 다비드, 귤라, 주소는 아카츠파 우츠카 4번지."

"정말 믿을 수 없어요!" 부인이 놀라서 소리치는 동안 자랑스러운 아버지는 아들을 보모에게 돌려보낸다.

아버지는 아들이 초등학교에 들어가기 전부터 라틴어를 가르쳤고 그 직후에는 고대 그리스어를 가르쳤다. 야노스는 현대어든 쓰이지 않는 사어든 가리지 않고 언어를 놀라우리만큼 빠르게 익혔다. 특히 계산에 놀라운 재능이 있었다. 8자리 수를 6자리 수로 나누는 계산을 힘들이지 않고 암산으로 해냈다. 아버지가 골라서 들여보낸 김나지움은 부다페스트 최고 명문인 파소리(Fasori) 김나지움이었다. 같은 시기 빈에서 되블링 김나지움을 다닌 소 멩거와 유난히 비슷하다. 멩거의 경우 동창인 리하르트 쿤과 훗날 노벨상을 받은 볼프강 파울리가, 폰 노이만의 경우에는 훗날 미국에서 유진 위그너(Eugene Wigner)로 불린 물리학자 예뇌 비그네르(Jenő Wigner)와 미국 시민 존 하사니(John Harsanyi)로 불린 경제학자 야노스 하사니(János Harsányi)가 이후 삶에서 두드러진 역할을 했다.

노 멩거와 마찬가지로 막스 폰 노이만 역시 재능이 뛰어난 아들이 먹고살기 힘든 수학을 하겠다고 했을 때, 깜짝 놀라는 반응을 보였다. 그러나 막스 폰 노이만은 아들에게 학교 수업 외에 개인교수까지 붙여 주었다. 그렇게 해서 야노스는 이미 15세에 미분 적분을 마스터했다. 그보다 아홉 살 위인 개인교수 가보르 세괴(Gabor Szegő)도 바로 그 얼마 전 대학에서 익힌 분야였다. 이때 세괴는 어린 제자에게 너무도 감동한 나머지 눈물을 흘릴 정도였다.

화학 전공은 아버지의 당부였기에 아들은 아버지의 뜻에 고분고분 따랐다. 그는 취리히 연방공과대학(ETH)에서 화학기사로 학위(디플롬)를 땄지만, 자신이 두각을 나타낸 수학을 포기한 적이 없었다. 그리하여 부다페스트 대학교에서 수학 공부를 계속하면서 22세에 박사학위를 받았다. 하지만 학위 수여 이전인 19세부터 이미 수학 전문지에 학술 논문들을 발표했다. 20세기 대표적 수학자의 하나라는 그의 위상은 일찍이 예견됐다고 볼 수 있다.

단체 게임에 대한 기하학적 해석

폰 노이만이 모르겐슈테른과의 대화에서 언급한 단체 게임이론에 관한 논문은 25세에 작성한 것이다. 그는 자신이 다룬 수학의 수많은 다른 분야에서 그랬던 것처럼, 여기서도 완전히 미개척지를 밟은 것이었다(물론 그 이전에 프랑스 수학자 에밀 보렐(Émile Borel)이 그가 생각한 것 중 몇몇 가지를 먼저 다루기는 했지만, 표현이 분명치 않았다). 앞장에서 존 폰 노이만이 오스카르 모르겐슈테른에게 보여 주듯, 단순한 포커 게임에 대한 기하학적 해석은 그가 발견한 이론의 참신함이 어디에 있는지를 아주 잘 보여 준다.

예를 들어 슈발리에 드 메레로 알려진 앙투안 공보가 푹 빠진 룰렛 게임 같은 보통의 도박에서, 물론 게이머는 다양한 플레이를 펼칠 수 있다. 하지만 룰렛 테이블에서 게임은 사실 혼자 하는 것이다. 그가 빨간색에 100루브르를 걸 때, 주변에서 같이 도박 하는 사람들이 똑같이 빨간색에 100루브를 걸든 아니면 검은색에 1000루브를 걸든, 그에게는 아무 상관이 없다. 이렇게 볼 때, 순수한 도박은 일차원적이다. 도박사가 매 판 플레이한 결과는 추상적으로 일차원 단계의 점수로 적어 넣을 수 있다. 이 단계에 곡선이 펼쳐져 있고 이 곡선의 점수 간격이 공보가 이길 가능성을 나타낸다.

하지만 노이만이 염두에 둔 단체 게임에서는 게이머가 혼자가 아니다. 두 번째 게이머가 파트너로 참여한다. 따라서 이 게임은 이차원적이다. 대표적인 예가 앞장에 나온 단순한 포커 게임이다. 조니가 매 판 블러핑 하는 빈도가 한쪽 단계에 점수로 기재된다면, 오스카르가 매 판 패스하는 경우는 다른 단계에 기재된다. 그리고 이 두 단계가 조니가 이길 가능성을 우리에게 알려 주는 고무판이 펼쳐진 사각형을 둘러싼다. 존 폰 노이만의 기발한 아이디어는 바로 이런 구조를 기반으로 한다. 혼자서 게임을 하는 도박사의 일차원적인 단계는 단체 게임에서 서로 파트너로서 게임을 하는 이차원적인 사각형으로 대체되는 것이다.

단체 게임에 참여하는 게이머의 숫자와 함께 차원이 높아진다는 것은 따라서 별로 대수로운 발견이 아니다. 1에서 2로 올라가는 것은 도약을 의미한다. 덧붙이자면, 사기 도박도 이런 기하학적 그림 속에 포함할 수 있다. 이는 말하자면 0차원의 게임이다. 사기꾼에게 걸려든 게이머가 자기 뜻대로 플레이 할 수 있기 때문이다. 다만 운이 나빠 따지 못하고 잃도록 정해져 있을 뿐이다.

단체 게임이론에 관한 논문을 발표한 직후, 폰 노이만은 프린스턴으로 옮기는 일에 중점적으로 관심을 쏟기로 했다. 당시는 아직 나치스의 움직임이 많은 사람에게 위험으로 감지되지 않을 때였지만, 존 폰 노이만의 예민한 감각은 어떤 위험도 감수하려 들지 않았다.

유럽에 남아 있는 그의 동료 일부가 볼 때, 처세에 능하고 두루 이름이 알려진 그가 이미 미국 땅을 밟은 것은 다행이었다. 나치스의 난폭한 행위 앞에서 독일과 이후 오스트리아의 점잖은 학자들 나아가 히틀러 군대에 점령당한 나라의 학자들까지 기가 질릴 때였기 때문이다. 이를 계기로 폰 노이만은 그들에게 미국으로 가는 길을 열어 주었다고 할 수 있다. 때맞춰 빠져나간 최후의 망명객 중 한 사람은 쿠르트 괴델이었다. 괴델을 고등연구소로 오도록 한 폰 노이만의 고집이 아니었다면, 이들이 프린스턴에서 터를 잡는 일도 불가능했을 것이다.

세계적인 과학 엘리트가 모인 이 연구소에서 폰 노이만은 오전에는 어느 한 분야에서 수학 정리를 증명하고, 오후에는 다른 분야에서 또 다른 수학 정리를 증명했다. 실제로 그는 각각의 정리 증명을 통해 중요한 업적을 세웠다. 동시에 밤마다 폰 노이만은 사람들과 어울리는 것을 좋아했다. 프린스턴에서 폰 노이만 집에 초대받는 일은 전설처럼 인구에 회자되었다. 미국으로 오기 직전에 그는 마리에테 쾨베지(Mariette Kövesi)와 결혼했다. 그녀에 대한 사랑 때문에 그는 가톨릭 세례를 받았다. 마리에테, 그리고 이후에는 두 번째 부인인 클라라 단(Klara Dan)과 더불어 폰 노이만의 집에서는 기회 있을 때마다 화려한 파티가 열렸다.

'호시절의 조니'에게 즐거움은 의무였다. 존 폰 노이만은 다양한 주제를 놓고 담소를 즐겼고 무엇보다 고대 세계 이야기를 즐겼다(어떤 비잔틴학 교수는 자신이 존 폰 노이만에게 배울 것이 몇 가지 있다고 주장한 적도 있다). 그는 유머를 좋아했고 수학 동료인 스탠리 울람(Stanley

Ulam)과 함께 수준 높은 장난을 즐겼다. 이를테면 영어에서부터 이디시어에 이르기까지 여러 언어로 낱말 게임을 하며 익살 부릴 때는 전력을 다했다. 레스토랑이나 바에 가면 그는 언제나 술고래처럼 행동했다. 비록 뒤에서는 그가 교묘한 솜씨로 속인다고 수군대기는 했지만. 또 온갖 카드 게임을 즐겼고 특히 포커는 언제나 빠지지 않았다. 그가 오스카르 모르겐슈테른을 만났을 때 그의 문제를 포커 게임과 비교한 데는 다 이유가 있다.

모르겐슈테른과 폰 노이만이 첫 만남 이후 착수한 공동 저서 프로젝트는 원활하게 진행되었다. 2인용 게임, 3인용 게임, 4인용 게임, 나아가 원하는 만큼의 수대로 하는 게임에 대한 체계적이고 상세한 논의와 전형적인 예를 토대로 하는 분석이 이루어졌다. 이 모든 것은 경제적 행위를 게임처럼 이해할 수 있다는 배경에서 전개된 일이었다. 이 책은 직업적인 도박사가 아니라 경제학자를 대상으로 쓰였기 때문이다. 존 폰 노이만 자신이 물론 지독한 포커광이기는 했지만, 책의 내용도 도박에서 이기는 방법을 설명해서는 안 되는 노릇이었다. 공동저자는 그보다 게임 구조와 게임 전략 구조를 분석하려고 했다. 존 폰 노이만이 자신의 단순한 포커 게임에서 하는 수법과 아주 비슷했다.

그러는 가운데 1944년이 되었다. 존 폰 노이만과 오스카르 모르겐슈테른이 쓴 『게임이론과 경제행위(Theory of Games and Economic Behavior)』는 프린스턴 대학교 출판부에서 두꺼운 책으로 나왔다. 호의적인 비평이 끊이지 않았다. 사회학자이자 훗날 노벨상 수상자인 허버트 사이먼(Herbert A. Simon)은 "수학적인 척도로 사회적 행위에 대한 이론을 관찰하려는 사람이라면 이 책을 보고 내용을 이해해야 한다"며 추천했다. 확률이론가인 아서 허버트 코플랜드(Arthur Herbert Copeland)는 이 책이 "20세기 전반의 매우 위대한 업적 중 하나"라고 찬양했다. 모스크바에서 이주해 온 미국 경제학자로 훗날 노벨상을 받은 레오니트 후르비츠(Leonid Hurwicz)는 "공동저자에 의해 개발된 경제 문제 해결을 위한 기술이, 정치학이나 사회학 심지어 전쟁 수행에 이르기까지 꽤 많은 적용 분야가 있다"고 꿰뚫어 보았다. 그리고 키예프 출신의 미국 경제학자인 제이코브 마르샤크 (Jacob Marschak)은 이 책이 '매우 세심하고 엄격하게' 기술되었다고 인정하면서 "앞으로 이런 책이 10권은 더 나오면서 국민경제학의 발달을 꾀할 것"이라는 말로 자신의 논평을 마쳤다.

이 모든 두드러진 호평에도 불구하고 경제학자는 대부분 이 책에 회의적인 반응을 나타냈다. 존 폰 노이만에게는 별로 대수로운 일도 아니었다. 또 양자역학의 기초에 관한 그의 저서도 주 대상으로 삼은 물리학자들에게는 기대한 만큼 긍정적인 평가는 받지 못했다. 그럴수록 존 폰 노이만은 자신과 모르겐슈테른이 함께 저술한 게임이론서에 군부가 관심을 쏟기 시작하는 것이 기뻤다. 전쟁 수행을 추상적으로 볼 때는, 제로섬 게임에 견줄 수 있다는 레오니트 후르비츠의 예견은 옳았다. 전쟁은 대치중인 쌍방이 아군에게는 최대 이익을 보고 적군에게는 최대의 손실을 안기려는 '게임'이라는 것이다. 그러므로 이 '게임'에서는 최소극대화의 원칙에 관심을 둔다. 어떻게 하면 적의 반응과는 상관없이 최소한 확보할 수 있는 최대의 이익을 끌어낼 것인가?

전쟁을 게임이론으로 설명하다

1948년 미국 정부는 민간출자자들과 함께 랜드연구소(RAND Corporation)를 – RAND는 연구와 개발(Research and Development)의 준말 – 설립했다. 랜드연구소는 미국의 전투력을 지식 측면에서 지원하는 '싱크 탱크'였다. 연구소 전 직원에게 노이만과 모르겐슈테른의 저서는 필독서가 되었다. 그리고 랜드연구소의 학술자문위원으로 위촉되었을 때, 존 폰 노이만은 우쭐한 느낌이 들었다. 제2차 세계대전 기간에 원자탄 개발에 중추적인 역할을 맡은 이후, 야망이 커진 그는 미국 군사력 증강을 위해 생각할 수 있는 모든 수단을 강구했다. 1951년 한국전쟁이 절정에 이르렀을 때,『게임이론과 경제행위』에 따라 행동하는 게임이론가들은 최초로 그들의 이론을 입증할 실험을 거쳤다. 과학자들은 게임 도표를 만들었다. 앞장에서 나온 포커 게임의 단순한 예와는 달리 2×2가 아니라 3000×3000칸으로 구성된 도표였다. 이것으로 그들은 전쟁을 게임이론으로 설명할 수 있으리라고 믿었다. 에니악 컴퓨터에 – 이 컴퓨터의 발명도 그 기원은 존 폰 노이만으로 거슬러 올라간다 – 최상의 전략을 계산해 넣었다. 여기서 나온 결과에 따라 미국 대통령 해리 트루먼(Harry Truman)에게 보내는 권고 때문에 당시 최고사령관인 더글러스 맥아더(Douglas MacArthur)의 해임 결정도 이루어졌다고 한다.

이 결정이 정말 잘된 것인지 아닌지는 당연히 아무도 모른다. 다만 제2차 세계대전 기간의 유럽 총사령관 출신으로서 트루먼의 후임인 드와이트 아이젠하워(Dwight D. Eisenhower) 대통령은 1956년, 존 폰 노이만이 미국에 이바지한 공로를 고려해 민간인에게 주는 최고 훈장을 그에게 주기로 했다. 그의 전임자가 제정한 '자유 훈장 (Medal of Freedom)'이었다. 미국 대통령이 존 폰 노이만에게 훈장을 건네는 사진을 자세히 들여다보면 이 무렵 서훈자가 휠체어 신세를 졌음을 알 수 있다. 그리고 얼굴에 드러난 일그러진 미소는 진심에서 우러나온 기쁨이 아님을 말해 준다. 존 폰 노이만은 자기에게 죽음이 임박했음을 알고 있었기 때문이다.

그는 자신이 제작에 참여한 원자탄 폭발 모습에 호기심을 느낀 탓에 비운을 맞은 것으로 보인다. 폰 노이만은 비키니 섬에서 있었던 폭발 실험을 너무 가까이서 관찰했다. 이때 이른바 죽음의 재로 불리는 방사능 낙진으로 인해 그에게는 이후 수술 불가 판정을 받은 종양이 생긴 것으로 보인다.

"진단 소견에 착오가 있는 것이 틀림없어." 처음에 그는 완강하게 진단 결과를 부인했다. "내 몸 안에 있는 이 몹쓸 것을 없애 주는 방법이 분명히 있을 거요." 그는 점점 절망의 늪에 빠졌다. "왜 하필 내가, 왜 지금? 나는 겨우 53세야, 더 살아야 한다고! 도대체 이 망할 것이 뭐야. 내 몸 안에 있는 이 악마가 뭐냐고? 스탠, 에드워드." 그는 수소폭탄을 개발한 친구 스탠리 울람과 에드워드 텔러(Edward Teller)의 이름을 부르며 소리쳤다. "나 좀 살려줘! 사실이 아니라고 말해! 내가 살 수 있다고 말해! 내 생각을 멈추지 않을 거야. 멈추지 않는다고. 멈추지 않아…."

텔러는 훗날 그토록 절망에 빠진 사람은 일찍이 본 적이 없다고 말했다. "인생을 실컷 즐길 수 있었던 조니는 죽음 앞에서 너무도 가련하게 행동했어요." 이웃 사람들은 폰 노이만의 집이 밤마다 비명과 신음, 한탄으로 가득 찼다고 전했다. 불치병에 걸린 그는 한때 물리학자이자 노벨상 수상자인 한스 베테(Hans Bethe)가 주장했던 자신의 놀라운 사고능력이 사라지는 것을 절대로 인정하려 들지 않았다. 자기 처지가 초인적인 지적 능력도 소멸할 수밖에 없다는 사실의 증거가 되는 것을 받아들일 수 없었던 것이다.

그가 월터 리드 육군병원으로 이송되자 경비병들이 밤낮으로 그의 침상을 지켰다. 군 지휘부는 수학자이자 랜드연구소 직원인 그가 혹시 정신이 혼미해져 중요한 기밀을 누설할지도 모른다고 우려했기 때문이다. 하지만 존 폰 노이만은 그 자신의 개인적인 운명만 한탄했을 뿐이다. 그런데 그가 죽기 직전에 평소 존 폰 노이만을 잘 알고 지내던 사람 중 누구도 설명할 수 없는 신비로운 사건이 발생했다. 암이 뇌까지 전이되어 자신의 정신력이 감퇴하고 있다는 느낌을 받은 존 폰 노이만이 안셀름 스트리트매터(Anselm Strittmatter) 신부를 부르며 와 달라고 애원했다고 한다. 그는 베네딕트 수도회의 신부로 매우 박학다식한 학자였다.

"유덱스 에르고 쿰 세데비트, 퀴드퀴드 라테트, 아파레비트, 닐 이눌툼 레마네비트. 퀴드 숨 미세르 퉁크 딕투루스, 쿠엠 파트로눔 로가투루스, 쿰 빅스 이우스투스 시트 세쿠루스?" 폰 노이만은 끙끙거리며 레퀴엠을 라틴어로 암송하며 모차르트 멜로디에 맞추려고 애를 썼다. 이 부분을 옮기면 다음과 같다. "이제 심판 주께서 좌정하시리니, 아무것도 숨길 수 없고, 정죄되지 않는 것은 없으리라. 그때 가여운 내가 무엇을 말하며, 누구에게 변호를 바라리오! 의로운 자라도 무사하기 어려우리라."

바로 이때 "살바 메, 살바 메, 폰스 피에타티스(나를 구원하소서, 구원하소서, 자비의 샘이시여)"라고 멋진 모차르트 멜로디에 맞춰 노래를 부르며 그 신부가 병실로 들어왔다. 병실을 지키던 경비병들은 당연히 두 사람이 무슨 말을 하는 건지 전혀 알지 못했다. 신부가 떠날 때까지 두 사람은 계속 라틴어로 말했기 때문이다.

　"조니는 죽는 날까지 종교와는 아무 관계도 없었어." 장례식에서 가까운 친구 하나가 건방진 말투로 주장했다. "단지 라틴어와 고대 그리스어로 얘기를 나눌 누군가가 곁에 있었으면 했던 거라고."

　"자네 말이 맞을 수도 있지"라며 옆에 선 사람이 속삭였다.

　"스트리트매터 신부는 그때 무슨 얘기를 나눴는지 말해 주지 않더군. 하지만 조니가 평화롭게 눈을 감지 못했다는 것 한 가지는 확인해 줬어. 끔찍한 종말을 맞을 때까지 죽음을 두려워한 거야."

　"그런데 이상한 건…" 옆에서 두 사람의 대화를 듣고 있던 또 다른 친구가 입을 열었다. "그가 신부에게 환자 도유식을 하도록 했다는 거야. 그리고 얼마 전에 내가 마지막으로 찾아갔을 때는 눈물을 글썽이며 파스칼의 내기에 관해 말하더라고."

　"파스칼의 내기라니?" 첫 번째 친구가 되물었다.

　그러자 세 번째 친구가 설명했다. "파스칼이 고안한 건데 신의 존재를 둘러싼 일종의 게임 같은 거야."

　"조니답군." 첫 번째 친구가 삽으로 흙 한 덩이를 관 위로 뿌리고 잘게 부수며 중얼거렸다. "이 친구 언제나 게임만 생각했으니까."

10.
겁쟁이와 사자의 게임

냉전 시대 위기와
치킨 게임

| 프린스턴, 뉴저지, 1949

'치킨 게임'에 관한 존 내시의 학위 논문이 발표되자, 랜드연구소는 이 젊은 천재를 주목했다. 미국과 소련 사이에 냉전이 벌어지고 있었고, 두 강대국은 라이언(영웅)의 역할을 하며 힘을 과시하려고 할 뿐 어느 쪽도 치킨(겁쟁이)이 되려고 하지 않던 때였다. 내시에게는 랜드연구소를 위해 게임이론의 시나리오를 짜라는 임무가 주어졌다. 세계적인 재앙을 몰고 올 수도 있었던 쿠바 위기 때, 랜드연구소에서 케네디 대통령에게 자문한 것이 위기의 뇌관을 제거하는 데 결정적으로 이바지했다는 소문이 나돌았다.

수학 천재 내시

"이 사람은 수학 천재임." 카네기 공과대학의 편지지 윗부분에 이렇게 쓰여 있고 밑에는 리처드 더핀(Richard Duffin)이라는 서명이 보인다. 더핀은 전기회로에 관한 논문으로 유명해진 이 대학의 전기역학 교수다. '존 포브스 내시(John Forbes Nash)에 관한 소견'이라는 제목 밑에 이 한 문장이 쓰였는데, 그 줄을 빼면 쪽지에 다른 말은 하나도 없다. 빈 태생의 유명한 수학자로 함부르크에서 이주해 와 노트르담 대학에서 잠시 카를 멩거의 동료로 있다가 이제는 프린스턴 대학 교수로 재직하고 있는 에밀 아르틴(Emil Artin)은 편지지를 뒤집어 보았다. 하지만 뒷면은 비어 있다. 앞면을 다시 보아도 '이 사람은 수학 천재임'이라는 문장 하나뿐이다.

아르틴 앞에는 바로 그 '수학 천재'가 서 있었다. 큰 키에 자부심이 있는 젊은 남자로 눈빛은 조금 건방져 보였다. "음, 미스터 내시." 아르틴은 두 사람 사이에 조성된 조금은 긴장된 분위기를 누그러뜨리려고 이렇게 입을 열었다. "카네기 공대의 물리학자 더핀이 볼 때는 자네가 천재일 수도 있겠지. 하지만 여기 프린스턴 대학에서는 그 사람이 여기 이상한 추천서에다 한 말이 별 의미가 없어요. 여기서는 누구나 수학 천재니까." 잠시 어색한 침묵이 흘렀다. "그럼 올해는 어떤 강의를 수강할 거지?"

"강의 들을 생각은 없습니다. 혼자 수학을 연구하면서 유익한 정보를 기대할 수 있는 몇몇 교수와 의견을 교환하려고 해요."

"아, 그렇군." 아르틴은 냉담한 어조로 대꾸하면서 젊은 내시가 찾아와 중단된 독서를 다시 시작했다. 존 내시는 이것으로 면접이 끝났다는 것을 알았다. 또 에밀 아르틴이 전혀 후원해주지 않으리란 것도.

　멀리 떨어진 하버드 대신 프린스턴으로 와 자신 곁에서 수학 연구를 계속하도록 존 내시를 초청한 사람은 1925년부터 프린스턴 대학교에서 수학 교수로 재직하던 솔로몬 렙셰츠(Solomon Lefschetz)였다. 렙셰츠가 더핀의 추천서에 깊은 인상을 받은 것은 그 자신이 더핀과 마찬가지로 처음에 엔지니어 코스를 밟으려고 했었기 때문인지도 모른다. 그러다가 1907년 두 손이 잘려나가는 사고로 과학자로서 그의 진로에 변화가 생겼다. 그는 수학으로 전공을 바꾸고 이른바 위상수학이라는 특수 분야의 대가로 성장했다. 그는 네브래스카와 캔자스 대학에서 강의한 뒤 40세에 프린스턴에 정착한 뒤로 대학의 중진 교수가 되었다. 그의 정력적인 태도와 땅딸막한 모습에 투사 같은 언어, 열정적인 강의 스타일은 냉정하고 신중한 태도에 귀족적인 세련미를 풍기는 에밀 아르틴과 대조되었다.

　솔로몬 렙셰츠가 강의실에 들어오면 학기 수가 많은 학생 가운데 선발된 한 명이 검은 장갑으로 감싼 그의 의수 두 손가락 사이에 긴 분필을 끼워 주었다. 이 분필은 그가 학생이나 동료들을 상대로 우렁찬 목소리로 말하는 동안, 오후 늦게 짧은 토막으로 줄어들 때까지 그 손가락 사이에 끼워져 있었다. 지칠 줄 모르는 헌신적인 태도로 수학 연구에 매달리는 그의 공로에 힘입어 프린스턴 대학교는 수학 분야에서 두드러진 명성을 얻었다. 고등연구소가 바로 옆에 자리 잡은 것도 놀랄 일이 아니다. 존 내시 같은 젊은 인재는 프린스턴 대학에서 연구해야 한다고 솔로몬 렙셰츠가 주장했을 때, 아무도 반대하지 않았다. 회의적인 아르틴조차 반대한 것은 아니었다.

수학자이자 게임이론가이며 그의 이름을 따라
명명된 '내시 균형'의 개발자로 노벨상을 받은
존 포브스 내시 주니어
(John Forbes Nash Jr., 1928~2015)
@ Peter Badge
〈출처(CC)John Forbes Nash, Jr. at en.
wikipedia.org〉

'이 사람은 수학 천재임'이라는 추천장을 손에 들고 내시는 대학교수들만 만난 것이 아니라 고등연구소의 유명한 학자들도 찾아갔다. 세계적인 명성의 물리학자이자 고등연구소 소장으로 최초의 원자탄을 설계한 로버트 오펜하이머(Robert Oppenheimer)를 만났을 때는 아르틴과의 만남처럼 실망하지 않았으며 대화도 정중한 분위기에서 자연스럽게 이루어졌다. 그는 새로 도착한 신출내기의 입학 외에 다른 고민을 솔직하게 털어놓았다. 그러다가 전설이 된 알베르트 아인슈타인에게서 면접 약속을 받아 낼 수 있었다. 하지만 머서 거리에 있는 아인슈타인의 집에서 내시가 오디션으로 한 시간 가까이 중력이론을 새롭게 묘사하며 자기 생각을 열심히 늘어놓자 – 내시는 이 유명한 대가에게 좋은 인상을 주고 싶었다 – 아인슈타인은 파이프를 빨며 그의 말을 듣다가 친절한 목소리로 한마디 하고는 그를 내보냈다. "이보게, 젊은이. 물리학에서 조금 더 배워야겠네."

하지만 존 내시는 당황하지 않았다. 그는 스스로 결심한 대로, 강의는 듣지 않았고 대학의 어떤 세미나 수업에도 참여하지 않았다. 대신 혼자 많은 수학책과 씨름하며 시간을 보냈다. 그의 학우들은 대부분 그가 공동으로 이용하는 공간에 혼자 앉아 있거나 생각에 잠긴 모습을 보았다. 그들 중 대여섯이 빈 강의실에 모여 있을 때도 존 내시는 폐쇄적인 분위기에 자아도취적인 기인 같은 모습이라 접근하기가 어려웠다. 그러다가도 기발한 아이디어가 떠오르면, 생전 처음 보는 상대일지라도 그에게 자신의 생각을 설명했다. 그러고는 상대의 대답은 기다리지 않고 테이블로 가서 거기 놓인 종이를 집어들고 아주 특이한 내용을 적었다. 그런 다음 멍하니 앉아서 물끄러미 허공을 바라보았다. 이런 무감각한 태도는 옆자리에서 몇몇 학생이 고도의 지능을 필요로 하는 어려운 게임으로 시간을 보낼 때면 중단되었다. 존 내시는 몰래 다가가 일단 게임이 진행되는 모습을 말없이 지켜보았다. 하지만 이내 게임에 대한 평가를 시작하는데, 대개 짓궂게 표현하기 때문에 그에게는 당연히 친구가 생기지 않았다. 어차피 상관없는 일이었다. 그가 프린스턴에 온 까닭은 뜻이 맞는 친구를 사귀기 위함이 아니라 오로지 세계 최고의 수학자가 되기 위해서였기 때문이다.

치킨이 될 것인가 라이언이 될 것인가

당시 최고 인재들은 오후 3시가 되면 언제나 풀드 홀(Fuld Hall, 프린스턴 고등연구소의 주 건물 – 옮긴이)의 넓은 공간에 모여 차를 마셨다. 이들 수학의 대가들이 이런저런 문제를 놓고 자연스럽게 대화할 때면 학생들도 그 자리에 참여하는 것이 허용되었다. 이 자리에서는 언제나 존 내시를 볼 수 있었다. 그는 그때까지 답을 구하지 못한 문제가 나오면, 수없이 많은 종이를 휴지통에 버려 가며 모든 각도에서 문제를 풀려고 애썼다. 그리고 언제나 비전통적인 시각으로 문제를 바라본다는 의식이 있었다. 그는 옛날부터 내려오는 접근 방식을 소개한 교과서를 거부했다. 자기 방법을 쓰면 곧 막다른 골목에 빠진다는 것이 적어도 그를 방해하지는 않았다. 아침이면 교수들은 다시 모여서 새로운 문제를 제기했다.

모르겐슈테른과 함께 두꺼운 책으로 소개한 자신의 게임이론을 언젠가 얼떨결에 설명한 사람은 아마 폰 노이만 자신이었을 것이다. 존 내시는 이 말을 듣고는 그 유명한 책을 대강 훑어본 다음, 게임에 대한 생각 몇 가지를 정리했다. 갑자기 그는 자신이 뭔가 새로운 것을 발견했다고 확신했다.

"미스터 내시, 무엇을 도와줄까요?" 앨버트 터커(Albert Tucker)는 프린스턴에서 학생들이 아무 때나 도움을 청해도 거절하지 않는 교수 가운데 한 사람이었다.

"터커 교수님, 지난주 서해안에서 일어난 사고 기사를 보셨을 겁니다. 불량 청소년 두 명이 훔친 자동차를 몰고 가다가 서로 충돌해서 두 사람 다 목숨을 잃은 사고 말입니다."

"아, 어렴풋이 기억하지만, 글쎄, 자세한 것은…."

내시는 터커의 말을 예의 없이 자르면서 말했다. "제가 볼 때는 그 두 사람이 '치킨 게임'[26]을 한 것으로 보입니다."

"치킨 게임?"

"네, 청소년들 사이에서는 '겁쟁이'를 치킨이라고 부르거든요. 치킨 게임을 할 때는 자신이 겁쟁이가 아니라는 걸 상대에게 보여 주려고 하죠. 두 명이 낡은 자동차 두 대를 훔친 다음, 밤에 한적한 국도로 나가 멀리서 마주 본 상태에서 빠른 속도로 서로를 향해 돌진하는 겁니다. 두 사람 중에 먼저 오른쪽으로 피하는 사람이 '치킨', 즉 병아리로 겁쟁이가 되는 거죠. 그리고 용감하게 계속 차를 모는 상대는 '라이언', 즉 사자로 영웅이 되고요.

터커가 거칠게 제스처를 해 보이는 자신을 당황한 표정으로 바라보자 내시는 신이 났다. "치킨 게임은 모르겐슈테른과 폰 노이만의 게임이론서에는 나오지 않아요." 그는 흥분한 목소리로 설명을 이어갔다. "그건 제로섬 게임이 아니에요. 저는…." 내시는 거리낌 없이 터커의 책상 위에 있는 종이와 연필을 집어 들고는 말했다. "이런 생각을 했습니다. 두 청소년을 짐과 버즈로 부르기로 하죠. 두 사람 모두 '계속 몰기'와 '피하기'라는 선택에 직면해 있어요. 이런 상황은

		버즈	
		계속 몰기	피하기
짐	계속 몰기	-4 -4	-1 1
	피하기	1 -1	0 0

〈그림11〉

다음과 같이 나타낼 수 있죠.

오른쪽 밑에 있는 두 개의 0은 의미가 분명합니다. 두 사람이 모두 피한다고 할 때, 누구도 상대에게 우쭐거릴 수 없겠죠. 누구도 이기지 못하지만, 또 누구도 지는 것은 아닙니다. 이와 달리 두 사람 모두 계속 차를 몬다면 자동차는 충돌하겠죠. 뭐, 훔친 차니 크게 억울할 건 없을지 몰라도 두 사람 모두 중상을 당할 위험이 있습니다. 그 때문에 저는 왼쪽 위 칸에 -4라는 점수를 적어 넣은 겁니다. '이긴 것' 과 반대라는 말을 해야 하기 때문에 마이너스라고 한 거죠."

"다른 음수도 많은데 왜 하필 -4지?"

"어차피 마찬가지예요. -10으로 써도 상관없다고요." 이렇게 무뚝뚝하게 대답한 내시는 갑자기 예의 바른 태도가 생각난 듯 어조를 바꾸며 말을 이었다. "터커 선생님, 나머지 두 칸도 주목해 주세요. 오른쪽 위는 짐이 계속 차를 몰고 버즈가 피할 경우에 게이머가 얻는 이익을 의미합니다. 이때 짐은 +1점, 버즈는 -1점을 얻죠. 그리고 왼쪽 아래는 반대의 경우예요. 짐이 피해서 -1점을 받고 치킨이 되죠. 계속 차를 몬 버즈는 이기고 +1점을 받습니다."

"아주 잘 알았어요"라고 터커가 호기심을 드러냈다.

"이건 제로섬 게임이 아니라고요." 내시는 쾌재를 부르며 말을 잇는다. "이미 분석을 끝냈어요." 그는 터커를 바라보며 다시 그의 책상에서 종이 한 장을 떼어내고는 거기에 정사각형을 그렸다. 이어 사각형의 밑변을 오른쪽으로 연장하고는 화살표를 그리고 거기에 x라고 썼다. 왼쪽 변은 위쪽으로 늘이고 역시 화살표를 그린 다음 y라고 썼다. "사각형의 밑변은 버즈가 치킨이라는 의미예요. 즉 계속 피한다는 말이죠. 윗변은 버즈가 라이언으로 계속 차를 몬다는 의미고요." 이렇게 말하면서 내시는 밑변을 왼쪽으로 연장하고 그 옆에 버즈가 치킨이라는 의미의 약자로 BC 라고 썼다. 그리고 윗변을 왼쪽으로 연장하고는 버즈가 라이언이라는 의미의 약자로 BL 이라고 썼다. "수직의 변은 똑같아요"라고 말하는 동안 내시는 터커를 쳐다보지도 않고 그림에만 열중했다. "좌변은…" 그는 왼쪽 변을 밑으로 연장한 다음 JC 라고 쓰고 말했다. "짐이 치킨이라는 뜻이고요. 우변은 짐이 계속 고집스럽게 차를 몬다는 뜻입니다." 그는 오른쪽도 밑으로 연장한 다음 짐이 라이언이라는 의미로 JL 이라고 썼다. 이어 종이 오른쪽 위에는 대문자로 B 라고 쓰고는 동그라미를 치고 다시 설명을 계속했다.

"이건 제로섬 게임이 아니라고요." 내시는 자신이 인지한 것에 한없이 자부심을 느끼는지 같은 말을 반복하며 설명을 이어간다. "그래서 두 게이머의 상황을 각각 별개로 관찰해야 합니다. 먼저 버즈를 보죠. 만일 그가 짐이 피할 확률이 크다는 것을 안다면 - 정사각형의 좌변에 해당하는 - 버즈의 전략은 당연히 계속 차를 모는 거겠죠." 내시는 연필로 윗변 앞부분을 가리킨다. "반대로 짐이 라이언 역할을 하리라는 것을 안다면, 그것은 정사각형의 우변에 해당합니다. 그러면 버즈로서는 피하는 것이 현명한 판단이겠죠." 이제 내시는 연필로 밑변의 오른쪽 끝부분을 찍어 누른다. "이 사이 어느 지점에선가 버즈는 계속 몰 것인지 피할 것인지를 놓고 전략을 뒤집을 겁니다. 그 지점이 어디가 될 것인지 당장 계산해 보기로 하죠." 이제 내시는 윗변의 왼쪽 끝에서 오른쪽으로 짧게 두꺼운 선을 긋고 다시 x

축을 향해 밑으로 그은 다음, 연필을 단단히 잡고 밑변 오른쪽 모서리까지 수평으로 선을 그어 꺾쇠 형태를 만들어 보인다. "이 꺾쇠는…." 그런 다음 설명을 계속했다. "정사각형에서 분리된 왼쪽의 직사각형이 정확하게 정사각형 면적의 4분의 1이 되도록 그려졌습니다."

"4분의 1은 두 게이머가 계속 차를 모는 경우에 대한 '벌점'으로 당신이 −4를 적어 넣은 데서 나온 거로군." 터커가 추정하여 말했다. "만일 거기에 −10을 적어 넣으려면 수직선이 더 왼쪽으로 갈 테고. 분리된 직사각형이 정사각형의 10분의 1이 되도록 말이지."

"맞아요, 맞아. 바로 그겁니다." 내시는 터커가 자기 말을 명확하게 이해하는 것이 기뻤다. 하지만 그가 설명을 계속하기 전에 터커가 그의 말을 가로막았다.

"짐의 관점에서 게임을 본다면 당신의 그림은…." 터커는 이제 직접 종이를 들고 조금 전에 내시가 한 것처럼 그림을 그린다. 그는 정

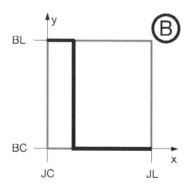

〈그림12〉 존 내시가 그린 버즈의 게임 전략을 보여 주는 스케치

사각형의 윗변 왼쪽 모서리에서 밑으로 아주 길게 선을 긋고 이어 수평으로 정사각형 우변까지 오른쪽으로, 그리고 끝으로 x축까지 밑으로 짧은 선을 그어 꺾쇠를 완성한다. "이렇게 되겠지."

"맞아요, 바로 그겁니다. 그러면 아래 직사각형이 정사각형 면적의 4분의 1이 되죠. 이 꺾쇠는 의미가 큰 짐의 태도를 반영합니다. 버즈가 라이언의 행동을 하는 한, 즉 계속 차를 모는 한, 짐에게는 피하는 것이 상책이니까요. 꺾쇠가 갑자기 오른쪽으로 바뀌는 분기점에서 짐은 전략을 바꾸고 계속 차를 모는 거죠. 이 분기점이 버즈가 4분의 1의 확률로 차를 계속 모는 지점입니다. 짐이 버즈가 25퍼센트 이상의 확률로 계속 차를 몰 것으로 생각한다면, 피하는 것이 상책이겠죠. 반대로 짐이 버즈가 겁쟁이고 라이언의 행동을 할 확률이 25퍼센트 이하라고 생각한다면, 계속 차를 몰아야 하겠죠."

"하지만 짐에게 통하는 이치는 버즈에게도 똑같이 적용되지. 사실 두 가지 그림을 수은 박편처럼 겹쳐 놓아야 해요."

"맞아요, 맞아. 정확히 그거예요." 존 내시는 이토록 완벽하게 이해하는 상대를 만난 것에 너무도 감동했다. "그렇게 하면, 두 개의 꺾쇠 곡선은 제가 게임의 균형점으로 부르는 세 지점에서 서로 만나게 됩니다. 하나는 왼쪽 위에 있는 정사각형 모서리로, 버즈가 고집스럽게 차를 몰고 짐이 계속 피하는 지점이에요. 다음은 거기서 대각선으로 오른쪽 아래에 있는 정사각형 모서리로, 버즈가 계속 치킨이 되고 짐이 지속해서 라이언 역할을 하는 지점이죠. 그리고 끝으로, 제가 볼 때는 균형점 중에 가장 흥미로운 곳인데요. 수직선과 수평선이 서로 교차하는 지점입니다. 여기서는 버즈와 짐 모두 25퍼센

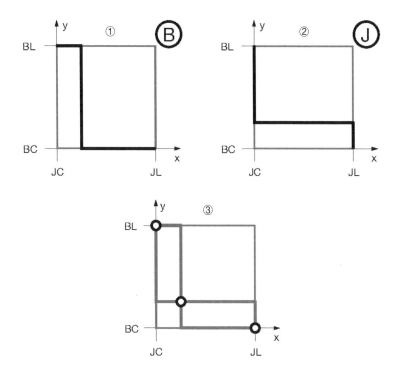

〈그림13〉 ①은 존 내시가 버즈의 게임 전략을 나타낸 스케치이고, ②는 앨버트 터커가 짐의 게임 전략을 나타낸 스케치다. 두 그림을 수은 박편처럼 겹쳐 놓으면, 치킨 게임에서 내시 균형의 세 균형점을 읽을 수 있는 아래 그림 ③이 만들어진다.

트의 확률로 계속 차를 몰죠. 세 가지 균형점에는 버즈나 짐 모두 이 균형점을 나타내는 전략을 포기할 합리적인 이유가 없습니다."

"정말, 아주 인상적인 설명이요." 터커가 긴 설명을 끝내는 내시를 칭찬했다. "이걸 가지고 존 폰 노이만을 찾아가서 보여 줘요."

"벌써 만나고 왔습니다." 내시는 이렇게 대답하면서 완전히 무관심한 표정을 지었다. "저를 방에서 쫓아내던 걸요. '진부하고 새로운 것이 전혀 없어'라고 흥분한 어조로 말씀하시더군요. 단순히 오래전에 알려진 부동점 정리의 변종에 지나지 않는다는 거예요. 하지만 그 말을 곧이듣기 전에 터커 교수님을 뵙고 싶었습니다. 정말 제 이론에 새로운 것이 없는지 알고 싶어서요."

"나는 그것이 새로운 것이라고 확신해요. 또 아주 재미있기도 하고. 그 멍청한 치킨 게임은 일단 제쳐 놓읍시다. 짐이 단 한 번 버즈를 만나서 25퍼센트의 확률로 피할 마음을 먹는다면 그에게 생기는 것은 무엇일까? 짐은 4등분 할 수 없어요. 무슨 일이 있어도 4분의 1은 계속 차를 몰고, 나머지 4분의 3은 피해서 안전을 확보하는 선택을 할 수 없다는 말이지. 이 게임을 완전히 다르게 해석할 수도 있어요. 식당 체인 두 군데서 우리 대학의 구내식당을 운영하기로 생각한다고 칩시다. 만일 두 업체가 같은 건물에 입주해서 서로 라이언 노릇을 하며 죽기 살기로 경쟁한다면 그건 의도했던 상황이 아닐 거요. 그렇다고 양쪽 모두 지점 설치 계획을 포기한다면, 즉 모두 치킨이 되기로 한다면 결국 불쾌한 결과를 맛보게 되지. 완전히 엉뚱한 제삼자가 횡재하게 될 테니까. 그러니 두 회사 중 하나가 구내식당을 차리고 나머지 한 곳은 포기하는 것이 현명하겠지. 하지만 두 업체 중에 누가 차리느냐? 바로 이것이 당신의 치킨 게임이요, 미스터 내시. 표의 숫자만 바로 맞히면 되는 거라고."

"그건 전혀 문제가 안 됩니다. 실제로 방금 교수님께 보여 드린 것처럼 어떤 게임이든 그런 균형점이 발견될 거라고 저는 확신해요."

"좋아요. 잘 생각해 봐요. 내가 당신의 박사 과정 지도교수를 맡아 줄 테니 박사학위 논문으로 같이 작성하기로 하죠."

"폰 노이만이 최소극대화의 원칙으로 구한 안장점은, 제가 볼 때 균형점의 진부한 예에 지나지 않습니다." 내시는 지도교수가 되어 주겠다는 터커에게 감사 표시도 하지 않은 채, 앞으로의 지도교수보다는 거의 자기 자신에게 말하는 것 같았다. "그렇게 볼 때, 제 이론이 존 폰 노이만의 것을 능가하는 거죠. 이런 말을 그에게 할 생각은 없지만요…." 내시는 종이를 집어 들고는 인사도 없이 터커의 방에서 나갔다.

프린스턴의 유령

터커는 창밖으로 허리를 세우고 고개를 빳빳이 쳐든 내시가 보도를 따라 걸어가는 모습을 지켜보았다. 별난 친구라고 그는 생각했다. 재능은 분명히 뛰어나지만, 동시에 정신적으로 아주 불안정했다. 터커는 이런 자신의 평가가 얼마나 정확한지 그때는 미처 몰랐다. 채 30쪽도 안 되는 존 내시의 학위 논문이 발표되자, 랜드연구소는 이 젊은 천재를 주목했다. 미국과 소련 사이에 냉전이 벌어지고 있었고, 두 강대국은 라이언(영웅)의 역할을 하며 힘을 과시하려고 할 뿐 어느 쪽도 치킨(겁쟁이)이 되려고 하지 않던 때였다. 내시에게는 랜드연구소를 위해 게임이론의 시나리오를 짜라는 임무가 주어졌다. 세계적인 재앙을 몰고 올 수도 있었던 쿠바 위기 때, 랜드연구소에서 케네디 대통령에게 자문한 것이 위기의 뇌관을 제거하는 데 결정적으로 이바지했다는 소문이 나돌았다.

하지만 확실한 것은 존 내시의 허약한 정신 상태가 정치군사 전략가들과 작업하며 한층 더 저항력이 떨어졌고 편집성 정신분열증의 합병증까지 생겼다는 점이다. 지속적인 망상이 그를 괴롭혔고 여기에 인지장애와 환청까지 있었으니 수학자로서 계속 활동한다는 것은 생각할 수 없었다. 병이 나기 직전에 결혼해서 아내가 된 앨리스와 옛날에 같이 공부한 동창생 존 밀너(John Milnor) 덕분에 내시는 이상한 거동에도 불구하고 프린스턴에 남아 있을 수 있었다. 그가 혼자서 캠퍼스를 산책한다든가 생전 처음 보는 사람에게 도무지 알아들을 수 없는 이상한 말을 건네는 모습이 학생들 눈에 자주 띄었다. 그래서 내시는 '프린스턴의 유령'이라고 불렸다.

발병 이후 30년이 지나고 나서, 앨리스 내시 및 그와 교류한 몇몇 사람에게 내시가 다시 멀쩡한 정신으로 말하는 모습이 눈에 띄기 시작했다. 게다가 수학 문제에 다시 매달리기까지 했다. 1994년에는 라인하르트 젤텐(Reinhard Selten) 및 존 하사니(John Harsanyi)와 더불어 게임이론의 업적으로 그에게 노벨상을 공동 수여하기로 하는 과감한 결정이 이루어졌다. 과감하다는 것은 내시가 수상식이 열리는 동안 예의를 지키며 얌전하게 있을지 자신할 수 없었기 때문이다. 러셀 크로가 내시 역을 맡은 영화 〈뷰티풀 마인드〉[27]에서는 수상 수락 연설을 하는 것으로 나오지만, 사실 그는 연설하지 못했다.

새로 박사 과정 제자가 된 존 내시가 캠퍼스 건물 뒤로 사라지는 모습을 창밖으로 보고 있을 때, 터커는 왜 경제학자들이 오스카르 모르겐슈테른과 존 폰 노이만의 게임이론에 별 관심을 보이지 않았는지 깨닫게 되었다. 그 책에서 두 공동 저자는 게임의 참여자가 게임 상대에게 최대의 손실을 입히는 데 관심이 있다는 가정에서 출발한다. 그럴 때만이 제로섬 게임에서 자신에게 최대의 이익을 노릴 수 있기 때문이다. 하지만 제로섬 게임이 아닌 경우를 보면, 게이머의 관심은 오로지 자기 이익에만 맞춰져 있지 상대의 손실에 연연할 필요가 없다. 자신이 따는 몫을 최대화하는 게이머는 상대 몫을 무조건 최소화하려고 할 필요가 없다는 말이다.

내시가 착안한 이런 관점을 통해, 존 폰 노이만과 오스카르 모르겐슈테른이 저서 제목에서 예고한 내용은 비로소 이행될 수 있었다. 즉 게임이론을 통해 사람들의 경제적 행위를 이해한다는 말이다. 어쩌면 인간의 행위 전반을 이해할는지도 모른다. 이런 생각을 하면서 앨버트 터커는 짐을 꾸렸다. 미국 서해안에 있는 스탠퍼드 대학교로부터 강연 연사로 초청받았기 때문이다. 그는 심리학을 전공하는 학생들을 상대로 수학을 심리학에 적용할 방법에 관해 강연할 예정이었다.

●●

26 치킨 게임(Chicken - Spiel) : 담력 테스트라는 특징에 따라 '겁쟁이 게임'으로 부르기도 한다. 훔친 자동차 두 대를 몰고 한적한 국도로 나가 두 사람이 서로 마주 보고 엄청나게 빠른 속도로 상대를 향해 돌진한다. 이때 먼저 피하는 사람은 겁이 많다는 것을 드러내고 게임에서 지게 된다. 내시와 터커의 대화에서 언급되는 '버즈'와 '짐'이라는 이름은 제임스 딘이 출연한 영화 〈이유 없는 반항〉에서 치킨 게임을 하는 등장인물의 이름이다. : John Maynard Smith, 『Evolution and the Theory of Games』, Cambridge, 1982

27 이 영화는 실비아 네이사(Sylvia Nasar)가 쓴 동명의 평전을 바탕으로 만든 작품으로, 실비아는 2003년 빈 체류 기간에 매스닷스페이스(math.space)에서 행한 존 내시 강연을 통해 청중을 열광시켰다.

●●

11.
죄수들과의 게임

신뢰할 것인가,
배신할 것인가

| 캘리포니아, 팰로앨토의 스탠퍼드 대학교, 1949

감옥에 있는 두 사람은 입을 다물 수도 있고 자백할 수도 있다. 두 사람이 모두 함구하는 경우는 불법무기 소지로 각각 2년형을 받는다. 두 사람이 모두 자백하는 경우는 6년의 감옥살이를 한다. 그러나 카포네가 의리를 지키는 악당으로서 함구할 때, 알이 배신한다면 그는 자백한 대가로 석방되고 카포네만 8년간 감옥살이 하는 처지가 된다. 상대를 '배반'하는 사람만이 이익을 취할 수 있는 상황에서 이들은 어떤 선택을 할 것인가?

죄수의 딜레마

"저기 보이는 곳이 앨커트래즈 교도소입니다." 팰로앨토에 들른 다음 거기서 다시 스탠퍼드로 가기 전에, 앨버트 터커는 샌프란시스코에서 며칠 머물렀다. 노브 힐이나 케이블카, 피셔맨스 워프, 오래된 프란치스코 수도원 등 이 아름다운 도시의 관광코스를 둘러볼 생각이었다. 이런 생각으로 그는 금문교 관광 안내에 따라나선 길이었다. 세워질 당시 세계에서 가장 긴 현수교였던 이 다리의 '현수선(懸垂線)'이라 불리는 곡선, 이른바 '쌍곡 코사인'을 터커가 수학자로서 눈여겨보고 있을 때, 가이드는 메가폰을 들고 유창한 언변으로 앨커트래즈 섬을 설명하고 있었다. 이 섬에는 미국에서 보안이 가장 완벽한 곳으로 알려진 교도소가 있다. 아무도 거기서 탈출할 수 없었다.

관광객 중에는 왜 터커가 교도소가 있는 앨커트래즈 섬을 바라보며 갑자기 미소 짓는지 아는 사람은 아무도 없었다. 혹시 그에게 잘못을 저지른 누군가가 거기서 복역하는 것일까? 아니면 그가 사랑하는 여인이 교도소에서 근무라도 하는 것일까?

터커가 미소를 띤 것은 랜드연구소의 동료인 멜빈 드레셔(Melvin Dresher)가 그에게 들려준 두 죄수 이야기가 생각났기 때문이다. 그는 이 이야기를 자기 방식대로 스탠퍼드 대학교 학생들에게 들려주어야겠다고 생각했다. 다만 그의 강연을 듣는 청중이 수학의 문외한이라는 것을 살펴야 했다. 그래도 존 내시가 면담 시간에 그에게 보여 준 게임 전적표는 학생들도 이해할 것이다.

"미국법에서 범죄를 자백하는 공범에게 감형해 주고 때에 따라 죄를 사면해 주기까지 하는 규정이 있다는 것을 여러분도 아실 겁니다."

앨버트 터커는 스탠퍼드 대학교에 도착해서 강의실을 가득 메운 청중을 상대로 강연을 시작했다. "여러분, 다음과 같은 상황을 한번 상상해 보십시오. 두 명의 갱이 경찰에 체포되었습니다. 이들의 실명은 나도 모르니 한 사람은 '알', 또 한 사람은 '카포네'라고 부르기로 하죠."

"'앨'과 '버트'로 부르는 게 어때요?" 한 학생이 옆자리에 앉은 친구를 향해 속삭이며 킥킥거렸지만, 목소리가 작아서 앨버트 터커의 유창한 설명을 방해하지는 않았다. "경찰은 이들 두 사람이 은행을 털었다고 추정합니다. 판사는 은행 강도에게 6년에서 8년까지 징역을 선고하죠. 다만 6년 선고는 범인이 처음부터 죄를 시인할 때만 내립니다. 그런데 경찰은 은행 강도라는 추정을 뒷받침할 증거가 없습니다. 입증할 거라곤 두 명이 불법무기를 소지했다는 것뿐이고 이것으로는 재판에서 2년 선고밖에 받아낼 수가 없죠.

이때 검사는 두 사람의 강도 행위를 증명할 아이디어를 떠올립니다. 우선 둘을 서로 떨어진 감방 두 곳에 가두고 의사소통을 못 하게 합니다. 그런 다음 검사는 카포네 방으로 가서 다음과 같이 제안하죠. "카포네, 당신이 은행을 털었다는 건 당신도 알고 나도 알아. 하지만 당신은 우리에게 증거가 없다는 것도 알지. 따라서 당신이 강도 행각을 부인하면 불법무기 소지죄로 2년만 감옥살이를 하면 돼. 하지만 경고하는데, 나는 이 길로 알에게 가서 자백하도록 설득할 거야. 만일 알이 은행 습격을 자백하면 당신은 궁지에 빠지는 거야. 범행을 부인했으니 8년을 살아야 한다고. 대신 알은 자백했으니 검사의 증인 자격으로 석방되지. 이런 기회는 당연히 당신에게도 있어. 당신이 은행을 턴 걸 자백하고 알이 입 다물고 자백하지 않는다면 말이지. 내일 다시 올 테니 잘 생각해 보라고. 공판은 모레야."

이 말을 마치고 검사는 카포네 방에서 나갑니다. 다시 감방 문이 잠기자 카포네는 곰곰이 생각해 봅니다. 검사가 이제는 알의 방으로 찾아가서 똑같이 제안하리라는 사실을 알기 때문이죠."

"하지만 알이 검사의 증인이 되어 석방된다면 다음 날 카포네 일당에게 암살될 것이 두렵지 않을까요?" 맨 뒷줄에서 누군가가 큰 소리로 물었다.

"물론 맞는 말이지만, 우리는 그런 상황을 일체 배제하기로 합니다. 내가 수학자로서 이런 예를 든다고 생각하세요. 나는 불필요하게 혼란스러운 상황을 배제할 겁니다. 예를 들어 감옥에 갇힌 이들이 서로 비밀 통신할 가능성도 있겠죠. 나는 이 모든 가능성을 차단합니다. 나의 본디 목적에서 벗어나는 것이니까요. 여러분에게 두 범죄자의 상황을 가능하면 명확하게 제시하려고 합니다. 이런 목적을 위해 다음과 같이 상황을 칠판에 스케치해 보죠." 터커는 분필을 집어 들고 칠판에 한눈에 알아볼 수 있는 표를 다음과 같이 그렸다.

"여기서 보다시피 맨 왼쪽과 맨 위쪽에 두 범인의 이름을 적었습니다. 이어 그 옆과 밑에는 이들의 선택 방향이 있고요. 두 사람은 입을 다물 수도 있고 자백할 수도 있습니다. 칸 속에는 각각의 선택이 이들에게 무엇을 의미하는지를 적었습니다. 두 사람이 모두 함구하는 경우는 왼쪽 위에 표시했는데, 이때는 두 사람이 불법무기 소지로 2년형을 받죠. 두 사람이 자백하는 경우는 오른쪽 밑이고, 이때 검사는 증인이 필요 없어요. 두 사람이 자백했기 때문에 6년의 감옥살이를 합니다. 덧붙이자면, 여러분이 보다시피 0을 제외하면 모두 음수로 표기되었는데, 이것은 두 사람의 삶에서 빠지는 햇수를 표시했기 때문이죠.

오른쪽 위 칸을 보세요. 카포네가 의리를 지키는 악당으로서 함구할 때, 알은 배신하고 자백한 대가로 석방되고 카포네는 결국 8년간 감옥살이 하는 상황을 보여 줍니다. 그리고 왼쪽 아래 칸은 그와 반대 상황을 보여 줍니다. 여러분, 한번 카포네의 처지가 되었다고 상상해 보십시오. 여러분은 어떻게 해야 할까요? 여러분 중에 누가 입을 다물지 손들어 보세요."

강의실 여기저기서 천천히 손들이 올라오다가 잠시 후 절대다수가 연사를 쳐다보며 손을 들었다. 연사는 청중을 향해 미소 지으며 말했다.

"아주 좋아요. 그럼 나머지는 모두 자백한다는 거군요."

		알	
		함구	자백
카포네	함구	-2 / -2	0 / -8
	자백	-8 / 0	-6 / -6

〈그림14〉

178

"저는 아닙니다." 앞줄 왼쪽에 앉은 여학생이 말했다. "저는 실토하지 않을 거예요. 카포네가 실제로 어떻게 할지 궁금했을 뿐이죠."

"나는 카포네가 교활한 녀석이라는 전제에서 출발합니다"라고 터커가 여학생을 바라보며 말했다. "그는, 우리가 생각하듯 이 표의 선택을 할 겁니다. 카포네는 먼저 왼쪽 두 칸을 바라봅니다. 알이 함구할 때, 어떤 것이 자신에게 영리한 선택일지 따져보는 거죠. 자신도 같이 함구해서 2년간 옥살이 할 것인가, 아니면 자백해서 석방될 것인가를 저울질합니다. 이때는 자백이 더 현명한 선택이죠. 하지만 오른쪽 두 칸을 보면 상황이 달라집니다. 알이 자백할 때, 무엇이 그에게 영리한 선택일까요? 이때 그가 함구하면 8년형을 받고, 같이 자백하면 6년형밖에 받지 않습니다. 물론 이때도 자백할 수 있죠. 그러면 자백하는 것이 현명한 선택이 되는 거고요."

"그건 어리석은 짓이에요"라고 앞줄 중간에 앉은 학생이 이의를 제기했다. "가장 현명한 선택은 두 사람 모두 함구하는 겁니다."

"맞아요." 그 뒤에 앉은 학생이 맞장구쳤다. "두 사람이 감옥살이하는 기간을 합산하면, 오른쪽 아래의 경우, 즉 두 사람이 자백할 때는 12년이 되지만 오른쪽 위나 왼쪽 아래의 경우엔 8년밖에 안 되고, 왼쪽 위처럼 두 사람이 함구하면 4년에 불과하기 때문이죠. 그러니 두 사람은 그냥 입을 다물어야 합니다."

"하지만 검사가 이들이 서로 의사소통을 하지 못하게 격리했다는 것을 고려해야 해요"라고 터커가 다시 부연 설명했다. "설사 함구하는 것이 도둑끼리의 의리라는 것을 카포네가 안다고 해도 그로서는 알도 똑같이 입을 다문다고 확신할 수 없는 거죠. 아마 카포네는 밤

새 잠 못 이루고 고민할 겁니다. 자신이 함구하는데 알이 자백한다면 감옥살이를 8년씩이나 해야 하기 때문입니다. 의리를 지키느냐 마느냐 고심하다가 이튿날 검사가 자기 방으로 찾아오면 자백을 할 겁니다. 그 결과로 6년형을 받아요. 똑같은 딜레마에 처한 알도 자백을 하리라고 생각하기 때문이죠. 이런 이유로 나는 두 범인과 검사가 벌이는 이 게임을 '죄수의 딜레마'[28]로 부릅니다. 죄수는 형기를 줄일 수 있지만, 그렇게 하지 않는 거죠."

"저는 딜레마라고 보지 않습니다." 앞줄 왼쪽에 앉은 여학생이 다시 발언했다. "말하자면 이 방법으로 위험을 무릅쓰지 않고 범인들을 이 나라 법에 따라 제대로 처벌하려는 검사 편에서 보는 거죠. 제가 생각하는 딜레마는 전혀 다른 모습이에요."

이 말을 들었을 때, 앨버트 터커는 그 학생의 말에 얼마나 정당성이 있는지 생각해 보았다. 사실 죄수의 딜레마 게임은 캘리포니아로 오기 전에 존 내시가 들려준 치킨 게임보다 훨씬 간단한 구조였기 때문이다. 치킨 게임에는 세 개의 균형점이 있지만, 죄수의 딜레마 게임에서는 단 하나밖에 없다. 두 게이머가 자백하는 바로 그 사각형의 모서리다. 이 독특한 게임은 원칙적으로 아주 간단한데도 모르겐슈테른과 존 폰 노이만은 이것을 간과했다. 하지만 터커는 이 모든 것을 미래의 심리학자들 앞에서 설명하고 싶지 않았다. 자신이 목표한 주제에서 벗어나기 때문이다. 그는 이의를 제기한 여학생과 나머지 청중을 향해 전혀 다른 대답을 했다.

"나도 학생처럼 정의의 편이에요. 여러분은 죄수의 딜레마 게임을 내가 여러분에게 보여 주려고 하는 여러 게임의 한 가지 예로만 보기 바랍니다. 여러분은 심리학을 전공하는 학생으로서 사람이 쉽게 게임의 유혹을 받을 수 있다는 것을 분명히 알 겁니다. 그런 의미에서 두 번째 게임을 소개하죠. 이것은 범죄보다는 경제와 더 관련 있는 게임입니다. 여러분은 이것이 상인이나 기업의 태도에 관해 아주 많은 것을 보여 준다는 것을 알게 될 겁니다. 이것은 게임인 동시에 유익한 응용수학이라고 할 수도 있죠. 우선 여러분 중에 게임 파트너로 두 명을 선발하기로 하죠. 누가 지원할까요? 네, 이름을 말해 주겠어요?"

"앤이요"

"좋습니다. 누가 앤의 상대를 할까요? 거기 학생, 이름이 뭐죠?"

"밥입니다."

"좋아요. 나머지 학생들은 앤과 밥이 나와 게임 하는 진행 과정을 자세히 지켜보기 바랍니다. 나는 게임 진행자로서 투자자들이 큰 이익을 위해 나한테 투자를 하게 하는 일종의 영리기업입니다. 나는 회사로서 앤과 밥 두 사람에게 접근하여 내 회사에 8만 달러를 투자할 것인지 묻습니다. 두 사람은 이 거액을 투자할 수도 있고 거절할 수도 있죠. 내가 두 사람에게 약속하는 것은, 리스크가 없다는 보장 하에, 두 사람이 회사에 맡기는 투자비 전액에 1년 뒤 50퍼센트의 이익이 붙는다는 것입니다. 원금과 이익을 합친 몫을 나는 앤과 밥 두 사람에게 똑같이 분배합니다. 이상이 게임의 전부예요.

이런 게임에서는 이익만 있을 것처럼 보이죠. 앤과 밥 두 사람이 8만 달러라는 거금을 투자했다고 생각해 봐요. 그러면 나는 합쳐서 16만 달러에 50퍼센트를 늘려서 1년 뒤에 24만 달러를 두 투자자에게 똑같은 몫으로 분배해야 합니다. 앤도 12만 달러, 밥도 12만 달러를 받아요. 두 사람 모두 4만 달러라는 큰 이익을 보는 거죠. 이론적으로는 그렇습니다. 하지만 이제 실제로 밥을 만나 물어보죠."

터커는 밥에게 물었다. "8만 달러를 투자할 건가요, 아니면 거절할 건가요?" "당연히 하죠. 남는 사업인데 아낌없이 투자하겠습니다"라고 밥이 대답했다.

"그러면 앤은 어떻게 할 건가요?" 앨버트 터커는 앤에게 물어보면서 고개를 좌우로 흔들어 보인다. 앤은 교수가 투자를 하지 말라는 신호를 보낸다는 것을 분명히 알아차렸다.

앤이 고분고분하게 대답했다. "저는 투자하지 않습니다."

"자, 그럼 내가 50퍼센트를 늘리면 얼마나 되는지 볼까요?" 터커는 이렇게 말하면서 청중을 바라보았다. "8만 달러에 4만 달러를 더한 거예요. 약속대로 나는 이 돈을 똑같은 몫으로 분배합니다. 앤에게 6만 달러." 터커는 돈을 건네는 동작을 해 보인다. "앤에게는 6만 달러의 순익이 생겼다는 의미죠. 투자를 했을 때 생기는 것보다 더 많은 이익입니다. 그리고 밥에게 6만 달러." 밥은 터커가 돈을 건네는 동작을 해 보이자 조금 놀란다. "이것은 밥이 투자한 액수보다 2만 달러가 적습니다. 순손실이죠. 자 그러면 다시 게임을 한다면 밥, 어떻게 할 건가요? 다시 8만 달러를 투자할 건가요?"

"제가 미쳤나요?" 큰 소리로 대답이 튀어나온다. "손해는 한 번이면 족하죠. 당연히 거절합니다."

"그러면 앤은 어떻게 할 건가요?"

"저도 당연히 거절하죠."

터커는 이 대답에 만족한 표정을 지었다. "한 푼도 투자를 하지 않는다면, 50퍼센트를 늘릴 수가 없죠. 0은 아무리 늘려 봤자 계속 0이니까요. 그러면 두 투자자는 0의 절반씩 분배받는데, 0보다 적은 것은 아니지만 0보다 많은 것도 아닙니다."

터커는 다시 분필을 들고 칠판에 적힌 죄수의 딜레마 게임 옆에 앤과 밥이 파트너로 참여한 새 게임의 판을 그린다. "액수를 표시하는 여러 개의 0은 쓰지 않습니다"라고 터커는 표를 그리며 설명했다. "게이머의 이익 또는 손실이 얼마나 되는지, 만 달러 단위로 표시합니다."

터커가 큰 소리로 물었다. "알아보겠어요?"

잠시 침묵이 흐른 뒤, 맨 뒷줄의 학생이 입을 열었다. "그 표에 적힌 모든 숫자에서 6을 빼면 죄수의 딜레마 게임의 표와 같습니다."

"학생, 정말 대단하군요." 터커가 학생을 칭찬했다. "학생은 그것으로 이 두 가지 게임이 구조적으로 다르지 않다는 것을 안 것입니다. 수학의 관점에서 보자면 똑같은 게임이라고 할 수 있죠. 두 개의

	앤	
	투자	거절
밥 투자	4 / 4	6 / -2
밥 거절	-2 / 6	0 / 0

〈그림15〉

표는 똑같은 딜레마를 나타내고 있어요. 죄수의 딜레마에서 알과 카포네, '투자 딜레마'에서 앤과 밥이 협동을 한다면 이들은 최대의 공동 이익을 볼 수 있습니다. 하지만 이들은 공동 이익보다 더 큰 자기 이익을 생각하기 때문에 협동하지 않습니다. 이렇게 되면 자신뿐 아니라 상대까지 손실을 보죠. 그런데도 두 사람 중 누구라도 손실을 보는 전략에서 벗어날 다른 합리적인 이유가 없다는 겁니다."

이기려면 올바른 시점의 선택이 중요하다

앨버트 터커가 죄수의 딜레마를 통해 보여 준 이론은 스탠퍼드 대학의 경계를 넘어 큰 반향을 불러일으켰다. 이후 수많은 논문에서는 이 게임의 변종이 발명되었고 '딜레마'를 완화하려는 여러 가지 아이디어가 소개되었다. 여학생 앤이 말한 것처럼, 겉으로 보면 딜레마라기보다 합리적으로 이해할 수 있는 게임 파트너의 태도라고 말해야 할는지도 모른다. 하지만 서로 상대에게 입히는 손실은 어떻게 막을 것인가? 이 같은 물음이 게임을 이기기보다 분석하려는 사람들을 자극했다.

수학자이자 게임이론가이며, 존 내시의 박사학위 지도교수였던 앨버트 터커
(Albert William Tucker, 1905~1995)
〈출처(CC)Albert William Tucker at en. wikipedia.org〉

쉽게 떠오르는 의문은 의사소통의 금지가 게임 파트너 간의 협동 가능성에 모순되지 않느냐는 것이다. 맞는 말이지만 반드시 옳다고만은 할 수 없다. 이튿날 검사가 자기 방으로 찾아오기 전에 카포네가 밤에 비밀 통신을 받아 봤다고 가정해 보자. 휘갈겨 쓴 글씨로 "나는 불지 않아. 알"이라는 내용이 적힌 지저분한 쪽지를 받았다. 그러면 카포네는 어떻게 해야 할까? 오래전부터 교활한 악당이라고 생각하던 알이 이번에는 약속을 지킨다고 믿어야 할까? 카포네는 그 쪽지가 정말 알이 보낸 건지 아니면 전부터 카포네에게 골탕을 먹이지 못해 기회만 노리던 교도관의 악랄한 속임수는 아닌지 어떻게 안단 말인가? 검사가 알을 심문하는 것을 카포네는 옆에서 듣지 못한다. 혹시 알에게서 연락을 받지 못하면 검사를 만날 때, 자신과 싸우느라 고민을 더 심하게 할지도 모른다. 게다가 알은 자신이 보낸 쪽지가 무사히 카포네 손에 들어간다고 자신할 수 있을까? 혹시 알이 마지막 순간에 침묵을 깨고 자백하지는 않을까?

설사 두 사람이 따로따로 심문받기 전에 서로 만나서 함구하기로 약속한다고 해도 심문 자체에서는 카포네가 혼자 검사 앞에 나가기 때문에 검사가 자백을 유도할 기회가 사라지는 것도 아니다. 알의 태도와 상관없이 카포네는 자백할 때 더 이익이 생긴다. 정의의 실현을 믿는 앞의 여학생 앤에게 좋지 않은 상황은 두 범죄자가 불법무기를 소지한 상태에서 은행 습격을 계획하기만 하고 정작 은행은 다른 강도들이 터는 상황이다. 이 경우에 검사는 자신이 추정하는 범행과는 무관한 두 사람을 억울하게 딜레마로 내몬다. 이들이 은행을 털었는가와 무관하게 죄수의 딜레마 게임 전적표는 자백할 것을 요구한다.

이때는 정의뿐만 아니라 진실마저 죄수의 딜레마로부터 희생된다.

더욱이 이런 상황이 문제가 되는 것은 죄수의 딜레마가 단순히 범죄에 국한하지 않기 때문이다. 투자 게임의 변형에서 보다시피, 이론적으로는 어떤 사업이든 이런 딜레마에 빠질 수 있다. 물론 이런 형태의 게임이 완전히 비현실적이기는 하다. 파트너로서 전혀 투자하지 않고도 이익 분배에 참여하는 일은 없기 때문이다. 하지만 사업 활동을 하는 합리적인 사람이라면 누구나 최소한의 투자로 최대의 소득을 얻으려고 하는 의도가 있다고 간주할 수 있다. 때로는 이런 의도가 미풍양속을 해친다. 적어도 죄수의 딜레마는 공동사업에서 어떻게 해로운 결과를 강요하는 상황이 나올 수 있는지를 설명해 준다.

그렇다면 이런 딜레마에서 어떻게 빠져나올 것인가?

이때 다시 주목해야 할 것이 시간의 역할이다. 우리는 사업 생활의 '게임'에서 '승자' 편에 서려면 올바른 시점의 선택이 늘 중요하다는 것을 이미 안다. 어떻게 하면 이런 통찰을 투자 게임에 적용하여 거기서 발생하는 딜레마를 피할 것인가? 이것은 또 다른 흥미진진한 이야기가 될 것이다.

---

28 죄수의 딜레마(Gefangenendilemma) : 두 게이머가 '협동'하거나 서로 '배반' 할 수 있는 게임 상황. 두 사람은 상대 게이머의 전략을 모르는 상태에서 자신의 전략을 세워야 한다. 그러므로 상대와 반대의 행동을 하는 것이 가능하다. 이 경우, 상대를 '배반'하는 게이머만이 이익을 취한다. 그리고 '배반자'는 이때 큰 이익을 노린다. 앨버트 터커의 강의에서 죄수의 딜레마의 게이머로 언급된 '알'과 '카포네'라는 이름은 사실 알렉산더 멜만(1949년생)에게서 나온 것이다. : Robert Axelrod, 『Die Evolution der Kooperation』, München, 2005

12

이익을 남기는 게임

뿌린 대로
거둔다

| 캘리포니아 주, 샌프란시스코 버클리, *1980*

라포포트의 프로그램은 첫 판에서는 투자하고 뒤에는 오로지 '퀴드 프로
쿼' 규칙에 따른다. 바꿔 말해 게임 파트너가 앞선 판에서 투자했다면, 라
포포트의 프로그램도 다음 판에 투자한다. 게임 파트너가 앞선 판에서
투자를 거절했다면, 라포포트 프로그램도 다음 판의 투자를 거절한다.
정확하게 '뿌린 대로 거둔다'라는 구호를 따른다. 첫 번째 판에서는 리스
크를 감수하고 그 뒤로는 매 판, 파트너가 앞선 판에서 한 대로 따르는 것
을 가리키는 라틴어 격언도 있는데, "먼저 투자하고 그다음엔 네가 나에
게 한 대로 되돌려준다"라는 뜻이다.

퀴드 프로 쿼와 팃포탯

"뿌린 대로 거둔다." 민간에서는 고대 라틴어의 '퀴드 프로 쿼 (Quid Pro Quo, 보상)'[29]라는 법의 원칙을 이렇게 말한다. 뭔가를 준 사람은 그에 해당하는 반대급부를 받는다는 뜻이다. '퀴드 프로 쿼'는 라틴어에서 더 유명하다고 할 '상부상조'라는 의미의 '마누스 마눔 라바트(Manus Manum Lavat)'보다 좀 더 다정하게 들린다. '마누스 마눔 라파트'라는 말에는 뭔가 솔직하고 호감이 가는 사업 파트너에겐 어울리지 않을 듯한 뉘앙스가 담겨있기 때문이다. 영어에서는 이와 비슷한 표현으로 '팃포탯(Tit for Tat)'[30]이라는 말이 있다. 이것은 본디 '연속타격'이라는 의미의 '팃포탭(Tip for Tap)'의 관용적인 어법이다. 팁과 탭이라는 말은 '타격'과 '휘두르기'의 의미로 이해해야 한다. 또 말의 진정한 의미로 볼 때도 팃포탯이라는 '구호'는 라틴어의 '퀴드 프로 쿼'보다 더 공격적으로 들린다.

이상의 원칙은 죄수의 딜레마에 담긴 난관을 완화하려고 할 때 꽤 단순하게 들리며 효과가 있다는 것 역시 입증되었다.

앨버트 터커가 죄수의 딜레마를 소개하고 강의실에서 나오는데 앤이라는 여학생이 쫓아오더니 잠시 대화할 시간을 달라고 했다.

"아까 강연 중에, 알이 자백하면 카포네 일당에게 보복당할 거라는 다른 학생의 가정을 배제한다고 하셨는데요. 죄수들의 경우라 저는 이해할 수 있습니다. 또 자백한 알이 석방된 후에 경찰의 보호를 받을 수도 있겠죠. 여기까지는 어떤 면에서든 말씀하신 것을 이해할 수 있어요. 하지만 투자 게임에서는 상황이 더 복잡하다고 저는 봅니다."

"왜 그렇지?" 터커가 흥미로운 표정으로 물었다.

"게임에 참여한 두 사업 파트너가 투자가 가능하다고 결정하는 것은 평생 단 한 번이 아니라 자주 있기 때문입니다. 심지어 선생님의 투자 게임에서는 아마 1대 1의 경우가 아니라 대강의 모델을 짜서 매일 결정을 내릴지도 모르죠. 만일 한쪽 참여자 쪽에서 게임 파트너가 계속 투자를 거부하고 그 결과 그 자신에게 최대의 이익을 끌어내려고 한다는 것을 안다면, 즉시 그 상대를 게임에서 제외할 겁니다. 제 말씀을 이해하시겠죠, 터커 교수님. 투자 게임에서는 한쪽 게이머의 이기적인 결정이 단기적으로는 공동의 이익보다 그에게 더 많은 이익을 주지만, 그것이 장기적으로 그에게 어떤 의미인지 잘 살펴봐야 해요."

여학생의 두드러진 이의 제기는 게임이론가들이 새로운 틀을 짜는 계기가 되었다. 이들은 이 게임의 두 선수가 한 번에 그치지 않고 빈번히 게임을 한다고 발상하게 되었다.

"어느 빈도로?"라는 것이 첫 번째 의문이었다.

그래서 게이머들과 이 투자 게임을 10회 진행하기로 합의했다. 그러자 양 선수가 마지막 열 번째 판에서는 투자를 거부하는 것이 불가피하다는 결론이 나왔다. 이 판 다음에는 게임이 없고 상대가 어떤 선택을 하든 상관없이, 투자를 거절하는 것이 두 선수 모두에게 더 큰 이익을 가져다주기 때문이다. 이 경우에는 상대도 거절하기 때문에 이익이 0이지만, 적어도 손실은 아니다. 상대가 투자를 거절하는데 이쪽에서 투자한다면 물론 손실일 것이다.

만일 두 선수가 마지막 열 번째 판에서 이익을 보지 못한다는 것을 안다면 이들은 이 열 번째 판을 벌일 필요가 없을 것이다. 시간 낭비일 뿐이다. 그렇게 된다면 이들이 볼 때는 아홉 번째 판이 마지막 판으로 남는다. 이때 두 선수는 아홉 번째 판이 마지막 판인지 아닌지 결정하게 될 것이다. 그러면 양쪽 모두 투자를 거절할 것이고, 이 게임에서 생기는 이익은 없다. 열 번째 판과 마찬가지로 아홉 번째 판도 불필요하게 되는 것이다.

투자를 거절하려는 의도는 이런 식으로 열 번째 판에서 아홉 번째 판으로 다시 여덟 번째 판, 일곱 번째 판으로 계속 앞으로 번지다가 결국 맨 첫판에까지 이르게 된다. 결국 열 판 전체에 걸쳐 투자 거절이 이성적인 결정임이 입증된다. 이때 딜레마는 열 판 모두 아무 일도 일어나지 않는다는 데 있다. 이익이 생기지 않는 것이다.

수학적으로 보면, 투자 게임을 100번씩 반복하기로 게이머들과 합의한다고 해도 똑같은 실망을 경험할 것이다. 실제로 이렇게 무의미하고 시간만 낭비하는 모험에 가담하려는 게이머를 찾지 못할 것이 아주 확실하다. 그러므로 "어느 빈도로?"라는 물음에는 다른 방식의 대답이 요구된다. 어느 빈도로 투자 게임을 반복할지를 게이머들이 알아서는 안 된다. 이를테면 게임의 판수를 게임 진행자의 자의에 위임하면 된다.

이보다 더 매끄럽고 확실한 방법은 - 혹시 게이머 중에 게임 진행자를 매수하여 반복 횟수를 알아내는 사람이 있을지도 모르기 때문에 - 매 판이 끝난 뒤에 주사위를 던지는 것이다. 그래서 6이 나올 때만, 그 판을 마지막으로 게임이 끝난 것으로 하고 나머지 숫자가 나올 때는 한 판 더 하기로 하는 것이다. 참을성이 있는 게이머들이라면, 주사위 대신 룰렛에 구슬을 굴리는 방법을 쓸 수도 있다. 구슬이 0이 쓰인 칸으로 들어갈 때만 조금 전에 끝난 판을 마지막으로 하고 다른 칸에 들어가면 한 판 더 하기로 하는 식이다.

게임이론가들은 난해한 생각을 스케치로 정리하기 전에 실제 사람과 돈을 상대로 실험을 거친다. 다만 만 단위 거액이 아니라 1~2달러 정도의 소액으로 한다. 이 결과 여러 판의 투자 게임을 할 때, 어느 판이 마지막인지 아무도 모르는 게임에서는 실제로 게이머들이 투자 리스크를 매우 선호한다는 사실이 드러났다. 엄밀하게 말해 거액을 투자한다. 이런 경향은 감방에 따로 갇힌 알과 카포네처럼 게이머들이 격리되고 서로 소통할 수 없을 때도, 또 서로 일면식도 없을 때도 마찬가지다. 일부는 거액을 낚아 올리기도 했다. 이것은 단순한 행운일까, 기막힌 우연일까, 아니면 숙달된 게임 기술을 개발한 것일까? 반복적인 투자 게임에서는 – 몇 판을 계속할지 모르는 게임을 이렇게 부른다면 – 룰렛의 무의미한 게임 시스템과는 달리 성공으로 이어지는 전략이 있는 것일까?

계속 연구를 진행하는 과정에서 이런 시도는 너무 큰 비용이 들어서 실제 사람과 돈을 투입하는 실험은 중단되었다. 그러다가 1978년, 당시 35세 된 랜드연구소 출신의 정치학자인 로버트 액설로드(Robert Axelrod)가 컴퓨터를 이용해 문제를 해결하자고 제안했다. 액설로드는 편지로 게임이론가들을 대회에 초대했다. 그리고 각 이론가에게 반복적인 투자 게임에서 게임 파트너의 태도를 모방하는 프로그램을 제출하도록 했다.

이런 프로그램은 아주 간단한 형태였다. 예를 들어 프로그램으로 만들어진 게이머가 계속 투자를 하도록 하는 식이다. 이런 프로그램 두 개가 서로 게임을 하면 당연히 양쪽 모두 큰 이익을 본다는 의미가 된다. 이런 프로그램의 경우에만 있을 수 있는 일이다. 혹은 프로그램으로 만들어진 게이머가 계속 투자를 거절하게 만들 수도 있다. 그러면 적어도 잃지는 않는 것이 확실하다. 그리고 운이 좋아 상대 프로그램이 몇 차례 투자를 무릅쓰면 돈을 벌 수도 있다. 아니면 프로그램의 게이머가 매 판을 시작하기 전에 게임 여부를 결정하게 하는 난수 발생기(Zufallsgenerator, 특정한 제한 조건에 따라 일련의 난수를 발생시키기 위해 설계된 프로그램이나 하드웨어 – 옮긴이)를 설치할 수도 있다. 마치 주사위를 던져서 나온 숫자로 다음 판에 투자할 건지, 거절할 건지 결정하는 것처럼 하는 것이다. 예컨대 6이 나올 때만 투자하기로 하면, 16.7퍼센트의 확률로 투자하고 그밖에는 거절한다. 또 짝수면 다음 판에 투자하고 홀수일 때는 거절하게 프로그램을 만들 수도 있다. 그러면 우연에 따르는 것이기는 하지만 50퍼센트의 고정 확률로 투자하는 셈이다.

흥미진진한 것은 무엇보다 다음 판의 투자 여부를 그때까지 자신 혹은 게임 파트너가 내린 결정을 토대로 결정하는 프로그램이다. 이 경우에는 이미 알려진 과거를 바탕으로 더 나은 미래에 희망을 품고 현재에 대한 결정이 이루어지기 때문에, 처음으로 시간이 주역으로 부상한다. 우리는 "시간은 돈이다"라는 벤저민 프랭클린의 말을 기억한다. 시간을 통해 미래에 대한 결정을 게임 파트너의 앞선 행동에 맞추는 것이 허용된다.

어쨌든 액설로드에게는 15종의 제안이 담긴 프로그램이 도착했는데 대부분 아주 복잡한 형태였다. 또 계속 투자하거나 계속 거절하는 프로그램, 그리고 난수 발생기의 조종에 따라 투자하거나 거절하는 프로그램 등 시간과 무관한 프로그램도 목록에 있었다. 액설로드는 컴퓨터로 각 프로그램과 자신이 직접 게임을 하기도 하고 프로그램들끼리 게임을 붙이기도 했다. 모든 반복적인 투자 게임에서 최대의 종합적인 이익을 얻는 프로그램이 반복적인 투자 게임에서 가장 모방할 가치가 큰 게임 전략으로 드러날 것으로 액설로드는 예상했다.

뿌린 대로 거두는 라포포트의 게임이론

실제로 제출된 15개의 프로그램 중에서 의심할 여지없이 명백한 우승자로 주목받은 프로그램이 있었다. 아나톨 라포포트(Anatol Rapoport)의 프로그램이었다. 라포포트는 미국의 다재다능한 학자로서 1911년 제정러시아에서 태어난 사람이다. 라포포트의 프로그램에서 주목할 만한 점은, 제출된 프로그램 중에서 가장 간단하다는 것이었다.

이것은 첫판에서는 투자하고 이 뒤에는 오로지 '퀴드 프로 쿼' 규칙에 따른다. 바꿔 말해 게임 파트너가 앞선 판에서 투자했다면, 라포포트의 프로그램도 다음 판에 투자한다는 것이다. 게임 파트너가 앞선 판에서 투자를 거절했다면, 라포포트 프로그램도 다음 판의 투자를 거절한다. 정확하게 '뿌린 대로 거둔다'라는 구호를 따른다. 첫 번째 판에서는 리스크를 감수하고 그 뒤로는 매 판, 파트너가 앞선 판에서 한 대로 따르는 것을 가리키는 라틴어 격언도 있는데(Primum Pro, Tunc Quid Pro Qquo), "먼저 투자하고 그다음엔 네가 나에게 한

피아니스트이자 수학자, 게임이론가,
생물학자, 시스템 과학자였던 아나톨 라포포트
(Anatol Rapoport, 1911~2007)
〈출처(CC)Anatol Rapoport at en.
wikipedia.org〉

대로 되돌려준다"라는 뜻이다. 영어를 섞어서 표현하면 "먼저 친절
을 베푼 다음 팃포탯"이라고 줄일 수 있을 것이다.

　라포포트 프로그램의 매력을 이해하기 위해서는 앞장에서 소개
한 투자 게임의 표를 생각하되, 거기 적힌 만 단위의 표시는 잊는 것
이 좋다. 또 달러 대신에 좀 더 가치가 있는 두카텐(옛 유럽의 금화 - 옮
긴이)으로 표현하기로 하자. 두 게이머가 한 판에 8두카텐씩 투자하
면 각자 4두카텐의 이익을 본다. 투자를 거절하면 이들에게는 아무
이익도 생기지 않는다. 그리고 한 사람이 투자를 하고 다른 한 사람
이 투자를 거절하면, 한 사람은 2두카텐의 손실을 보고 나머지 한 사
람은 6두카텐을 번다.

　그러면 라포포트 프로그램에서 나오는 여러 가지 시나리오를 생각
해 보자. 엄격하게 라포포트 프로그램에 따르는 게이머를 아나톨이
라고 부르기로 하자. 라포포트의 이름이기 때문이다. 그리고 아나톨
의 파트너를 막스라고 부른다. 아르투르 슈니츨러(Arthur Schnitzler)
가 쓴 희곡〈아나톨〉에서 주인공의 친구 이름이 막스다.

막스가 판마다 투자하면 아나톨도 판마다 투자할 것이다. 그리고 두 사람은 매 판 4두카텐씩 이익을 볼 것이다. 이때 이들의 유일한 관심은 가능하면 많은 판의 게임을 하는 것이다.

이와 반대로 막스가 매 판 투자를 거절하면, 아나톨도 – 첫판에 2두카텐의 손실을 보는 것을 제외하면 – 매 판 투자를 거절할 것이다. 이 경우에 몇 판이나 투자 게임을 하든 두 선수에게는, 첫판 이후에 아무 일도 일어나지 않으므로 어차피 똑같다. 그러면 막스는 6두카텐의 이익을 가지고 집에 간다. 아무리 여러 판을 해도 신통치 않은 결과다. 또 아나톨은 2두카텐의 손실을 보지만 이 정도는 별거 아니다. 여러 판 게임을 하다 보면 훨씬 큰 손해를 볼 수도 있기 때문이다.

흥미로운 것은 막스가 다음 판에 투자를 할 건지 아닌지, 그 결정을 전혀 예측할 수 없을 때다. 아나톨과 막스가 게임을 시작할 때 두 사람의 지갑에 같은 액수의 두카텐이 있다고 가정해 보자. 첫판에 아나톨만 투자한 것이 아니라 – 라포포트 프로그램의 도식에 충실히 따른 결과 – 막스도 투자했다면, 각자의 지갑은 4두카텐씩 늘어나고 금세 지갑이 가득 찰 것이다.

이와 달리 첫판에 막스가 투자를 거절한다면, 두 사람의 지갑은 아나톨의 비용을 바탕으로 8두카텐의 차이가 날 것이다. 이 차이는 막스가 마침내 다음 판에 처음으로 투자하기로 결심할 때까지 유지될 것이다. 이 판에서는 라포포트 프로그램의 도식에 따라 아나톨은 투자하지 않음으로써 막스를 처벌한다. 그러면 이 판 뒤에 두 사람의 지갑은 다시 균형을 이룬다. 그리고 다음 판은 마치 게임을 새로 시작하는 것과 같을 것이다. 아나톨이 낭패를 보는 경우는 막스보다

8두카텐이 모자라는 시점에 게임이 중단되는 것이다. 하지만 이 차이 이상으로 막스에게 뒤처지는 일은 절대 생기기 않는다.

이상적인 경우는 막스도 아나톨처럼 정확하게 '퀴드 프로 쿼' 규칙에 따라 게임을 할 때다. 라포포트 프로그램이 저절로 가동되도록 하는 것이다. 이 경우는 두 사람이 지속해서 투자하기 때문에 차이가 없다. 두 사람은 반복적인 투자 게임에서 확실하게 큰 이익을 본다.

라포포트 프로그램을 따르는 아나톨은 네 가지 이유로 공감을 준다. 첫째, 아나톨은 낙관주의자다. 첫 번째 판에서 상대도 자신처럼 투자할 것으로 기대하고 게임을 시작한다. 둘째, 아나톨은 복잡하게 생각하지 않는다. 그의 태도는 좋은 의미에서 '단순하다.' 셋째, 아나톨은 고분고분 시키는 대로 하지 않는다. 상대가 자신을 막다른 골목으로 내몰면 다음번에 그대로 앙갚음해 준다. 그리고 넷째, 아나톨은 용서를 잘한다. 상대가 협력하면 아나톨도 다시 협동적인 태도를 보인다.

게다가 아나톨은 반복적인 투자 게임에서 막스보다 더 많은 이익을 보려고 하지 않는다. 라포포트 프로그램을 충실히 따르는 한, 절대 상대보다 더 많은 이익은 볼 수 없다. 그러므로 이 게임은 제로섬 게임이 아니라는 것에 중요한 의미가 있다. 두 명이 제로섬 게임을 하면, 두 번째 게이머는 동시에 패배자이기도 하다. 하지만 두 명이 반복적인 투자 게임을 하면, 두 번째 게이머도 첫 번째 게이머와 더불어 당당한 승자가 될 수 있다. 이런 의미에서 아나톨은 지나친 야심을 드러내지 않으며 끝까지 욕심을 부리지 않는다. 승자와 공동으로 이기는 것으로 만족한다. 그리고 욕심 없는 그의 태도는 현명하다. 악랄한 상대와 게임을 할 때도 큰돈을 잃을 염려가 없기 때문이다.

그렇다고 해서 라포포트 프로그램이 어떤 면에서든 최상의 결과를 제공한다는 말은 아니다. 당연히 가장 큰 이익을 보는 경우는 지속해서 투자를 거절하는 선수가, 계속 잃는데도 불구하고 판마다 투자하는 선량한 바보와 맞붙을 때다. 하지만 실생활에서는 이런 일이 절대 일어나지 않는다.

좀 더 현실적인 위험은 아나톨이 막스와 게임을 할 때, 막스가 악의에서가 아니라 실수로, 잘못 생각해서 갑자기 투자를 거절하는 경우에 나온다. 막스는 그 뒤에 아나톨처럼 착실하게 '퀴드 프로 쿼' 규칙을 따르려고 하겠지만, 이미 문제는 벌어진 뒤다. 아나톨은 그다음 판에 투자하지 않는 반면에 – 막스는 그전에 거절하는 실책을 범했다 – 라포포트 프로그램을 따르기로 한 막스는 그다음 판에 투자할 것이기 때문이다. 아나톨이 거절하면 다음다음 판에 막스에게 거절을 강요하게 되지만, 이때는 아나톨이 다시 투자한다. 그리고 이처럼 투자와 거절이 엇갈리는 악순환은 게임이 끝날 때까지 이어진다. 그러면 두 사람이 얻을 수 있는 커다란 이익은 절대 달성할 수가 없게 된다.

자연에서도 되풀이되는 투자 게임

런던 태생의 생물학자 존 메이너드 스미스(John Maynard Smith)는 이런 위험을 피할 방법으로 '두 번 배신 후의 보복(Tit for Two Tats)' 이라는 프로그램을 제안했다. 막스가 연거푸 두 번 투자를 거절한 다음에 파트너인 존은 이 프로그램에 따라 다음 판에 대한 처벌로서 투자를 거절하는 것이다.

이로써 막스가 저지른 한 번의 '과실'은 존이 악순환의 늪에 빠질 이유가 되지 못한다. 물론 막스가 교활하다면, 연거푸 두 번 거절하지는 못하겠지만, 존이 '두 번 배신 후의 보복' 전략에 따른다는 것을 짐작하고 거절하는 방법을 계속 쓰면서 돈을 갈취할 수도 있을 것이다. 따라서 '두 번 배신 후의 보복'은 악랄한 파트너를 상대하기에 라포포트 프로그램처럼 견고하지는 못하다.

아나톨로서는 그때까지의 게임 진행 상황과 막스의 태도를 보면서 막스의 거절이 의도적이거나 용서할 수 있는 착오일 확률이 각각 얼마나 되는지 평가해 보는 것이 현명할 것이다. 아나톨은 라포포트 프로그램을 '때때로의 팃포탯' 전략으로 변경할 수 있다. 막스가 바로 전 판에 거절했다고 할 때, 일정한 확률로서만 다음 판의 투자를 거절하는 것이다. 이 확률은 처음에는 100퍼센트를 유지하는 것이 현명할 것이다. 처음에는 게임 상대가 어떤지 모르기 때문이다.

하지만 막스가 여러 판에 걸쳐서 유난히 투자를 좋아하는 파트너라는 사실이 드러난다면, 막스의 갑작스러운 거절 다음에 가차 없이 보복할 확률을 100퍼센트보다 훨씬 낮추는 것이 좋다. 이와 달리 막스가 계속 예상에 차질을 빚는다면 다시 그 확률을 100퍼센트 가까이 회복하는 것이 좋을 것이다. 이렇게 라포포트 프로그램에서 실수를 용납하는 변화는 라포포트 프로그램 자체보다 훨씬 더 시간의 현상을 고려한 것이라고 할 수 있다.

지금까지 논의한 내용만으로도 이미 반복적인 투자 게임의 무수한 모델이 거기 속한 전략 프로그램과 더불어 이에 관심 있는 과학자들에 의해 '도입'되었다는 것을 입증한다. 그러므로 앞에서 언급한 존 메이너드 스미스가 생물학자인 것은 우연이 아니다. 반복적인 투자 게임은 단지 두 게이머뿐 아니라 다수의 게이머와도 할 수 있다는 말이다. 지상의 생명 역사를 돌이켜볼 때, 종이 생물학적 진화를 따르는 것과 똑같이 나름대로 성공 전략을 따르는 개체 수가 갑자기 늘어난다. 카를 지그문트(Karl Sigmund)는 이것을 개별적인 예에서 뛰어나게 묘사한 매혹적인 명저『게임 보드-우연, 혼돈, 진화의 전략(Spielpläne – Zufall, Chaos und die Strategien der Evolution)』에서 보여 주었다.

이와 마찬가지로 인상적인 것은 반복적인 투자 게임을 할 때, 인간의 태도가 전략 프로그램에 반영되는 모습이다. '퀴드 프로 쿼'에 의존하면서도 첫판에 투자 거절로 시작하는 '불신형'이 있는가 하면, 처음에 투자해도 파트너가 첫판에 거절하면 아무리 판을 거듭해도 게임이 끝날 때까지 투자를 거절하는 '화해 불능형'이 있다. 또 거절을 통해 만들어진 상대의 이익이 소진될 때까지 계속 투자하지 않는 '보복 추구형', 앞선 판에서 상대가 한 방식 그대로 다음 판을 따라 하는 '적응형'이 있다. 그리고 앞에서 언급한 대로, 게임 태도가 가벼워 시간과는 전혀 무관하게 다음 판에 투자할지 말지를 단순히 우연에 맡기는 '경박형', 지속하여 투자를 거절할 정도로 악랄한 '악당형', 앞선 판에서 얼마나 속았는지에 상관없이 매 판 투자할 만큼 완벽할 정노로 선한 '순진형'이 있다.

이들 외에도 수많은 유형의 게임 파트너가 '퀴드 프로 쿼' 규칙에 따르는 영리한 아나톨의 상대가 되었다.

아나톨 라포포트가 이토록 성공적인 프로그램을 개발한 것은 이상한 일이 아니다. 그는 우크라이나 로소바(Losowa)에서 태어나 열한 살 때 가족을 따라 미국으로 이주했다. 아들에게 유난히 큰 영향을 미친 라포포트의 아버지는 당시 전형적인 러시아 지식인으로서 서구 계몽주의에 매혹되었으며 대표적인 계몽주의자들이 선전하는, 이성에 의해 만들어진 더 나은 세계라는 꿈을 좇는 인물이었다. 아버지는 아들의 음악적 재능을 알아보고 피아니스트로서 능력을 펼치도록 후원했다.

아나톨 라포포트의 재능 발달에 공이 있는 두 번째 인물은 시카고의 자그만 음악학교에 근무하는 피아노 교사 글렌 딜라드 건(Glenn Dillard Gunn)이었다. 라포포트 자신은 건에 관해 다음과 같이 평하고 있다. "그분은 뛰어난 음악가도 아니고 눈에 띄는 피아니스트도 아니었다. 하지만 53세 나이에도 음악을 향한 소년기의 열정으로 가득 찬 인물이었고 베를리오즈나 리스트, 폰 바그너 등 후기 낭만파에 애착이 강했다. 그분은 뼛속까지 미국인으로서 교외에 살면서 시가를 피웠고 아마 분명치는 않지만 프리메이슨 단원이었을 것이다. 하지만 라이프치히에서 공부했고 독일어가 유창했으며 음악 세계와 '세기말'의 유럽 음악가에 관해 끝없이 긴 대화를 나눌 때면 나는 넋을 잃고 이야기에 빨려 들었다."

인간의 사회적 행위를 게임이론에 대입하다

1929년, 라포포트는 음악의 본고장인 빈으로 갔다. 그리고 1934년까지 빈 음악 및 공연예술 국립아카데미에서 피아노와 작곡을 공부했다. 이 밖에 그는 미국《뮤지컬 쿠리에》지의 통신원으로 일하며 유럽과 미국에서 콘서트 전문 피아니스트로 또 공연예술가로 활동했다. 1935년 라포포트는 수학으로 관심을 돌리고 시카고에서 수학을 공부했다. 그리고 거기서 세 번째 스승이자 박사 과정 지도교수인 니콜라스 라셰브스키(Nicolas Rashevsky)를 만났는데, 그에 관해서는 이렇게 평하고 있다. "그는 건처럼 뛰어난 유머 감각과 믿을 수 없는 기억력을 지녔다. 러시아 고전문학을 달달 외웠고 러시아 학생들이 쓴 신랄한 풍자시를 한 자도 틀리지 않고 인용했다. 라셰브스키는 처음에 웨스팅하우스 일렉트릭 사에서 일했다. 그러다가 공황으로 이 기업이 휘청거릴 때 해고당한 뒤에 시카고 대학교에서 활동 공간을 찾아냈다. 라셰브스키는 수학 생물물리학(Mathematical Biophysics) 연구를 계속했다. 이것은 그가 전에 피츠버그 대학교에서 기초를 세운 새로운 분야였다."

그리고 라포포트는 자신과 라셰브스키의 관계를 다음과 같이 말한다. "나는 시카고 대학교에서 그와 함께 7년을 공부했다. 건은 나보다 서른일곱 살이 많고 라셰브스키는 열두 살이 많지만, 두 분과는 완전히 평등한 관계로 지냈다. 사제 관계인 동시에 같은 눈높이의 친구 같았다. 이런 사실은 나에게 아주 중요한 의미가 있었고 나를 이끌어준 두 분도 마찬가지였을 것으로 나는 믿는다."

생물물리학 연구에 매달리면서 라포포트는 이후의 긴 삶을 규정하게 될 관심 분야가 생겼다. 그것은 갈등과 대립에 관한 분석이었다. 라포포트의 체계에서 게임은, 한편으로 상대에게 자신의 우월한 입지를 설명해 주는 토론과 다른 한편으로 상대가 항복할 때까지 패배시켜야 할 적이 되는 싸움 사이에서 중용의 태도를 의미한다고 할 수 있다. 게임의 경우, 문제는 확고한 규칙에 따른 힘겨루기라는 것이다. 게임은 어느 한쪽 파트너가 체면을 잃을 때가 아니라 단순히 누가 따고 잃었는가가 분명히 확인될 때 끝난다.

라포포트는 다년간 여러 분야의 평화 운동에 참여했다. 그는 냉전이라는 '게임'이 죄수의 딜레마와 다르지 않음을 알았다. 미국과 소련이 군비 감축을 매듭짓지 않으면, 상호 위협이 되는 상황에서 사소한 사건 하나라도 파국으로 이어질 수 있었다. 최상의 선택은 막강한 양 군사 블록의 군비 감축일 것이다. 하지만 딜레마는 어느 일방의 감축이 상대에게 의도하지 않은 군사력의 우위를 안겨 준다는 데 있었다.

기쁜 소식은 이 이야기가 끝이 없다는 것이다. 군사, 정치적 '게임'은 단 한 번에 끝나는 것이 아니라 끝없이 반복된다는 말이다. 그러므로 유력한 전략으로 이 딜레마를 피할 수 있다. 라포포트가 '끌어들인' 퀴드 프로 쿼 규칙도 그중 하나다.

동시에 이 이야기가 끝이 없다는 것은 나쁜 소식이기도 하다. 게임 파트너가 사라지면 또 다른 파트너가 계속 등장하기 때문이다. 늘 새로운 베팅이 요구되며 때로는 한 판의 '게임'에서 입는 단 한 번의 손실이 게이머의 몰락을 의미할 만큼 치명적인 대가를 치러야 한다. 그리고 현실은 게임 보드에서 모형화할 수 있는 것보다 훨씬 변수가 많다.

라포포트는 미시간 대학교의 수학 생물물리학 교수가 되었고 1970년부터는 토론토 대학교의 심리학과 수학 및 평화-갈등 연구

교수를 역임했다. 그는 광범위한 연구 활동을 펼치며 전 세계를 돌아다녔고 한때 음악을 공부했던 빈에서도 활동했다. 빈 고등연구소(IHS)에서는 3년간 소장으로 근무했다.

이제 멩거와 괴델 등 수많은 인물의 이야기를 다루면서 30년대 말 이후 우리 시야에서 멀어진 빈으로 다시 돌아가 보자.

●●●

29 퀴드 프로 쿼(Quid Pro Quo) : '팃포탯'과 같은 의미. 'Tit for Tat'은 언제 끝날지 모르는 상태에서 여러 판을 계속할 때, 가능하면 윈윈(Win-Win) 게임을 하려는 전략. 이때 첫판에는 윈-윈 전략을 선택하고 다음 판부터는 그전 판에 상대가 한 방식을 따라 한다. 변형인 '두 번 배신 후의 보복'에서는 상대가 앞선 두 판에서 윈-윈 전략을 선택하지 않았을 때, 똑같이 윈-윈 전략을 따르지 않는다. : Karl Sigmund, 『Spiclpläne - Zufall, Chaos und die Strategien der Evolution』, München, 1997

30 팃포탯(눈에는 눈, 이에는 이, Tit for Tat) : 퀴드 프로 쿼(Quid Pro Quo)

●●●

13

경찰과의 게임

처벌이 없다면 도덕성을
유지할 수 있을까

| 빈, 2002

남미 원주민들이 '최후통첩'이라는 게임을 벌였다. 선(先)이 어떤 비율로 분배해도, 설사 50대 50으로 아주 공정하게 분배해도 두 번째 게이머는 그의 제안을 거절했다. 왜 원주민 게이머들이 그런 태도를 보이는지 처음에는 아무도 이해하지 못했다. 나중에 물어보고 나서야 사람들은 수수께끼의 답을 알았다. 그곳에서는 젊은 여자가 게임 진행자였는데, 원주민들은 매력 있는 이 여자가 본인의 돈으로 돈을 분배한다고 생각한 것이다. 그래서 어떤 게이머도 탁자에 놓인 돈을 가져가지 않은 것이다. 우리가 돈을 탐할 때 그것이 어떤 동기인지, 또 얼마나 효과가 있을 것인지는 이처럼 수수께끼로 남아 있다.

빈의 철학 카페

"세상에 공짜는 없어요." 토론자는 자기 순서를 마치며 이렇게 말했다. "공짜는 없습니다. 여기서는 커피도 돈이 들어요"라고 두 번째 토론자가 나서자 세 번째 사람이 덧붙였다. "공짜 치즈는 쥐덫에서나 볼 수 있죠."

"여러분의 의견에 전적으로 동의합니다"라고 말하며 발제자는 '철학 카페(Café Philosophique)'라는 이름으로 열린 행사 중에 가장 흥미로웠던 일정을 마친다. 이 행사는 1997년부터 2007년 사이에 도심을 둘러싼 번화가인 빈 환상도로에 아직도 남아 있는 커피하우스인 카페 프뤼켈에서 정기적으로 열렸다.

당시 빈의 두 지식인으로서 로망어 교수인 카를 리젠후버(Karl Riesenhuber)와 라인하르트 호쉬(Reinhard Hosch)는 매월 그들이 조직한 '철학 카페' 행사를 열었다. 초대를 받고 예고된 주제에 관심 있는 남녀 시민은 카페 프뤼켈의 행사장에 앉아 작은 잔의 흑맥주나 간식 등을 주문하고는 5시에 열리는 행사에서 철학 대화의 발제자가 소개되기를 기다렸다.

리젠후버와 호쉬는 '철학'을 대학에서 강의하는 의미로서가 아니라 좀 더 포괄적인 의미로, 다시 말해 '사고의 브리콜라주'의 의미로 이해했다. 프랑스어로 브리콜라주(Bricolage)는 여러 가지 일에 손대기, 손재주를 의미한다. 파리 바스티유 광장에 있는 등대카페에서 스스로 발제자가 되어 최초로 철학 카페를 개설한 마르크 소테(Marc Sautet)의 생각도 같았다. 철학 카페에 참석하는 사람들은 사색의 애호가들이다. 그렇다고 무능력자로 평가 절하하는 의미가 아니라 좋

수학자이자 게임이론가, 수학역사가
카를 지그문트(Karl Sigmund, 1945년생)
〈출처(CC)Karl Sigmund at en.wikipedia.org〉

은 뜻으로 순수한 애호가라는 말이다.

2002년 6월의 발제자는 〈도덕의 산수〉라는 주제로 강연한 카를 지그문트(Karl Sigmunt)였다. 지그문트도 전문적인 철학자가 아니라 빈 대학교의 수학 교수였다. 그 역시 '제3 제국'에서 문화, 학술, 정신 생활이 황폐해진 이후의 제2 세대로서 한때 오스트리아에서 찬란했던 수학의 명성을 되찾기 위해 애쓰는 사람의 하나였다.

실제로 제2차 세계대전 직후, 대학이나 수학연구소의 상황은 전도가 암담했다. 처음에는 폐허에서 회복한 오스트리아가 뛰어난 국가 인재들을 다시 고국으로 불러들이는 노력을 할 것이라고 기대한 사람도 많았다. 예를 들어 시카고에서 카를 멩거는 실제로 '시카고 학파'를 추진하려고 했지만, 성과는 지지부진했으며 그를 빈 대학교에서 초빙하는 것도 더는 기대할 수 없는 실정이었다.

"멩거가 다시 빈 대학의 수학 교수로 오려고 합니다." 교육부 참사 관이 담당국장에게 속삭였다. "멩거라고요? 멩거?" 국장은 기억을 더듬었다. "아, 네." 기억이 살아난 국장이 말했다. "부친은 독특한 자유주의자였고 모친은 유대인이었죠. 그래서 도피할 수밖에 없었고 요. 그런데 하필 자리도 만들 수 없는 지금 다시 오려고 합니까? 그 러면 우리로서는 정말 난처한데요.”

“명성을 생각하셔야죠, 국장님!”

“하지만 비용이 너무 많이 들잖아요. 그리고 내 생각에는 그가 여 기 실정을 모르는 것 같습니다. 빈은 폭격으로 폐허가 되었는데, 풍 족한 미국에서 돌아온다는 것이 진심일 리가 없죠.”

“그 밖에도 확인해 보니 1938년에 자원해서 교수직을 그만두었 더군요.” 참사관이 국장을 거들 듯이 맞장구쳤다.

국장이 반색하며 참사관을 칭찬했다. “거절할 구실이 생긴 겁니 다. ‘정말 유감스럽게도 귀하가 당시 일방적으로 교수직을 반납했기 때문에 공식적으로는 우리에게 보내준 제안을 긍정적으로 검토하 는 것이 불가능합니다’라고 답장할 수 있겠어요.”

고루하고 옹졸한 이 인물은 단지 카를 멩거의 귀국과 관련해서뿐 아니라 다른 사람들에게도 이런저런 방법으로 수치와 모욕을 안겨 준 것으로 드러났다. 당시 의사 결정자 중에서 이런 모욕적인 태도 로 좋은 기회를 날려 버렸다는 것을 깨달은 사람은 아무도 없었다.

다행히 빈 대학교 수학과에는 어느 때보다 나무랄 데 없는 자질을 갖춘 교수가 넷이나 있었다. 연구와 교수 활동의 질적 능력이나 필 수적인 건설 작업의 참여 측면에서 볼 때, 출중한 인물들이었다.

이들 중 한 사람이 과거 푸르트뱅글러의 조교를 지낸 니콜라우스 호프라이터(Nikolaus Hofreiter)였다. 일찍이 수학 연구에 매진하며 학과 조직의 운영과 교수 활동에 집중했고 신중하고 부지런하며 양심적인 데다가 지나칠 정도로 꼼꼼한 신사로서 좋은 의미에서 전형적인 오스트리아 관료였다.

두 번째는 네 명 중 가장 연로한 요한 라돈(Johann Radon)이었다. 라돈은 빈 대학에서 한스 한에게 수학을 배웠고 빌헬름 비르팅거(Wilhelm Wirtinger)의 지도로 박사학위 논문을 썼다. 그는 1910년 괴팅겐 대학교 학생이었을 때, 당시 수학의 교황격인 다비트 힐베르트(David Hilbert)의 강의를 들었다. 그리고 함부르크와 그라이프스발트, 브레스라우 대학을 거쳐 종전 직후에 빈 대학교로 돌아왔다. 그는 수학 연구를 통해 전문가 층에서는 세계적으로 이름을 떨쳤고, 무엇보다 실용화되기 전의 컴퓨터 단층촬영의 이론적인 토대를 발견한 공로로 두각을 나타냈다. 라돈은 사랑스럽고 친절한 사람으로, 학생과 동료들 사이에서 인기가 높은 고결한 인품의 소유자였다.

세 번째는 다재다능하고 천부적인 자질을 갖춘 수학자 에드문트 흘라카(Edmund Hlawka)였다. 흘라카는 거의 동년배라고 할 호프라이터를 지도교수로 두었지만, 사실 그의 독창적인 사고는 스스로 깨우치고 개발한 것이다. 진정한 스승이 누구냐고 사람들이 물으면 그는 카를 루트비히 지겔(Carl Ludwig Siegel)을 지목하곤 했다. 지겔은 고등연구소와 괴팅겐 대학에서 강의한 수학자로, 20세기 후반 수학의 거성이었다. 지겔이 애제자인 흘라카를 고향 도시에서 불러내는 데 실패한 것은 빈 대학교로서는 엄청난 행운이었다.

끝으로 수학의 인재 4인조 중에 마지막 인물은 흘라카의 동창이자 친구인 레오폴트 슈메터러(Leopold Schmetterer)였다. 슈메터러는 흘라카와 마찬가지로 호프라이터 밑에서 박사 과정을 마쳤고 이후

라돈의 조교를 거쳤다. 그가 함부르크 대학교의 수리통계학 교수로 재직할 때 프린스턴 대학에서 복귀한 에밀 아르틴(Emil Artin)도 동료 교수로 근무했다. 그는 라돈이 세상을 떠난 뒤 교수직을 물려받고 전후 오스트리아에서 피상적으로 다루던 분야인 통계학에 탄탄한 수학적 토대를 구축하는 데 정열을 쏟았다. 그의 제자 중 뛰어난 인물이 바로 2002년 카페 프뤼켈에서 아마추어들을 상대로 〈도덕의 산수〉라는 강연을 한 카를 지그문트다.

게임으로 인간의 도덕적 태도를 인식할 수 있을까

이 분야의 능력으로 빈에서 그를 따를 사람은 없었다. 그는 확률 계산[31] 전문가로서 수학계에서 추방되다시피 한 처지에서 게임이론을 파고들었고, 존 메이너드 스미스의 후계자로서 생화학자인 페터 슈스터(Peter Schuster)와 함께 수학을 이용해 생명의 진화에 관한 인상적인 통찰을 했기 때문이다. 지그문트의 제자 중에 가장 뛰어난 인재로는 그와 함께 『진화론적 게임과 개체동태군(Evolutionary Games and Population Dynamics)』을 공동 저술한 요제프 호프바우어(Josef Hofbauer)와 옥스퍼드와 하버드에서 가르치며 아주 높은 평가를 받았고 당시 하버드 대학교의 '진화론적 역학 프로그램(Program for Evolutionary Dynamics)' 책임자로 있던 마틴 노왁(Martin Nowak)이 있다. 이 프로그램은 진화를 촉진하는 수학적 토대 연구에 이바지하는 프로젝트로서 2003년에 설립된 연구 및 교육 시설이었다.

"내가 규정하려는 것은 도덕이 무엇인가가 아니라…." 지그문트는 카페에서 발제 강연을 시작했다. "우리가 어떻게 단순한 게임을 토대로 도덕적 태도를 재인식하는가에 관한 것입니다. 그리고 어떤 게임이든 나는 여러분을 실망시킬 수밖에 없을 겁니다. 어떻게 하면 체스나 바둑, 타록 혹은 포커 같은 게임에서 능란한 솜씨로 이기는가를 말하려는 것이 아니니까요. 우리는 대부분의 게임에서 이기는 법을 알지 못합니다. 게임이 너무 복잡하기 때문이죠. 내가 여러분에게 설명하려는 것은 처음에는 인위적인 느낌을 주는 아주 단순한 게임을 토대로 수학을 이용해 어떻게 게임 구조를 묘사할 수 있는가 하는 것입니다."

짤막한 그의 강연에서 중심이 된 것은 당연히 죄수의 딜레마 게임과 이것의 변형이라고 할 투자 게임이었다. 이어서 지그문트는 참석자들과 열띠게 대화하며 반복적인 투자 게임과 '쿼드 프로 쿼' 규칙을 앞장에서 묘사한 것과 비슷하게 설명했다. 이 행사에 관심 있는 약 70명의 참석자가 커피하우스 홀에 몰려 북새통을 이루는 가운데, 지그문트는 다음과 같이 투자 게임을 설명했다.

"우리가 지금 여기서 여러 판의 투자 게임을 한다고 상상해 보세요. 매 판 나는 여러분에게 상자를 들고 다가가 거기에 10유로를 넣어 투자할 건지, 거절할 건지 결정하게 합니다. 그 뒤 나는 거두어들인 돈에서 50퍼센트를 늘려 총액을 여러분 모두에게 균등한 액수로 분배합니다. 나는 거기서 한 푼도 건드리지 않고요. 자, 그럼 여러분 중에 누가 나를 믿고 10유로를 맡기겠습니까?"

거의 모든 참석자가 손을 들었다. 오직 지그문트 옆에 앉은 한 남자만 손을 들지 않았다. "아주 좋아요, 고맙습니다"라고 지그문트는 청중에게 치하한 뒤 옆에 앉은 남자를 가리켰다. "여기 이 신사는 게임 파트너로서 현명한 선택을 했습니다. 여러분 모두 작은 이익을 볼 수 있기 때문인데요. 모두 손을 들었다면 순이익은 5유로가 될 것이고, 지금처럼 거의 전원이 손을 들었다면 5유로에서 조금 빠지겠죠. 하지만 내 옆에 앉은 이 신사는 손을 들지 않았는데도 아무튼 여러분보다 더 많은 이익을 볼 겁니다. 지금처럼 다수가 손을 들었을 경우, 늘어난 액수는 15유로에 가깝죠."

"하지만 단합이 안 되잖아요"라고 뒷자리에 있는 누군가가 불평했다.

"맞는 말이에요. 그래서 다음 판에는 보복을 할 수 있습니다." 지그문트는 계속 설명했다. "계속 시험에 직면하는 거죠. 판을 거듭할수록 상자에 돈을 넣지 않겠다고 결심하는 게이머가 늘어납니다. 우선 돈을 내지 않으면, 투자한 10유로와 돌려받는 금액의 차이보다 더 많은 돈을 받게 된다는 사실을 알기 때문이죠. 이 차이는 갈수록 편협해지는 모든 게이머의 짜증만 점점 더 유발할 뿐, 이익의 증가에는 별 도움이 안 됩니다. 결국 10유로를 제공한 사람에게 이 게임은 적자 사업이 되는 거죠. 이때부터 모든 참여자는 10유로의 기부를 거부합니다."

"하지만 그 문제는 내가 기부를 할지 안 할지 다른 사람은 전혀 알지 못한다는 것과 분명히 관계가 있겠네요." 한 여자 참석자가 말했다.

"그럴 수도 있고 아닐 수도 있습니다." 지그문트가 대답했다. "만일 10유로를 기부할 건지 아니면 거절할 건지 모든 참석자에게 보여 주어야 한다면 '도덕'은 – 이런 표현을 해도 된다면 – 즉 흔쾌히 기부하는 태도가 처음에는 많이 나타날 겁니다. 하지만 게임 진행자가 10유로를 부탁할 때, 노골적으로 '싫다'고 소리친 사람이 분배에서 흔쾌히 기부한 사람보다 이익이 많다는 것을 다른 사람이 알아차리자마자 순식간에 똑같은 효과가 발생할 것입니다. 결국 아무도 돈을 더 내지 않는다는 거죠.

하지만 이 게임에서 추가 요인이 발생한다면, 모든 것은 갑자기 변할 것입니다. 이를테면 게임 진행자가 돈을 거둔 뒤에, 관심 있는 참여자가 기부를 거절한 사람에게 벌칙 주기를 허용한다면 말이지요. '경찰' 역할을 하도록 허용하는 거죠. 하지만 거저 하는 게 아닙니다. 경찰 역할을 하는 게이머는 기부를 거절한 사람에게 요구합니다. 게임 진행자에게 20유로를 지급하라고 말이죠. 그리고 자신은 5유로를 내고 이 돈을 돌려받지 않는 거예요. 이렇게 처벌 자격을 부여할 때 게임 과정이 변하는 모습은 믿을 수 없을 정도입니다. 게이머들은 자신에게 처벌 자격이 주어질 때, 열광합니다. 이들은 기꺼이 5유로를 내고 기부를 거절한 사람을 손가락으로 가리키며 소리칩니다. '저 사람이 투자하지 않아서 우리 이익이 줄어들었고, 그 결과 우리에게 손해를 끼쳤으므로 그는 마땅히 처벌받아야 한다!'라고 말이죠." 카를 지그문트는 자기 오른손을 높이 든 다음 다시 비스듬히 눕히면서 말했다. "'경찰'이 없을 때 게이머의 '도덕'은 이렇게 떨어집니다. 0의 수준으로 가라앉아 계속 그 수준에 머물러요. 하지만 게이머가 5유로의 대가로 '경찰' 역할을 하며 처벌 권리를 행사한다면, 처음에는 '도덕'이 떨어지지만…"

지그문트는 다시 높이 쳐든 오른손을 조금 내리면서 왼손을 나란히 쳐들었다. "무조건 처벌하려는 사람들의 숫자는 급격히 늘어납니다. 처벌받을 수 있다는 걸 안다면, 기부를 거절한 사람들은 다시 성실하게 투자를 시작하고요." 지그문트의 오른손이 다시 올라갔다. "그러면 '경찰' 숫자는 다시 자연스럽게 떨어지죠." 지그문트의 왼손이 다시 내려갔다. "약삭빠른 게이머들은 '경찰'이 없다는 것을 눈치채자마자 투자하지 않으려고 합니다. 그래야 더 큰 이익을 볼 수 있으니까요. '도덕'의 추락과 '경찰'의 증가, '도덕'의 회복과 '경찰'의 감소 사이에서 계속 오락가락하는 현상이 나타나는 겁니다."

최후통첩 게임

철학 카페의 운영자 중 한 명인 라인하르트 호쉬가 중간 질문을 던졌다. "학교에서는 교사들에게 숙제를 해오지 않은 아이에게 벌을 주기보다는 숙제를 잘해 온 아이를 칭찬하라며 자주 주문합니다. '처벌 대신에 칭찬', 이것은 부드러운 교육의 구호라고 할 수 있죠. 이 게임에서도 같은 방법을 시도할 수 있어요. '경찰' 대신 표창위원회 제도를 가동하는 겁니다. 기부금을 모은 뒤에, 게이머는 성실하게 투자한 사람을 가리키며 말하는 거죠. '이분은 투자를 하여 공익에 이바지했습니다. 이분 덕분에 우리에게 더 많은 이익이 생겼으니까요. 이분은 마땅히 5유로를 받을 자격이 있습니다'라고. 이렇게 해본 적이 있나요?"

"해봤죠." 카를 지그문트가 대답했다. "그런데 안타깝게도 그 방법은 아무 소용이 없습니다. 칭찬만 하고 경찰이 없다면 '도덕'은 계속 바닥으로 떨어져요."

노련한 토론 진행자인 지그문트는 여기서 대화를 끝내지 않고 전혀 다른 게임을 설명하기로 했다.

"여러분에게 최후통첩[32]이라는 다른 게임 한 가지를 더 소개해야 겠어요. 이것은 평범하면서도 아주 기이한 게임의 하나인데요, 두 명의 게이머와 – 두 사람은 서로 모르는 사이여야 하고 서로 격리된 공간에 있어야 합니다 – 한 명의 진행자가 맞붙는 겁니다.

먼저 두 게이머 중에 누가 선(先)인지 동전을 던져서 결정합니다. 이어 진행자는 먼저 시작하는 게이머에게 1유로짜리 동전 100개를

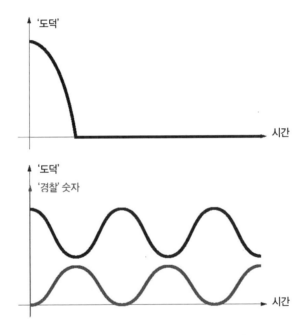

〈그림16〉 위 그림은 여러 게이머와 투자 게임을 할 때, '도덕'이 얼마나 빨리 떨어지 는지를 스케치한 것이다. 정확하게 말해 흔쾌히 투자하는 게이머의 숫자가 바닥으 로 떨어지고 그 상태를 계속 유지하는 것을 나타낸다. 아래는 흔쾌히 투자하는 게이 머의 숫자가 '경찰'이 얼마나 되는가에 따라, 투자를 거절할 때 어떤 처벌을 받는가 에 따라 흔들리는 것을 스케치한 것이다.

탁자 위에 놓아줍니다. 게이머는 이 중 일부를 가져갈 수 있고, 나머지는 다음 게이머가 가져갑니다. 여기서 함정은 두 번째 게이머가 선 게이머와 자신 사이에 100개의 동전을 나누는 것을 안다는 것입니다. 그는 선이 남겨준 몫을 받을 수 있어요. 그러면 두 사람은 약속한 대로 돈을 나누고 게임은 끝납니다. 남은 것을 받기를 거절한다면, 두 사람은 빈손으로 돌아서고 돈은 진행자의 몫이 됩니다. 이 경우에도 게임은 끝나고 되돌릴 수 없죠. 실례지만, 나를 초대한 두 분에게 게임을 부탁해 볼까요? 리젠후버 씨, 당신이 선이라고 할 때, 동전 100개 중에 몇 개를 가져갈 건지 결정하시죠."

"정확하게 절반, 그러니까 50유로를 가져옵니다."

"공정하시군요." 지그문트는 첫 번째 게이머를 칭찬하더니 호쉬에게 남아 있는 절반에 만족할 건지 물었다. 라인하르트 호쉬가 고개를 끄떡이고 동의를 표하며 뭐라고 말하려는데 카를 지그문트가 계속 설명했다.

"물론 두 번째 게이머는 이 몫에 동의합니다. 동의하지 않는 것이 오히려 이상하겠죠. 전 세계의 다양한 문화권, 다양한 장소에서 성과 종교, 교육 수준, 연령차에 상관없이 수많은 판의 검증을 통해 확인된 것은, 두 번째 게이머는 첫 게이머가 남겨준 몫이 50대 50에서 크게 벗어나지 않을 때 그것을 받아들인다는 것입니다. 40유로면 두 번째 게이머는 일반적으로 받아들이려고 합니다. 하지만 선이 90유로를 차지하고 두 번째 게이머에게 10유로를 남기는 경우처럼 불공평한 분배라면 굴욕이라 생각하고 단번에 거절하죠.

불공평하게 느끼는 분배에서 이런 태도를 보이는 것은 순수한 수학적 측면에서 보자면 놀라운 것입니다. 사실 이익만을 노리는 게이머라면 선이 99유로를 차지하고 상대에게는 1유로를 남겨준다고 주장해도 이상하지 않죠. 1유로라도 없는 것보다는 나으니까요. 그러므로 이익만을 노리는 게이머는 '호모 에코노미쿠스'[33]로서 상대가 빈손으로 돌아가기보다 한 푼이라도 받을 거라고 생각합니다. 하지만 천만의 말씀이죠. 인간은 호모 에코노미쿠스가 아니에요."

"수학자가 게이머로 나설 때도 아닐까요?" 누군가 짓궂게 물었다.

"요즘 수학자들은 아닙니다." 지그문트가 질문에 대꾸하고 나서 말을 이었다. "남미 원주민들 중에는 아주 유별난 태도를 보인 경우가 있어요. 선이 어떤 비율로 분배해도, 설사 50대 50으로 아주 공정하게 분배해도 두 번째 게이머는 그 제안을 거절한 겁니다. 왜 원주민 게이머들이 그런 태도를 보이는지 처음에는 아무도 이해하지 못했어요. 나중에 물어보고 나서야 사람들은 그런 수수께끼의 답을 알았답니다. 그곳에서는 젊은 여자가 게임 진행자였는데, 원주민들은 매력 있는 이 여자가 본인의 돈으로 돈을 분배한다고 생각한 거예요. 그래서 어떤 게이머도 탁자에 놓인 돈을 가져가지 않은 겁니다."

그러자 카를 지그문트의 테이블에 있는 남자가 발언했다. 10유로를 투자할 건지 물을 때, 손을 들지 않은 사람이다.

"사실 사람들이 단순히 더 많은 돈을 탐하는 것과는 다른 동기에서도 결정한다는 것을 알면 꽤 흥미 있을 겁니다. 그것이 어떤 동기인지, 또 얼마나 효과가 있을 것인지는 여전히 수수께끼로 남아 있어요. 게다가 나는 최후통첩 게임의 아킬레스건을 찾은 것 같군요. 이런 게임은 우리가 영위할 수밖에 없고 마땅히 영위해야 하는, 또 영위하려고 하는 삶과는 아무 상관이 없어요. 세상과는 완전히 동떨어진 게임이라고요. 삶 속에서 내가 공짜로 돈을 받는 경우는 절대 없으니까요. 단 1유로도 얻지 못합니다. 모든 돈은 벌 수밖에 없다는 말이죠. 그것이 모든 경제 원칙의 하나입니다. 세상에 공짜는 없어요."

---

31 확률계산(Wahrscheinlichkeitsrechnung) : '확률론(Wahrscheinlichkeitstheorie)' 이라고도 한다. 수학의 한 분야로 '확률공간'으로 표시된 집합의 요소는 '기본사건'으로, 기본사건의 집합은 '사건'으로 불린다. 각 기본사건에는 적중의 확률인 정량이 속한다. 한 사건의 확률은 이 사건에 포함된 기본사건의 확률의 합이다. 이때 기본사건의 확률은 총합이 1이거나 100퍼센트가 되도록 정해진다. 안드레이 니콜라예비치 콜모고로프(Andrei Nikolajewitsch Kolmogorow, 1903~1987)가 토대를 마련한 추상적인 수학 이론을 어떻게 구체적인 예에 적용하는가는 수학 문제가 아니라 '실용적인' 문제다. 이 패러다임을 적용한 예가 동전 던지기다. 기본사건은 '앞면'과 '뒷면'이며 그 확률은 각각 2분의 1이 된다. 주사위를 던질 때는 1에서 6까지의 숫자가 기본사건이며 각각의 확률은 6분의 1이다. 룰렛의 경우는 0에서 36까지의 수가 기본사건이며 그 확률은 각각 37분의 1이다. : William Feller, 『An Introduction to Probability Theory and Its Applications』, New York, ³1968

32 최후통첩(Ultimatum) : 상대 게이머의 이익과 적절히 비례해서 자기 이익을 생각하는 게임. : Steven D. Levitt, Stephen J. Dubner, 『Superfreakonomics - Nichts ist so wie es scheint』, München, ⁶2010

33 호모 에코노미쿠스(Homo Oeconomicus) : 즉시 얻을 수 있는 이익을 먼저 생각하는 인간의 단순화한 모습. : Karl Sigmund, 『Spielpläne - Zufall, Chaos und die Strategien der Evolution』, München, 1997

14.
정보와의 게임

가치 있는 정보를
아는 자가 이긴다

| 뉴욕 시, 1990

몬티 홀이 진행하는 '쓰리 도어 게임'을 본 독자가 메릴린 보스 사반트에게 다음과 같이 질문했다. "선생님이 게임쇼에 출연해서 세 개의 문 중 하나를 선택한다고 상상해 보세요. 그중 하나의 문 뒤에는 자동차가 들어 있고 나머지 두 문에는 염소가 한 마리씩 있고요. 선생님이 2번 문을 골랐다고 해보죠. 문 뒤에 무엇이 있는지 아는 쇼 진행자는 남은 두 문 중 하나를, 이를테면 3번 문을 열고는 염소가 들어 있다는 것을 보여 줍니다. 그러면서 '1번 문으로 바꾸지 않겠어요?'라고 묻는 거예요. 바꾸는 것이 유리할까요?" 이에 대해 사반트는 간단하게 대답했다. "바꾸세요, 그러면 당첨확률이 두 배로 올라갑니다!" 사반트는 왜 그런 생각을 했을까?

퀴즈쇼의 정답은 무엇일까?

"바꾸세요, 그러면 당첨 확률이 두 배로 올라갑니다!" 미국의 일요 잡지 《퍼레이드》의 질의응답 코너에서 메릴린 보스 사반트(Marilyn vos Savant)가 독자의 질문에 이렇게 답변했을 때만 해도 그녀는 이 말이 얼마나 독자의 분노를 거세게 불러올지 예상치 못했다.

이 잡지는 매주 일요일 640종이 넘는 신문에 끼워져 배달되기 때문에 독자 수가 엄청나게 많았다. 《퍼레이드》에서 가장 인기 있는 칼럼 중 하나가 그녀가 맡고 있는 〈메릴린에게 물어봐요〉 코너였다. 여류작가 메릴린 보스 사반트는 이제까지 측정한 사람 중 아이큐가 가장 높은 것으로 알려진 사람이다.

《퍼레이드》의 인기 칼럼 〈메릴린에게 물어봐요〉에 독자들의 질문이 들어오면 그녀는 매우 흥미로운 답변을 해주었다. 예를 들어 메릴린 보스 사반트는, 겨울밤 함박눈이 펑펑 쏟아질 때 왜 바깥이 엄숙할 정도 고요해지는지 이유를 알고 있었다. 보통의 물질은 열을 가하면 아무리 단단한 것이라도 부드럽게 풀어지는데 반대로 달걀은 열을 가하면 왜 단단해지는지에 대한 답변도 해주었다. 텅 빈 공간에는 반동을 붙여 껑충 뛸 만한 것이 전혀 없는데도 로켓은 왜 빈 우주 공간에서 가스 추진으로 움직이는지에 대해서도 그녀는 알고 있었다. 〈메릴린에게 물어봐요〉 코너에서 그녀는 미국 각지에서 보내온 질문에 명쾌한 답변을 해주며 독자의 사랑을 받았다.

메릴린 보스 사반트가 메릴랜드 주 컬럼비아에서 크레이그 F. 휘태커가 보낸 질문에 놀라운 답변을 한 것은 1990년 9월 9일자 판이다.

휘태커의 질문을 이해하기 위해서는 TV쇼 〈렛스 메이크 어 딜(협

상합시다〉)에 대해서 먼저 알아야 한다. 이 프로그램은 천부적 자질의 사회자와 지원자들이 게임을 벌이는 내용으로, 미국 텔레비전의 전국 방송망을 타고 방영되었다. 최고 인기를 누리던 시절의 사회자는 캐나다 출신 몬티 홀(Monty Hall)로, 본명은 모리스 할퍼린이었다. 몬티 홀이 관객 중에서 선발한 사람들과 벌이는 게임은 형태가 변화무쌍하지만, 언제 지더라도 부끄러워할 필요가 없는 내용이었다. 지적인 능력을 묻지도 않고 지원자의 민첩한 대응이 필요한 것도 아니었다. 지원자가 행운을 잡느냐 못 잡느냐는 늘 순전히 우연에 좌우되었다.

〈렛스 메이크 어 딜〉 게임에서 가장 인기를 끌고 자주 반복된 것은 '쓰리 도어 게임'이었다. 이 게임을 알리는 순간 객석은 환호성을 지르며 흥분의 도가니로 변하곤 했다.

몬티 홀과 지원자로 나선 루시가 세 개의 닫힌 문 앞에 서 있다. "루시, 여기 문 세 개가 있어요"라고 몬티 홀은 설명을 시작한다. "셋 중 하나의 문 뒤에는, 즉 1번이나 2번, 3번이라고 쓰인 문 가운데 하나에는 오늘밤 1등 경품이 들어 있어요. 미국에서 가장 멋진 자동차죠. 나머지 두 개의 문 뒤에는 각각 염소가 한 마리씩 들어 있고요. 루시, 설마 염소를 갖고 싶지는 않겠죠." 이때 관객은 무대감독의 지시에 따라 웃음을 터트린다. "어떤 문 뒤에 자동차가 있을 것 같은가요?"

"글쎄요⋯." 루시는 마이크를 입에 대고 속삭이더니 잠시 생각한 끝에 말한다. "자동차는 가운데 문, 그러니까 2번 문에 있을 것 같군요."

"루시, 당신은 2번 문을 선택했습니다. 심사숙고한 건가요?" 이건 완전히 무의미한 질문이다. 그 상황에서 심사숙고할 이유는 없기 때문이다. 몬티 홀은 루시를 단지 불안하게 하려는 것이다. 그러면서 "루시, 나는 당연히 어떤 문 뒤에 자동차가 있는지 압니다"라고 말한다. "하지만 안타깝게도 발설해서는 안 되죠. 당신에게 호감이 있어 알려주고 싶어도 방송국에서 허락하지 않으니까요. 그래도 작은 친절은 베풀 수 있답니다. 자, 보세요. 3번 문 뒤에 뭐가 있는지!"

몬티 홀이 오른쪽 3번 문으로 가서 문을 열자 염소가 문밖을 내다보고 있다.

"3번 문을 골랐다면 잘못된 선택이었을 겁니다. 당신이 선택하지 않아서 다행이에요." 몬티 홀은 루시에게 매혹적인 미소를 보낸다. "2번 문 뒤에 실제로 자동차가 있을 수 있습니다."

루시는 "왼쪽의 1번 문도 마찬가지로 가능성이 있죠"라고 말하며 생각에 잠긴다.

"바로 그 말이에요"라고 몬티 홀은 루시의 말에 동의하며 말을 잇는다. "그래서 나는 당신에게 다시 한 번 기회를 드립니다. 좀 전에 2번을 택했죠. 이제 그걸 바꾸고 1번 문을 선택해도 됩니다. 어떻게 하겠어요, 루시?"

이 상황에서 가능한 경우는 분명 네 가지다. 첫째, 루시가 가운데 있는 2번 문의 선택을 유지한 상태에서 몬티 홀이 그 문을 열었을 때, 번쩍이는 새 자동차가 들어 있는 경우가 있다. 이때는 객석에서 우레와 같은 박수가 쏟아진다. 둘째, 루시가 가운데 있는 2번 문의 선택을 유지한 상태에서 몬티 홀이 그 문을 열었을 때, 염소가 루시를 보며 우는 경우가 있다. 이때 객석에서는 실망의 탄식 소리가 울릴 것이다. 셋째, 루시가 1번 문으로 선택을 바꾸고 몬티 홀이 그 문을 열었을 때, 번쩍이는 자동차가 있어서 바꾸기를 잘한 경우다. 넷째, 루시가 1번 문으로 선택을 바꾸고 몬티 홀이 그 문을 열었을 때, 염소가 있는 경우도 있다. 이때 루시는 자신에게 화가 날 것이다. 처음 중간 문을 선택한 것이 옳았기 때문이다.

네 가지 시나리오가 몬티 홀이 진행하는 수백 번의 '쓰리 도어 게임'에 차례로 등장했다. 이것에 착안한 크레이크 F. 휘태커는 《퍼레이드》를 생각하고 메릴린 보스 사반트에게 다음과 같이 질문했다.

"선생님이 게임쇼에 출연해서 세 개의 문 중 하나를 선택한다고 상상해 보세요. 그중 하나의 문 뒤에는 자동차가 들어 있고 나머지 두 문에는 염소가 한 마리씩 있고요. 선생님이 2번 문을 골랐다고 해보죠. 문 뒤에 무엇이 있는지 아는 쇼 진행자는 남은 두 문 중 하나를, 이를테면 3번 문을 열고는 염소가 들어 있다는 것을 보여줍니다. 그러면서 '1번 문으로 바꾸지 않겠어요?'라고 묻는 거예요. 바꾸는 것이 유리할까요?" 이에 대해 사반트는 간단하게 대답했다. "바꾸세요, 그러면 당첨확률이 두 배로 올라갑니다!"[34]

이후 독자들이 사반트에게 보내는 편지가 엄청나게 몰려왔다. 다음 예는 대학과 연구소 과학자들이 보낸 편지 중에 인용한다.

"당신은 헛소리했어요! 수학자로서 나는 수학적인 문제에 광범위하게 퍼진 무지가 정말 걱정스럽습니다. 제발 당신이 저지른 실수를 만회하기 위해서라도 앞으로는 더 조심하세요."

"세상에 이런 수학적인 몰상식이 판을 치다니요. 최고의 아이큐를 지닌 분이 무지의 확산에 이바지할 필요는 없겠죠. 부끄러운 줄 아세요!"

"당신의 문제 해결은 틀렸어요. 위로 삼아 털어놓자면, 학술적인 훈련을 받은 내 동료 중 상당수도 당신과 똑같은 궤변을 늘어놓고 있죠."

그다음 칼럼에서도 사반트가 자기 태도를 고수하자,《퍼레이드》는 독자들이 보내는 편지로 완전히 뒤덮일 지경이었다.

영국의 수학자 이언 스튜어트(Ian Stewart)는 그중에 유난히 인상적인 것을 몇 가지 모아서 다음과 같이 유형을 분류했다.

의심의 여지가 없는 형 : "당신의 대답은 분명히 진실과 모순됩니다."

온건형 : "앞으로는 그런 질문에 대답하기 전에, 확률계산 교과서를 먼저 들여다보라고 제안해도 될까요?"

권위 맹종형 : "당신이 생각을 바꿀 때까지, 얼마나 많은 수학자가 분노해야 하나요?"

민주형 : "나는 수학자 셋이 잘못을 지적했는데도 당신이 여전히 제 실수를 모르는 것에 충격받았습니다."

마초형 : "아마 여성들은 남성들과 수학적인 문제에 접근하는 방법이 다른 것 같군요."

애국자형 : "당신이 틀렸어요. 생각해 봐요. 만일 이 많은 박사가 전부 틀렸다면 우리나라가 얼마나 잘못된 것인지 말이에요."

가치 있는 정보를 많이 아는 자가 이긴다

마침내《퍼레이드》의 편집장이 편지로 가득 찬 바구니를 들고 사반트의 사무실로 찾아온다. "당신이 틀렸다고 주장하는 편지들이에요. 솔직히 말하면 나도 같은 생각이에요. 닫혀 있는 나머지 두 개의 문 뒤에 자동차가 들어 있을 확률은 똑같이 50대 50이죠."

"그래도 내 생각이 맞아요. 그전에 무슨 일이 벌어졌는지 생각해 봐요."

"하지만 계속 제기되는 주장은, 먼저 일어난 사건이 확률에 아무 영향을 주지 않는다는 거잖아요. 룰렛 게임에서 구슬이 연속 10회나 빨간색에 멎어도 그다음 판의 확률은 빨간색이나 검은색이나 똑같이 50대 50인 것처럼 말입니다. 문이라고 다를 것이 있나요?"

"네, 설명할게요. 루시라는 지원자가 2번 문을 가리켰다고 가정해 봐요. 이 문 뒤에 자동차가 있을 확률은 얼마나 될까요?"

"분명히 3분의 1이죠."

"맞아요. 그러므로 이 문 뒤에 자동차가 없을 확률은 3분의 2가 됩니다. 다시 말하면, 1번 문이나 3번 문 뒤에 자동차가 있을 확률이 3분의 2라는 거예요. 그런데 몬티 홀이 3번 문을 열어서 루시에게 염소가 있다는 것을 보여 주었으니까 3번은 제외됩니다. 따라서 3분의 2라는 확률은 남아 있는 1번 문에 있는 거죠. 이 확률은 2번 문 뒤에 자동차가 있을 확률의 두 배가 됩니다. 어때요?"

"너무 빨라서 정신이 없네요. 나는 마술사 같은 당신의 수법에 넘어가지 않습니다."

"하지만 명백한 거예요. 좀 더 분명하게 보여 드리죠. 몬티 홀이 3개가 아니라 1001개 문 앞에 서 있다고 상상해 봐요. 방마다 0번부터 1000번까지 번호가 붙어 있습니다. 그 1001개 방 하나의 문 뒤에 자동차가 있고 나머지 1000개의 문 뒤에는 1000마리의 염소가 들어있는 거죠. 그러면 0번부터 1000번까지 자동차가 있다고 생각

되는 문의 번호를 말해 보세요!"

"나야 당연히 모르죠. 골라 보라고 한다면… 729번이요."

"729번이 올바른 선택이라고 확신하나요?"

"전혀 아니죠. 729번이 맞을 확률은 1001분의 1에 지나지 않으니까요."

"이제 내가 자동차가 어디에 있는지 아는 몬티 홀의 역할을 한다고 상상해 보세요. 내가 999개의 문을 열어 보입니다. 999개의 문마다 각각 뒤에서 염소가 우는 모습이 보입니다. 단지 당신이 선택한 729번과 313번 문만 열지 않았습니다. 이제 어떻게 할 건가요? 선택을 바꾸는 것이 현명하지 않을까요?"

"알겠어요." 편집장은 표정이 밝아지며 말한다. "이 경우라면 당연히 바꿉니다. 가능성이 없어 보이는 729번을 고집한다면 정신 나간 거겠죠."

"자동차가 313번에 있을 확률은 729번에 있을 확률의 1000배나 된다고요." 사반트가 편집장의 말에 동의하듯 덧붙였다.

편집장은 잠시 꼼짝 않고 그녀를 바라보더니 갑자기 교활하게 미소 지으며 반박한다.[35]

"그렇다고 해도, 당신의 증명 전체를 물거품으로 만드는 주장이 있을 수 있어요. 메릴린, 내가 〈렛츠 메이크 어 딜〉 쇼를 열심히 보는 시청자라고 해봐요. 그런데 텔레비전을 늦게 켰기 때문에 루시가 여전히 닫혀 있는 1번과 2번 문 앞에 서 있는 장면만 본 거예요. 3번 문은 이미 열려 있고 염소가 보이는 상태죠. 내가 이 장면을 볼 때, 자동차가 1번 문 뒤에 있을 확률은 2번 문 뒤에 있을 확률과 똑같지 않겠어요? 양쪽 모두 50퍼센트라는 거죠."

"그 장면을 본다면 당신 말이 맞습니다." 보스 사반트가 동의한다.

"그러면 좀 전에 당신이 설명한 것과 모순되잖아요." 편집장은 의기양양한 표정을 짓는다. "루시가 처음의 선택을 유지하든, 바꾸든 상관없으니 말이죠."

"전혀 그렇지 않습니다." 보스 사반트가 자신 있게 대꾸한다. "당신이 본 장면이 방금 묘사한 대로라면, 당신은 단지 두 개의 닫혀 있는 문만 본 거예요. 하지만 루시에게 '바꾼다'는 의미가 뭔지는 모르는 거죠. 루시가 처음에 어떤 문을 선택했는지 당신은 모르니까요. 하지만 루시가 처음에 2번 문을 골랐다는 것을 아는 순간, 즉시 그 문 뒤에 자동차가 있을 확률은 50퍼센트에서 3분의 1로, 즉 33퍼센트로 떨어지는 겁니다."

"당신 말은 정보만으로도 확률이 바뀐다는 건가요?"

"바로 그거예요. 정보가 확률을 더 극명하게 바꿀수록, 그 정보는 가치가 큰 거죠. 1001개 문의 예를 생각해 봐요. 이때도 텔레비전을 늦게 켜서 이미 999개의 문은 열려 있고 문 뒤에 염소가 보이는 상태라고 상상하는 겁니다. 단지 313번과 729번 문만 여전히 닫혀 있습니다. 그 두 문 중 하나 뒤에 자동차가 있어요. 그 이상은 모르고요. 이 정도의 정보라면, 닫혀 있는 두 문 중에 자동차가 있을 확률은 양쪽 문이 똑같습니다. 양쪽 모두 50퍼센트예요. 하지만 '1001개의 문 게임' 지원자가 729번을 선택했다는 것을 당신이 알 때, 양쪽의 확률은 급격히 변합니다. 1대 1001이라고요. 다시 말해 자동차가 729번에 있을 확률은 사실상 0퍼센트라는 말이죠. 대신 313번 문에 있을 확률은 1000대 1001, 사실상 100퍼센트고요."

정보의 가치는 전 사회 영역에서 힘을 발휘한다

사반트는 '쓰리 도어 게임'에 입각해서 선택을 앞둔 게이머에게 정보가 얼마나 중요한지를 보여 준 것이다. 그리고 거액의 베팅이 걸린 게임이라면, 그 정보 역시 거액의 가치가 있다. 물론 가치가 있는 정보만 여기 해당한다. 하나의 정보가 가치가 높아지려면 첫째, 어떤 선택을 해서 게임에 이길지, 그 확률을 계산할 수 있어야 하고 둘째, 두 가지 선택에 직면해서, 그중 하나의 확률이 나머지 선택보다 현저하게 높아야 한다.

이 때문에 카지노에서는, 겉으로는 고객을 위한 대단한 서비스처럼 보이지만, 룰렛 테이블에 지금까지의 게임에서 구슬이 멎은 상황을 보여 주는 전광판을 설치하고 있다. 여기서 나오는 정보는 고객들이 무료로 얻지만 실제로는 완전히 무가치한 정보일 뿐이다. 노련한 도박꾼이라면 전광판을 쳐다보지 않는다.

예전에는 '바퀴감시자'[36]가 있었다. 이들은 룰렛 회전판이 돌아가

칼럼니스트이자 작가인 메릴린 보스 사반트
(Marilyn vos Savant, 1946년생)
〈출처(CC)Marilyn vos Savant at en.
wikipedia.org〉

는 모습을 꼼꼼하게 지켜본다. 중심에 미세한 불균형이라도 있어 특정한 칸에 영향을 준다는 것을 확인하면 실제로 이들에게는 귀중한 정보가 되기 때문이다. 하지만 오늘날에는 룰렛 회전판의 바퀴를 정밀하게 다듬기 때문에 중심 불균형이 눈에 띄는 일이 없다.

브리지 게임의 비드(으뜸 패 선언)도 원칙적으로 정보 고지와 다를 바 없다. 브리지보다 게임 버전이 훨씬 다양한 타록(Tarock)의 경우, 비드는 한편으로 게임 방식을 확정하는 의미도 있지만, 당연히 게임 파트너는 비드 하는 게이머가 손에 들고 있는 패의 정보를 얻기도 한다.

정보는 겉으로나 실질적으로나 전통적인 의미의 게임에서만 가치가 있는 것은 아니다. 좀 더 확장된 의미의 게임이라고 할 과학 경쟁이나 정치 영역에서도 정보는 힘을 발휘한다. 수많은 고소득 미디어 전문가는 밤낮으로 정보를 모으고 그것의 신뢰성을 검증하며, 그 가치를 평가하려고 애쓰고, 직접 정보를 전파할 때도 많다. 때로는 격식을 갖춘 기자회견을 통해, 때로는 입에서 입으로도 전달되므로 유난히 중요하다고 여기는 소문의 형태로 유포하기도 한다.

이런 방식으로 아주 독특한 형태의 게임, 즉 정보와의 게임이 등장한다. 신문이나 잡지의 편집진, 발행인, 전자 미디어의 사장들이 대중의 눈앞에서 이런 게임을 펼친다. 그리고 정보부 소속으로 트렌치 코트에 회색 정장 차림을 한, 얼굴이 알려지지 않은 첩보원은 과거에는 접선 장소를 찾아 나섰지만, 요즘에는 철저히 네트워크화한 세계에서 전자화한 데이터 트랙을 추적하면서 비밀리에 이런 게임에 몰두한다.

이들이 거들먹거리며 '빅 게임'이라고 말하는 데는 다 이유가 있다.

마치 포커 게임을 하는 것 같기 때문이다. 혹은 19세기에 영국과 차르 제국이 갈등을 빚을 때, 영국 정보장교인 아서 코널리(Arthur Conolly)가 '그레이트 게임'이라고 부른 것을 연상시키기도 한다.

누구도 정보와의 게임에 계속 적응할 수 있다든가, 완전히 빠져나올 수 있다든가 하는 환상에 빠지면 안 된다. 통신망 제공자가 어떤 데이터 보안을 약속한다고 해도, 전자기기에 입력된 모든 정보는 전문가가 그 내용을 알려고만 하면, 순식간에 암호를 해제할 수 있다. 하나도 빠짐없이 말이다. 물론 고유한 전자정보 교류를 너무 중시해서도 안 된다. 엄청난 정보 전달의 홍수 속에서 자신에게 해당하는 개별적인 정보를 이 거대한 정보의 바다에서 건질 확률은 수많은 물고기 중 어느 한 마리를 낚을 확률과 마찬가지로 0에 가깝다. 하지만 인식 시스템에 잘 노출되는 '무기'나 '테러' 같은 키워드는 분명히 추가 확인 과정에서 걸러질 것이다. 그러면 어딘가 비트와 바이트의 거대한 체스판에서는 작은 졸(폰)이 앞으로 한 걸음 전진하게 될 것이다.

"사반트, 독자편지를 보낸 사람들이 당신에게 무슨 말을 하는지 보세요." 《퍼레이드》의 편집장이 이렇게 말하면서 바구니에서 편지한 통을 꺼내 사반트에게 준다. 편지 내용은 다음과 같았다.

"친애하는 메릴린, 당신의 답변을 보고 실망했습니다. 나도 몬티홀 프로그램에 출연해서 '쓰리 도어 게임'에 참여한 적이 있죠. 내가 문 하나를 선택한 뒤에 그가 다른 문을 열어 보였는데, 거기엔 염소가 있었어요. 난 처음의 선택을 유지했죠. 아직 닫혀 있는 다른 문틈으로 아주 희미하게 염소 울음 소리를 들었거든요. 그래서 바꾸지 않았고 결국 맞혔어요."

"이것은 어떻게 대답할 건가요?" 편집장이 물었다.

"이 사람은 내가 줄 수 있는 정보보다 더 귀한 정보를 얻었군요."
메릴린 보스 사반트는 간단하게 대답했다.

* * *

34 염소의 역설(Ziegenparadoxon) : 조제프 베르트랑(Joseph Bertrand, 1822~
1900)의 이름을 따서 '베르트랑의 역설'이라고도 한다. 처음 실시된 형태에서
는 상자 세 개가 주어지는데 그 중 하나에 금화가 들어 있다. 게이머가 그중 하
나를 선택하고 옆으로 밀어 놓은 다음, 남아 있는 두 상자 중에 하나를 연다. 그
상자가 비어 있을 때, 처음 선택한 상자에 금화가 들어 있을 확률은 얼마나 될
까? 몬티 홀의 〈렛스 메이크 어 딜〉 프로그램에서도 같은 질문을 했다. : Gero
von Randow, 『Das Ziegenproblem : Denken in Wahrscheinlichkeiten』,
Hamburg, 1992

35 다른 수많은 대응논리, 정제된 것 같지만 마찬가지로 잘못된 반박은 게로 폰
란도(Gero von Randow)의 명저 『염소 문제(Das Ziegenproblem)』에 수
록되어 있다.

36 바퀴감시자(Kesselgucker) : 룰렛 바퀴의 회전속도와 구슬의 진행경로를
관찰함으로써 구슬이 어떤 번호에 멎을지 예측할 수 있다고 주장하는 사람. :
Pierre Basieux, 『Roulette – Die Zähmung des Zufalls』 München, 1987

* * *

15.
언어 게임

인간은 언어와의 싸움 속에
존재한다

| 케임브리지, 1928~1946

"'비가 온다. 그러나 나는 비가 오지 않는다고 생각한다'라고 말한다면, 나는 모순된 말을 하는 것입니다. 모순이라는 것은 그렇게 말하는 사람이 '나'이기 때문이죠. 모순을 끌어내는 것은 언어가 아니에요. 이 문장을 불합리하게 만드는 것은 나의 언어라는 말입니다. 여러분은 어떻게 나의 언어를 이해합니까? 여러분이 여러분의 언어로 내게 질문할 때, 나는 어떻게 여러분을 이해할 수 있을까요? 우리는 같은 언어 게임에 동의했기 때문에 서로 이해할 수 있는 게 아닐까요?"

비트겐슈타인, 케임브리지에 도착하다

"반가운 소식이야! 신이 도착했어."

존 메이너드 케인스(John Maynard Keynes)는 환한 얼굴로 말했다. "5시 15분 열차로 왔는데 내가 마중 나가 태우고 왔지. 그 사람 이젠 케임브리지에 머물 거야."

루트비히 비트겐슈타인(Ludwig Wittgensteins)을 열렬히 찬양하는 케인스는 1929년 1월 말, 자신이 나가는 클럽에 도착하자마자 비트겐슈타인이 이곳에 도착했다는 소식을 전했다.

비트겐슈타인이 『논리철학 논고(Tractatus Logico-philosophicus)』를 발표하고 오스트리아에서 잠적한 이후 다시 영국으로 돌아오리라고 예상한 사람은 아무도 없었다. 케임브리지 대 교수들이 만남의 장소로 이용하는 클럽에서는 비트겐슈타인이 없는 그 오랫동안 이특이한 사람을 둘러싸고 흉흉한 소문이 퍼졌다.

"그는 빈 남쪽의 외딴 시골에서 완전히 칩거하고 있어." "농촌 아이들 교사 노릇을 하며 아이들에게 독일어 사전을 만들어 주었다더군." "학교에서 아이들을 때리고 집으로 보내 주지를 않는다는 거야. 아이들이 농촌에서 할 일이 많으니 교장은 불만이고 말이지. 그러니 시골구석을 여기저기 떠돌 수밖에 없지." "그는 이제 교사가 아니야. 오스트리아 출신 객원교수에게 들었는데, 다른 학교에서도 해고되었다더라고." "지금은 수도원에서 정원사 일을 한다던데." "아니, 노르웨이의 오두막에서 은자처럼 외롭게 살고 있어."

"잘사는 친척들이 있잖아? 아무도 돌봐 주는 사람이 없다는 말이야?" 클럽의 한 회원이 걱정스러운 듯이 물었다.

"스톤보루흐와 결혼한 돈 많은 누이 마르가레트가 있지. 누이가 그에게 자기 집 건축을 맡겼는데 그가 멋대로 볼썽사납게 만들어 놓은 거야. 비트겐슈타인의 행위 때문에 건축가인 엥겔만이 머리끝까지 화가 났다더군. 그가 전에 영국에 있을 때 하는 짓을 봤는데 그는 건축 인부들이 하는 말을 듣지 않았어. 게다가 아주 괴팍한 사람이잖아. 그는 건축 공사 일을 하며 돈은 벌지 못했을 거야. 지금은 허름한 방에서 사는데, 그의 누이가 그 굴속에서 그를 끄집어낸다면 우리 같은 학자들과 만나겠지. 어쨌든 이제 그가 철학과 상관없다는 것은 분명해."

"러셀이 그 사람을 얼마나 높이 평가했는지 생각해 보라고! 언젠가 러셀이 비트겐슈타인의 누이 헤르미네에게 예언했지. 그가 철학에 완전히 새로운 자극제가 될 거라고 말일세. 그러니 얼마나 큰 손실이야. 천재를 놀리고 있다니!"

1928년 3월, 이처럼 실망을 늘어놓던 바로 그 시간에, 비트겐슈타인이 빈 대학교 수학과에서 브로우웨르의 강의를 듣고 있었다는 사실을 아는 사람은 클럽 회원 중 아무도 없었다. 그의 인생을 바꿔놓을 만한 사건이었다. 단지 이들은 그가 어떤 계기로 은둔 생활에서 돌아왔는지 짐작만 할 뿐이었다.

모든 인식의 출발에는 '2라는 단위'가 있다는 브로우웨르의 기이한 생각이 비트겐슈타인을 도발한 것은 분명하다. 2라는 수는 1에서 나오는 것이고 그 밖에도 무수히 많은 수가 '2라는 단위'에서 나온다는 것이다. 그뿐만 아니라 수학 전체와 수학을 통해 합리적으로 파악할 수 있는 모든 것이 여기서 나온다는 것이다.

철학자, 초등학교 교사, 정원사, 건축가,
언어 게임 개발자인 루트비히 비트겐슈타인
(Ludwig Wittgenstein, 1889~1951)
〈출처(CC)Ludwig Wittgenstein at en.
wikipedia.org〉

　매혹적인 생각을 발견하는 순간, 비트겐슈타인은 즉시 그 생각을 반박하기 위해 애썼다. 그래야만 생각이 활발하게 움직이기 때문이다. 매혹적인 생각이 어쩌면 진실에 가까울지는 모르지만, 그 생각에 대한 반박을 인식하려고 궁리하다 보면 진실에 더 접근할지도 모른다.

생각의 토대는 언어라고 주장한 비트겐슈타인

　이 세계에 대한 생각에 토대를 마련해 주는 것은, 브로우웨르가 말하는 것과 달리 수가 아니라 언어라고 비트겐슈타인은 단독으로 반(反)명제를 세웠다. 브로우웨르와 대치하는 가운데 그는 자신이 『논리철학 논고』에서 아직 언어에 관해 충분히 숙고하지 못했음을 깨달았다.

　비트겐슈타인은 자신이 아무 방해도 받지 않고 언어에 몰두할 곳은 정치적으로 불안한 상태에서 어지럽게 흔들리는 빈이 아니라는 것을 직감으로 알았다. 이때 그는 영국인 친구인 프랭크 플럼톤 램지

(Frank Plumpton Ramsey)가 자신을 케임브리지로 초대했음을 떠올렸다. 슈네베르크의 푸흐베르크에서 교사로 있을 때 찾아온 적이 있는 친구였다. 비트겐슈타인은 제1차 세계대전 직전에 방문한 그 유명한 대학 도시가 기억났다. 버트런드 러셀(Bertrand Russell)을 비롯한 그곳 클럽의 회원들, 이른바 '케임브리지 사도회(Cambridge-Apostel)' 멤버들과 어울리던 시절을 떠올렸다. 그는 케임브리지 대학교라면 생각에 몰두할 여유가 생길 거라고 느꼈다.

"우리에게 돌아온 것을 환영하네." 그의 스승이자 멘토이며 — 이렇게 표현하는 것을 비트겐슈타인이 허락한다면 — 친구인 버트런드 러셀이 반갑게 맞으며 말했다. "대학에 자리를 마련해 주겠네."

"사소한 문제가 하나 있어." 러셀 옆에 앉은 동료가 환영 인사를 가로막으며 입을 열었다. "비트겐슈타인 씨는 여기서 강의할 수 없네. 아직 박사학위가 없어서 말이지."

"그 문제는 해결할 수 있어." 러셀은 대수롭지 않게 대답했다. "비트겐슈타인이 쓴 논문을 학위 논문으로 제출하게 하면 돼. 무어와 내가 최종 심사위원을 맡고."

"하지만 『논리철학 논고』이후로는 학위 논문으로 대체할 만한 것을 쓰지 못한 걸요." 비트겐슈타인이 제동을 걸었다.

"그러면 『논리철학 논고』로 하면 되지." 러셀이 결정을 내렸다.

그렇게 러셀의 말대로 진행되었다. 『논리철학 논고』가 비트겐슈타인의 케임브리지 대 박사학위 논문으로 인정되고 비트겐슈타인은 버트런드 러셀과 조지 에드워드 무어(George) 앞에서 자신이 쓴 저서 내용을 옹호해 가면서 박사학위 시험을 치렀다. 두 심사위원이

20세기 철학의 기념비적 작품이라고 칭송한 저술이었으니 '시험'이 요식 행위라는 것은 말할 나위가 없었다. 시험을 마치자 비트겐슈타인은 책을 집어 들고 일어섰다. 그리고 두 심사위원의 어깨를 두드리며 말했다.

"신경 쓰지 말아요. 어차피 내용을 이해하지 못하실 테니까요."

비트겐슈타인의 학위 논문 심사 소견으로 무어는 다음과 같이 기록했다. "나는 이 논문을 천재의 작품이라고 보지만, 설사 내가 이해를 하지 못하고 천재적인 수준이 아니라고 해도, 일반적인 박사학위 논문의 수준을 훨씬 뛰어넘는 것은 사실이다."

무어의 역설

10년 뒤에 무어가 은퇴하고 나서 비트겐슈타인이 그의 교수 자리를 승계했을 때, 그는 전임자를 칭송했다. 무어가 단 한 문장으로 언어에 대한 비트겐슈타인의 생각에 결정적인 영향을 주었기 때문이다.

무어가 말한 것은, "비가 온다. 그러나 나는 비가 오지 않는다고 생각한다"라는 문장이다.

비트겐슈타인은 이 문장을 '무어의 역설'[37]이라고 불렀다. 케임브리지에서 개설한 세미나에서 그는 이 문장에 관하여 다음과 같이 말했다.

"'비가 온다. 그러나 나는 비가 오지 않는다고 생각한다'라는 명제는 내 전임자인 조지 에드워드 무어 교수가 철학에 이바지한 가장 중요한 표현입니다. 왜 그런지 여러분에게 이유를 설명하죠.

우선 이 문장은 말이 안 됩니다. 실제로 모순되죠. 하지만 다른 한편으로 보면 이 문장은 진실일 수 있습니다. 문장이 객관적으로 아무 상관이 없는 두 부분으로 이루어져 있기 때문이죠. 첫째 부분은 비가 온다는 진술입니다. 이것은 외부 세계에 관한 기상 상태의 확인입니다. 둘째 부분은 내가 생각하는 것에 대한 진술이죠. 이것은 나의 내면 세계에 관한 심리적 확인이에요. 두 가지 진술은 완전히 다른 영역에서 추론한 것입니다. 어떻게 이 진술이 서로 모순될 수 있을까요? 모순은 가능하지 않습니다. 형식적인 모순은 배제하고 말이죠.

그런데도 내가 '비가 온다. 그러나 나는 비가 오지 않는다고 생각한다'라고 말한다면, 나는 모순된 말을 하는 것입니다. 모순이라는 것은 그렇게 말하는 사람이 '나'이기 때문이죠. 모순을 끌어내는 것은 언어가 아니에요. 이 문장을 불합리하게 만드는 것은 나의 언어라는 말입니다. 그리고 이 문장이 불합리하므로 나는 언어가 존재하는 것이 아니라 나의 언어, 언어를 내뱉는 사람의 언어가 존재한다는 것을 깨달았어요.

여러분은 어떻게 나의 언어를 이해합니까? 여러분이 여러분의 언어로 내게 질문할 때, 나는 어떻게 여러분을 이해할 수 있을까요? 그 대답을 하자면, 오로지 우리가 같은 언어 게임에 동의했기 때문에 우리가 서로 이해할 수 있다는 것입니다.

그것은 실제로 게임을 하는 것과 같아요. 탁자 위에 체스판이 있고, 말들이 그 옆에 흩어져 있다면, 그것은 체스 게임이 아니죠. 아마 게임을 한 뒤에 게이머들이 말을 판에서 치운 상태일 것입니다. 아니면 앞으로 게이머가 말들을 규칙에 따라 판 위에 정렬하고 번갈아

두면서 게임을 벌일 수도 있겠죠. 하지만 내가 말들이 옆에 흩어져 있는 모습을 볼 때, 그것이 아직 체스 게임이 아니듯이, 아무도 말하지 않거나 쓰지 않은 단어 조합은 문장이 아닙니다. 나의 언어는 게임과 같아요. 내가 언어 게임[38]을 할 때만이 그것은 제 모습을 찾는 거죠. 언어는 아주 진지한 게임입니다. 우리는 언어와 싸운다는 말이에요. 우리는 언어와의 싸움 속에 존재합니다."

비트겐슈타인이 한껏 제스처를 쓰며 설명하다가 멈춰서 주위를 둘러보니, 자신을 향한 눈동자들이 전혀 이해할 수 없다는 표정을 짓고 있는 것 같았다. 이 세미나에서 누군가 자기 말을 이해하는 사람이 있는지 비트겐슈타인은 알 수 없었다. 그는 그 자신의 언어 속에서 자신을 재인식했는지도 결코 알지 못했다. 실제로 자신의 문장으로 표현한 것처럼 생각하는지도 알지 못했다. 어쩌면 말을 더 잘해야 했는지도 모른다. 그는 생각난 것을 하나하나 노트에 기록했지만, 생각의 조각일 뿐 완결된 이론은 아니었다. 비트겐슈타인은 마음속으로 모든 이론이 불완전한 상태로 있고, 절대 그 자신을 재발견하는 궁극적인 존재를 설명할 수 없다는 것을 알았다. 이것을 그는 다음과 같은 『논리철학 논고』의 마지막에서 두 번째 명제 6.54를 작성할 때 이미 알았다.

"내 명제는 다음과 같은 사실의 주석이다. 즉 나를 이해하는 사람은, 내 명제를 통해 – 그것을 딛고 – 내 명제를 넘어섬으로써 결국 그것들이 무의미한 것을 인식한다는 것이다(다시 말해, 내 명제를 딛고 올라선 다음에는 그 사다리를 내 버려야 한다).

그다음에야 그는 이 세계를 올바로 볼 것이다."

"있다! 존재한다!"

『논리철학 논고』를 완성한 뒤, 비트겐슈타인은 자신의 병적 욕구에서 벗어나고 싶었다. 하지만 빈 대학교에서 브로우웨르의 강의를 듣고 난 이후, 그는 세상을 떠날 때까지 이 욕구에 집착했다. 그것은 언어에 대한 중독이었고 '언어 게임'에 대한 중독이었다.

"철학은 우리의 언어라는 수단을 통한 오성의 현혹에 맞선 싸움이다"라고 비트겐슈타인은 확신했다. 모든 무의미는 언어 규칙의 언어 게임이 다치는 데 원인이 있다. 비트겐슈타인은 인간이 이 언어 규칙을 손상하는 모습을 보면서 더욱이 그와 더불어 인식과 나아가 진리를 얻는다고 믿는 모습을 상상하면서 육체적으로 시달렸다.

비트겐슈타인이 경멸적으로 '바보'라고 부른 카를 포퍼(Karl Popper)가 1946년에 초청 강연하러 케임브리지에 왔을 때, 리처드 베번 브레이스웨이트(Richard Bevan Braithwaite)는 이른바 '케임브리지 윤리학 클럽'에서 포퍼와 만나도록 비트겐슈타인을 설득하는 데 성공했다.

브레이스웨이트는 수학을 토대로 생각하는 사람으로서 확률계산의 철학적 토대에 관심이 있었으며, 윤리나 종교 문제에 근접하기 위해 게임이론의 도움으로 최고의 가설을 끌어내자는 제안을 최초로 한 인물이다. 그 자신은 내심 일종의 도박을 즐기는 사람으로, 두 맞수를 자극했을 때 발생하는 갈등을 이들이 어떻게 극복하는지 확인하는 것을 즐겼다.

브레이스웨이트는 비트겐슈타인이나 포퍼 모두 자신들이 어리석다고 생각하는 발언을 얌전히 들어 넘기지 못하는 유형임을 알았다. 그는 또 두 사람 모두 빈 출신이며 모두 유대인 혈통이라는 것, 동시에 이런 공통성에도 이를 바탕으로 서로 일치되기는 어려운 사람들이라는 것도 알았다.

두 사람은 차이가 두드러졌다. 우선 가냘픈 몸매의 비트겐슈타인은 자신만만하고 천재적인 만능 인간으로서 부모가 대부호였으며 늘 무리를 이루는 같은 문하생의 도움을 받았다. 반면에 그보다 13년 연하지만, 훨씬 건장한 인상의 포퍼는 갑자기 주목받은 인물로서 야심만만하고 우쭐대는 성격에 꽁한 기질이었다. 비트겐슈타인은 예전에 빈 학파에 소속되는 것을 별 미련 없이 거절했다. 아마 포퍼였다면 기꺼이 빈 학파의 일원이 되었을 것이다. 다만 받아들여지지 않았을 뿐이다.

브레이스웨이트는 두 사람이 서로 대립하는 모습을 보는 것을 은근히 즐겼다. 그러다가 난방이 안 되는 낡은 깁스(Gibbs) 건물 H계단 3호실 방에서 많은 교수와 학생들 외에 버트런드 러셀까지 참석하는 행사가 있었다. 브레이스웨이트가 볼 때, 이 행사는 유난히 자극적인 기회였다. 러셀은 비트겐슈타인이 언어 게임에 관한 생각에 치중한 뒤로 차츰 과거의 제자이자 친구인 그와 거리를 두었고, 뉴질랜드에서 망명 생활을 하며 러셀 자신이 보기에 보람 있는 학술 및 사회이론 논문을 쓰는 더 젊은 포퍼에게 관심을 표명했기 때문이다.

외투나 학위 가운을 걸친 사람들이 습기 찬 방에 빽빽하게 자리 잡고 앉았다. 벽난로에서는 불꽃이 타올랐지만, 이날처럼 쌀쌀한 10월 날씨에 홀 전체를 덥히기에는 부족했다. 난로 앞에는 이날 행사의 주최자인 비트겐슈타인과 초청 연사인 포퍼가 앉아 있었다. 격식을 차리지 않은 짤막한 인사를 나눈 다음 포퍼는 자신이 정한 〈철학적인 문제가 존재하는가?〉라는 주제의 강연을 시작했다.

처음 5분간 포퍼가 천천히 단조로운 목소리로 준비한 텍스트를 낭독하는 동안, 비트겐슈타인은 멍한 표정을 지으며 흥미 없는 듯, 부지깽이로 불길이 약한 난롯불을 쑤시고 있었다. 그러다가 그는 갑자기 홱 돌아서서 강연을 중단시켰다.

"포퍼, 그렇게 하면 안 돼요. 당신은 지금 우리에게 잡담과 난센스, 순 엉터리 얘기를 늘어놓고 있어요. 도대체 철학이 뭘 해야 하는지 알기는 하는 거요?"

당황한 상대가 순간적으로 말을 하지 못하자 비트겐슈타인은 마치 지휘봉처럼 부지깽이를 손에 든 채 말을 이었다.

"철학의 목표는 파리 구제용 병에서 파리가 빠져나가는 길을 보여주는 겁니다. 그런데 당신은 지금 파리 병에 설탕물을 붓고 있잖아요!"

"무슨 말인지…." 포퍼가 뭐라고 대꾸하려고 했지만 상대 말에 가로막혔다.

"당신은 언어 게임을 제대로 알지 못해요"라고 비트겐슈타인은 큰 소리로 나무랐다. "당신은 룩을 대각선으로 움직이고 퀸으로 나이트 행마를 하는 체스 게이머처럼 언어 규칙을 다루고 있단 말입니다. 무의미한 말을 하며 우리는 물론 당신 자신마저 우롱하고 있어요. 당신이 떠벌이는 철학의 문제는 순전히 허풍일 뿐이요."

"버클리와 흄의 나라에서 인간이 인간의 감각으로 이 세계를 인식하는지 의문을 제기하는데, 뭐가 허풍이란 말인가요?" 포퍼는 방어에 나섰다.

"당신은 인간이 어떻게 감각에 관하여 이성적이고 유용하게 말하는지 일러 주는 심리학을 먼저 공부해야 할 거요. 심리학을 조금이라도 배웠다면, 당신의 문제가 흔적도 없이 사라진다는 것을 알게 될 테니까."

"그게 아니면 전문 지식을 갖춘 학자들조차 서로 싸우는 수학의 기본 문제를 공부하란 말인가요? 예컨대 무한이란 있는가, 나아가 다수의 무한이 존재하는가라는 문제처럼?" 포퍼도 물러서지 않았다.

"있다, 존재한다!" 비트겐슈타인은 목청을 높였다.

"대체 '있다'는 말이 무슨 의미인지 알아요? 내가 오늘 아침에 구내식당에서 식사하는데 여종업원이 '오늘은 잼이 없어요'라고 말하더군요. '아니'라고 한 뒤 나는 덧붙였죠. '잼은 항상 있어요. 오늘도 잼은 있어요'라고. 여종업원은 아마 이 간단한 위트를 이해하지 못했을 겁니다. 언어 게임에서는 '있다'라는 말에 나오는 전혀 다른 규칙이 적용된다는 것을 그녀는 이해하지 못했으니까요. 위트만을 가지고도 별 반대 없이 철학 논문을 쓸 수 있다는 것을 몰라요? 포퍼, 당신은 그러기에는 유머가 부족한 것 같군요. 아무튼 여종업원은 웃었죠. 아마 내 말을 조금은 이해한 것 같아요."

이에 대하여 포퍼가 뭐라고 반박하기 전에 러셀이 나섰다. "비트겐슈타인, 당신 때문에 온통 뒤죽박죽되었군. 모든 것을 엉망으로 만들었다고." 러셀이 탄식했다.

포퍼도 가만있지 않았다. "모든 것을 체스 게임으로 설명한다면 현실은 완전히 지나치게 될 겁니다. 윤리에서 공동 생활이 문제 될 때, 언어 게임의 규칙이 무슨 상관입니까? 아니면 여기 윤리학 클럽에서 비트겐슈타인, 당신은 철학이 도덕 규칙의 타당성과 관련된다는 것을 부인하려는 건가요?"

흥분한 비트겐슈타인은 이제 포퍼 대신 러셀을 향해 입을 열었다. "러셀, 철학자들이 선악의 생각과 언어 또는 선악의 행위를 판단해야 할 때, 침묵한다는 것이 점점 더 분명해졌죠. 철학자들은 언제나 도덕적 통찰이 '지식'으로 표현되어서는 안 된다고 확신했어요. 그리고 어디서 왔는지도 모르는 이 고루한 신사는…." 비트겐슈타인은 거칠게 동작해 보이며 부지깽이로 포퍼를 가리켰다.

"'도덕 규칙의 타당성'이라는 말을 하고 있습니다. 우스꽝스럽지 않아요? 이 사람은 도덕 규칙의 예를 단 하나도 들지 못할 겁니다!"

비트겐슈타인은 벌떡 일어나 부지깽이를 난로 속으로 던지고는 빠른 걸음으로 문밖으로 나가 꽝 소리가 나도록 문을 닫고 사라졌다.

잠시 무거운 침묵이 흘렀다. 그러다가 러셀이 먼저 익살스럽게 입을 열면서 어색한 분위기를 깼다. "아마 도덕 규칙이 적어도 하나는 있을 것 같군요. '초청 연사에게 부지깽이로 위협하지 마라!'"

사실을 파고들자면, 이날 1946년 10월 25일 저녁에 포퍼와 비트겐슈타인 사이에 벌어진 논쟁이 어떻게 전개되었는지 아는 사람은 아무도 없다. 수십 년이 지난 뒤, 당시 사건을 증언할 생존자에게 물었지만, 이들의 대답도 제각기 달라서 분명하지 않다.

늘 자신을 부각하려고 애쓰면서 다른 사람들을 – 아인슈타인과 보어마저 – 스스로 탁월하다고 생각하는 자신의 이론에서 저급한 조연으로 깎아내리던 포퍼는 도덕 규칙의 예를 들어보라는 비트겐슈타인의 요구에 간단하게 대답한 것처럼 주장했다. "초청 연사에게 부지깽이로 위협하지 마라!"라는 예를 들었다는 것이다. 이에 비트

겐슈타인은 아무 소리 못 하고 화를 내며 나갔다는 것이 포퍼의 주
장이다. 자신의 패배를 인정하지 않는 것으로 유명한 포퍼는 언제나
자신이 승자로 주목받도록 이야기를 적당히 다듬을 줄 알았다.

·

•••

37 무어의 역설(Mooresches Paradoxon) : 영국 철학자 조지 에드워드 무어
(George Edward Moore)는 "비가 온다. 하지만 나는 비가 오지 않는다고 생
각한다"라는 문장이 불합리하다는 주장을 폈다. : Steffen Bock, 『Moore's
Paradox-Ausgewählte Betrachtungen』, München, 2007

38 언어 게임(Sprachspiel) : 루트비히 비트겐슈타인(Ludwig Wittgenstein,
1889~1951)의 '자체로 폐쇄된 소통의 언어체계'라는 표현에 나오는 말. 비
트겐슈타인은 이 말을 '그 체계를 구성하는 언어 및 행위의 전체'라고 부른
다. : Reinier F. Beerling, 『Sprachspiele und Weltbilder-Reflexionen zu
Wittgenstein』, Freiburg, 1980

•••

16.

감정의 게임

오디세우스의
도덕적 딜레마

| 기원전 850년~ / 바르셀로나 2014~ / 로마 1900~ / 빈 1786

오디세우스는 두 가지 '행위' 가운데서 선택하지 않으면 안 된다. 즉 계속
미친 척해서 20년 살아온 제 목숨을 구하는 대신 새로 태어난 아들의 생
명을 희생할 것인가, 아니면 젖먹이를 피해 쟁기 날을 몰 것인가. 그는 당
연히 두 번째를 선택했다. 이제 아가멤논이 결정할 차례였다. 오디세우
스가 쟁기 방향을 돌린 것은 우연이고 정신 이상에 걸린 것이 사실인지
아니면 아들을 보호한 행위로 오디세우스의 속임수가 드러난 것인지 판
단해야 했다.

게임이론으로 해석하는 예술 작품

"온 세상이 무대다." 〈뜻대로 하세요〉라는 연극에서 윌리엄 셰익스피어는 충성스러운 잭 경의 입으로 추방된 공작에게 인생과 세상에 관한 이 유명한 대사를 읊조리게 한다. "온 세상은 무대고 모든 남녀는 이 무대에 올랐다가 사라지는 연기자일 뿐이죠."

빈 공과대학교의 게임이론가인 알렉산더 멜만(Alexander Mehlmann)은 문학의 예를 통해 존재의 복합적인 게임을 조명하기 좋아한다. 이런 습관은 특히 그가 단순히 수학자일 뿐만 아니라 시인이기도 하다는 사실과 관련 있다.

이미 최초의 시인이자 모든 시인의 모범이라고 할 호메로스의 경우, 『일리아스』에서 마치 게이머가 게임을 펼치듯, 돌려 말하는 '행위(패러프레이즈)'는 – 이 경우에는 트로이 전쟁의 소집 명령을 피하려는 교활한 오디세우스의 – 적어도 비슷한 수준의 두뇌를 지닌 상대의 '행위'를 통해 무산된다는 것이 드러난다. 다시 말해 오디세우스의 핑계는 원정을 위해 소집 명령을 전달하려는 아가멤논의 일행 팔라메데스에게 방해를 받는다. 일단 알렉산더 멜만이 스스로 하는 말을 들어보자.

"비상 소집령을 흘려듣는 사람은 극소수에 지나지 않은 것으로 보인다. 이 극소수에 포함되는 오디세우스는 아카이아 참모본부에서 보낸 세 차례의 긴급 훈령에도 아랑곳하지 않았다. 소문에 따르면 델포이의 신탁은 그가 참전하는 경우 20년간 외국에 머무르게 되리라고 예언했다는 것이다. 최고사령관으로 선출된 아가멤논은 징집 대상자에게 친히 총동원령을 알리려고 이타카 섬에 상륙했다.

미케네의 파견대는 황폐한 섬과 마주쳤다. 포도밭에서는 포도가 썩어 가고 있었고 아에스토스 산 위 왕궁에는 하인들이 살고 있었다. 무장한 파견대는 서쪽 비탈길을 내려가다 젖먹이 텔레마코스를 안고 감정에 북받쳐 흐느끼는 오디세우스의 아내 페넬로페와 마주쳤다.

"네 남편은 어디 있는가?" 아가멤논은 페넬로페를 보고 호통쳤다. 그러자 이타카의 여왕은 고개를 빳빳이 들고 해변을 가리켰다. 인적 없는 해변에서 건장한 사람이 꼬불꼬불 굽은 해안선을 따라 보드라운 모래밭에 고랑을 만들고 있었다. 소와 말이 쟁기를 끌었는데, 쟁기를 모는 남자는 뾰족한 모자를 쓰고 쉴 새 없이 소금을 뿌렸다. 바로 오디세우스였다. 그는 실성한 것이 분명했다.

아가멤논은 '전쟁에 나가 싸우기엔 쓸모없는' 그 모습을 보고 탄식했다. 이때 팔라메데스가 오디세우스의 젖먹이 아들을 빼앗아 모래밭의 날카로운 쟁기 날 앞에 눕혔다. 오디세우스는 과연 아들이 있는데도 쟁기를 몰고 앞으로 나갈 것인가?

오디세우스는 두 가지 '행위' 가운데서 선택하지 않으면 안 된다. 즉 계속 미친 척해서 20년 살아온 제 목숨을 구하는 대신 새로 태어난 아들의 생명을 희생할 것인가, 아니면 젖먹이를 피해 쟁기 날을 몰 것인가. 그는 당연히 두 번째를 선택했다. 이제 아가멤논이 결정할 차례였다. 오디세우스가 쟁기 방향을 돌린 것은 우연이고 정신 이상에 걸린 것이 사실인지 아니면 아들을 보호한 행위로 오디세우스의 속임수가 드러난 것인지 판단해야 했다. 아가멤논은 두 번째를 선택했다. 따라서 오디세우스는 전쟁에 끌려 나갈 수밖에 없었다. 하지만 딜레마 상황을 일으킨 팔라메데스가 생각하지 못한 것은 오디세우스의 불타는 복수심이었다. 훗날 그는 똑같이 오디세우스의 야비한 '행위'를 통해 나락으로 떨어진다.

호메로스는 게임은 여러 판이 기다리고 있어 언제 끝날지 아무도 모를 때 흥미로워진다는 것을 이미 알았다.

언어는 인간 존재를 투영하는 성찰의 도구

온 세상이 서사시요 드라마며 연극[39]이다. 그리고 세상의 경계선은 언어의 경계선이기도 하다. 이렇게 볼 때, 세계 무대에서 펼쳐지는 루트비히 비트겐슈타인의 언어 게임은 존재론적 깊이를 획득한다. 그것이 얼마나 언어의 섬세한 뉘앙스까지 느끼게 해주는지는 심리학자인 바르셀로나 대학교의 앨버트 코스타(Albert Costa)의 주목할 만한 실험에서 드러났다. 코스타는 피실험자들에게 다음과 같은 딜레마를 안겨 주었다. 그는 서로 다른 언어를 사용했다.

"기차가 다섯 사람을 향해 돌진하고 있다. 이때 당신은 뚱뚱한 사람 하나를 선로로 밀어서 불행을 막을 수 있다. 한 사람을 희생하여 다섯 사람을 구하는 것이다. 당신은 어떤 결정을 내리겠는가?"

이 물음 뒤에는 방금 보았듯이, 고대 그리스인이 '끌어들인' 도덕적 딜레마가 숨어 있다. 다섯 명의 목숨이 한 사람의 목숨보다 더 소중하다고 결정할 수도 있다. 이것은 도덕적인 문제에서 최대의 유용성을 따지는 윤리의 공리주의적 태도라고 할 수 있을 것이다. 이것은 뚱뚱한 남자에게는 확실한 죽음을 의미한다. 아니면 어떤 경우에도 내 손으로 죄 없는 사람을 죽게 할 수는 없다고 결정할 수도 있다. 내 양심이 허락하지 않는다. 이것은 내 개인적으로 어쩔 수 없는 결과와는 무관한 것이다.

코스타의 실험 결과가 흥미진진한 것은, 앞에서 말한 도덕적인 딜레마를 모국어로 들었느냐, 외국어로 들었느냐에 따라 결과가 다르게 나타나기 때문이다. 스페인 피실험자들에게 '덩치가 큰 사람'을 희생하는 것이 옳은가를 판단하도록 했을 때, 이들은 그 대상을 영어인 'Large Man'으로 표현했을 때보다 모국어인 'Hombre Grande'로 표현했을 때 반대하는 의견이 더 많았다. 마치 사람의 결정이, 본질적으로 마음속 깊이 각인된 언어 게임이라고 할 모국어로 생각하느냐, 아니면 미숙하고 덜 친숙한 언어 게임이라고 할 외국어로 생각하느냐에 달린 것처럼 보인다. 모국어는 인간의 환상과 상상력을 자극한다. 모국어는 비용과 편익 계산의 표가 아니라 그보다 더 깊은 원천에서 유래하는 전략으로 이끌어 준다.

언어에 음악이 깔리면 인간은 좀 더 감동적으로 연극에 매혹된다. 우리가 앨버트 터커의 소설에서 죄수의 딜레마를 지적 모험으로 느낀다면, 푸치니의 오페라 〈토스카〉에서는 가슴을 파고드는 비극성으로 맛본다. 알렉산더 멜만은 섬세한 유머로 이 작품을 다음과 같은 말로 해석했다.

"이미 사형대에 선 애인 카바라도시를 구하려는 절망적인 시도를 하면서 토스카는 권력의 앞잡이인 스카르피아와 숙명적인 약속을 하게 된다. 토스카는 그가 처형할 때 공포탄을 사용하게 해주면(허위 사실의 속임수) 몸을 허락하겠다고 한 것이다. 죄수의 딜레마에서 오는 혼란을 통해 토스카와 스카르피아가 관객을 깊숙이 끌어들이는 가운데 두 사람은 마지막으로 아리아를 부를 기회를 맞이한다. 두 사람은 서로 자신에게 확실한 우월전략[40]을 선택함으로써 각각 약속을 어긴다. 스카르피아는 공포탄으로 바꾸지 못하게 은밀히 명령하고 토스카는 애욕에 눈먼 상대가 다가올 때 그를 칼로 찌른다. 공개적인 무대에서 소품 담당자가 깜빡 잊기 쉬운 칼이다."

세계 무대에서 펼쳐지는 이 게임은 지금까지 보아 오던 연극과 두 가지 측면에서 차이가 있다. 우선 이 게임은 일회적이고 반복할 수 없다. 어떤 선수도 자신에게 유리한 최종 결과의 확률계산을 이용할 수 없다. 이것은 주사위를 한 번밖에 던질 수 없는 경우와 같다. 바라는 대로 6이라는 숫자가 나온다면 마땅히 기뻐해도 된다. 6이 아닌 숫자가 나올 확률이 훨씬 높기 때문이다. 단 한 번의 룰렛 게임에서 구슬이 0에 멎는다면 훨씬 더 기뻐해도 된다. 이런 사건은 6이라는 숫자가 나오는 것보다 훨씬 더 확률이 낮기 때문이다. 이것은 아주 중요하다.

둘째, 이 게임은 겉보기에 부수적인 것으로 둘러싸여 있는데, 사람의 마음을 사로잡는다는 점에서 그것은 절대 부수적이지 않다. 냉정한 계산에 따라 게임 전적표를 읽는 매우 합리적인 게이머는 세계무대에서 펼쳐지는 자기 존재에 결정적인 단 한 번의 게임에는 부적절하다. 살면서 불합리하고 자연 발생적이고 충동적인 동기를 외면하는 사람은 본질적인 것을 간과하게 마련이다.

모차르트의 예술적인 게임

한편으로 냉정한 게임의 평가와 다른 한편으로 지극히 예술적인 게임의 실현에서 나오는 차이는 위대한 작곡가가 냉정한 각본을 바

로마를 찾은 모차르트
(Wolfgang Amadeus Mozart,
1756~1791)의 초상
〈출처(CC)Wolfgang Amadeus Mozart
at en.wikipedia.org〉

탕으로 창작한, 감성에 호소하는 오페라에서 유난히 분명하게 느낄 수 있다. 예를 들면 모차르트의 오페라 〈피가로의 결혼〉이 여기에 해당한다.

피터 섀퍼(Peter Shaffer)의 연극 〈아마데우스〉를 믿어도 된다고 할 때, 음악감독인 프란츠 오르시니-로젠베르크(Franz Orsini-Rosenberg)는 "모차르트는 혐오스러운 보마르셰의 작품에 따라 오페라를 쓰는 가?"라는 물음으로 밀고자인 안토니오 살리에리(Antonio Salieri)를 놀라게 한다. 희곡 〈광란의 하루〉 또는 〈피가로의 결혼〉은 프랑스 대혁명 직전에 일반적으로 귀족에게 적대적인 것으로 알려진 작품이었다.

"그것은 황제가 금지한 프랑스 희극이요!"라며 오르시니-로젠베르크는 옆에 앉은 조금 멍청한 궁정악단 지휘자 주세페 보노(Giuseppe Bonno)에게 설명하면서 황제 요제프에게 즉시 모차르트의 불량한 의도를 알리게 한다.

"모차르트!" 황제는 보노와 오르시니-로젠베르크, 궁정사서인 고트프리트 판 슈비텐, 황실 재산관리인인 요한 폰 슈트라흐 백작 등 여러 황실 고관 앞에서, 궁정으로 불러들인 모차르트를 보며 엄숙한 목소리로 입을 열었다. "그대는 짐이 프랑스의 〈피가로〉라는 작품을 황실 무대에 부적절한 작품으로 선언한 것을 아는가?"

"예, 폐하."

"그런데도 황실에서는 그대가 그 작품으로 오페라를 만든다고 들었다. 그게 사실인가?"

모차르트는 당황한 표정으로 주위를 둘러보았다. 그 자리에 있는 사람 중에서 누군가가 그 자신과 로렌초 다 폰테가 은밀히 추진 중인 계획을 샅샅이 탐지해서 밀고한 것이 분명했다. "예, 그렇습니다."

"모차르트." 황제의 목소리가 더 커졌다. "나는 관용을 베푸는 사람이다. 비록 신하들은 찬사를 아끼지만, 나는 전국적으로 검열을 폐지했다. 하지만 황실극장에서 불량한 작품이 공연되는 것은 허락하지 않을 것이고 허락해서도 안 된다. 보마르셰라는 자는 〈광란의 하루〉라는 것을 써서 프랑스 백성들의 머리에 허튼 생각만 집어넣었다. 불화를 조장하고 하층민들을 선동해 귀족에게 맞서도록 했다. 나의 누이인 앙투아네트가 보낸 편지를 보면 그 나라 백성들이 두려워지기 시작했다고 하였느니라."

"폐하, 저는 모르는 일입니다." 모차르트는 궁지를 모면하려고 애썼다. "제가 아는 것은 그 작품의 희극적인 요소뿐입니다. 해로울 것이 없는 익살 말입죠."

"익살이라고! 그대는 참으로 순진하구나!" 황제는 손바닥으로 의자 팔걸이를 쳤다. "슈트라흐, 그 각본을 가져오시오!" 모차르트는 오페라 대본 전체가 이미 황실에 나돌고 있다는 것을 알고 깜짝 놀랐다. 하지만 가만히 놀라고 있을 틈이 없었다. 황제가 즉시 대본을 낭독하기 시작했기 때문이다. "'세 부올 발라레, 시뇨르 콘티노(Se vuol ballare, signor contino,백작 나리, 춤 좀 추시지요)' 건방진 하인이 이렇게 소리치며 백작에게 도발한다네. 마치 지위가 대등한 것처럼 말일세! 슈트라흐! 경은 무슨 말을 할 것이요?" 황제는 이렇게 묻고 나서 대답을 기다리지도 않고 계속 노기를 터트린다. "아무 생각도 없었나? 모차르트, 이 대목을 읽을 때? 신분을 높여 주는 특별 증명서를 발부받아서 귀족의 존엄성을 해치는 듯한 것을 못 느꼈나?"

"하지만 폐하, 제 음악에서는 귀족에게 맞서는 신분증명서 같은 것은 전혀 느낄 수 없습니다. 저는 민중 봉기를 촉구하는 음악은 절대 쓸 수 없습니다."

"이제 폐하의 말씀을 들었으니…" 오르시니−로젠베르크가 끼어들었다. "제발 좀 그 작품을 포기하시오, 모차르트!"

"하지만 작곡이 거의 완성되었습니다." 모차르트는 오르시니−로젠베르크를 보며 반발했다. 이어 다시 황제를 향해 말했다. "폐하, 잠시 피아노로 이 아리아를 연주하게 허락해 주실는지요? 이 카바티나 한 곡만 연주해도 될까요?"

그는 황제의 허락을 기다리지도 않고 성큼성큼 피아노로 다가가 회의실에 모인 고관들 앞에서 피가로의 1막에 나오는 아리아를 연주했다. 그는 끝 소절 직전에 연주를 중단하고 다시 황제를 향해 입을 열었다. "폐하, 이 대목에서 단 한 소절이라도 반란의 분위기가 느껴집니까? 그런 것은 들으실 수 없을 겁니다. 그런 요소는 제가 다 제거했거든요. 대본에서 읽을 수 있는 불량한 부분은 노래에서는 전혀 찾을 수 없습니다. 남아 있는 것은 연극의 극적인 요소로서의 음악입죠. 저의 음악 말입니다. 저의 음악은 해로운 것은 모두 눌러버리고 완화합니다. 제 음악은 마법의 작용으로 정치적인 것을 모두 잊게 해주지요."

"그대는 아주 자신감에 차 있군."황제는 노기가 조금 누그러진 목소리로 말했다.

"나는 그대가 궁정사서에게 해명하길 바라네. 만일 판 슈비텐이 그대의 오페라에 유리한 판결을 한다면 공연을 허락할 걸세."

모차르트는 안도의 한숨을 쉬었다. 모차르트가 아는 판 슈비텐은 그에게 호의적이었을 뿐 아니라 요한 제바스티안 바흐를 숭배하는 공통점을 바탕으로 그를 후원하는 인물이었다. 그런데도 황제의 조처에 따라 모차르트와 허물없는 대화를 나누는 자리에서 판 슈비텐은 미심쩍은 질문으로 시작했다. "모차르트, 왜 이렇게 천박한 소재를 쓴 거요? 이런 익살극은 당신 예술에 어울리지 않는데."

"여기서 묘사하는 연극이 멋지기 때문이요. 보마르셰의 이 작품을 발굴한 사람은 다 폰테가 아니요. 내가 직접 발견했고 한눈에 마음에 들었어요. 인물들과 감정이 조화된 극이 나를 사로잡은 거죠.[41]

주목할 것은 연극의 흐름을 주도하는 인물이 알마비바 백작이나 백작 부인이 아니고 또 백작에게 도전하는 피가로가 아니라 사실상 전편에 걸쳐 등장하는 수잔나라는 겁니다. 정말 빛나는 등장인물이죠. 수잔나가 모든 것을 계획해요. 약혼자보다 더 영리하고 생각도 더 냉정하죠. 그리고 수잔나는 우리 관객들에게 그녀 자신의 진정한 의도를 전혀 의심하지 않게 만들어요. 수잔나는 연극의 위대한 연출자 같은 존재라고요. 백작이 자신을 정복했다고 믿는 상황에서도 그를 꼭두각시처럼 능수능란하게 다룰 줄 안답니다."

"하지만 모차르트, 당신은 백작을 유난히 비호감 인물로 묘사했잖아요. 일그러지고 어리석은 군중의 모습으로 표현했소. 꼭 그렇게 할 필요가 있소? 이건 불안하고 정치적으로 민감한 문제요."

"제발 내 말을 믿어줘요, 판 슈비텐. 그런 문제는 백작의 노래가 나오면 다 사라진다고요. 또 연극 이론상으로도 필요한 거고요. 전체 연극의 클라이맥스는 백작이 겉으로는 패배자처럼 보이지만 실제로는 모든 것을 되찾는 장면이니까요. 마지막 악장 피날레에서 백작이 시녀로 변장한 아내 앞에서 후회하는 장면 말입니다. 6도 음정의 '부인, 용서하시오'와 7도 음정의 '용서해요, 용서해요'를 당신도 결코 잊지 못할 겁니다. 관객의 심금을 울리도록 내가 이 용서의 아리아를 작곡했거든요."

"하지만 백작이 광란의 하루에 쫓겼다는 것을 깨닫는다고 해도 그가 자기 성격을 고칠 것이라고 받아들이는 관객은 아무도 없을 거요."

"판 슈비텐…." 모차르트는 자신의 후원자에게 애원했다. "그런 건 전혀 중요하지 않아요. 모든 것은 연극에 지나지 않습니다. 그런 백작이 실제로 존재하는 것도 아니고요. 단지 등장인물일 뿐이죠. 막이 내리면 모두가 '희극이 끝났다'라고 외칠 겁니다. 여기서 나에게 중요한 것은 내 음악이 모든 절망을 잠재운다는 것입니다. 연극이라면, 관객이 무대 위의 사건을 현실과 혼동할 수도 있겠죠. 연극이라면 무대 위에서 펼쳐지는 이야기를 삶의 현실과 혼동하는 폐하의 생각이 맞을지도 모릅니다. 하지만 음악이 들어간 오페라에서는…!

백작은 음악을 통해 비천한 백성을 하찮은 존재로 다룰 수 있죠. 여기서 나오는 것은 혁명의 기운이 아니에요. 정치적인 것을 뛰어넘는 완벽한 하모니의 즐거움뿐이라고요."

모차르트의 음악이 〈피가로의 결혼〉의 극적 요소를 냉소적, 정치적 무대에서 끌어냈다면, 이와 비슷한 연극의 낯설게 하기 수법(Verfremdung)은 오페라 〈코지 판 투테〉에서도 성공하고 있다.

구조적으로 볼 때, 이 작품은 독특한 실내극(Kammerspiel)이다. 처음에는 피오르딜리지와 굴리에모가, 이어 두 번째는 도라벨라와 페란도가 약혼자로 등장한다. 그리고 이들 외에 세 번째 남녀 조합인 데스피나와 돈 알폰소가 있다. 이 두 사람은 연극이 진행되면서 피오르딜리지와 도라벨라 두 여자가 사랑을 맹세한 애인에게 했던 정절 약속을 잊고 각자 다른 상대와 사랑에 빠지게 하는 데 성공한다. 하지만 두 여자는 결국 냉정하게 각성하고 다시 본래 약혼자에게 돌아간다. 오늘날은 모차르트에 대한 잘못된 존경심으로 이 작품이 경박하고 부도덕한 연극이라는 비판을 성급하게 억누르는 경향이 있다.

이 부분에 관하여 19세기에는 훨씬 더 솔직하고 진지하게 말하는 풍토가 있었다. 〈코지 판 투테〉의 대본은 실제로 경박하고 부도덕하기 때문이다. 전체적인 음모를 꾸미는 데스피나와 알폰소는 악의적이고 냉소적인 인물이며 인생 경험을 통해 사랑과 신의를 되돌릴 수 없이 파괴할 수 있다고 믿는다. 19세기에는 작품 대본에 대한 비판이 너무 광범위하게 퍼져서 〈코지 판 투테〉의 개정본을 사용했으며 심지어 완전히 새로 쓴 대본으로 공연하기도 했다.

하지만 모차르트의 음악은 필요 이상으로 고쳐 쓴 대본을 무색하게 한다. 오늘날 로렌초 다 폰테가 쓴 본래 대본으로 〈코지 판 투테〉를 공연하는 것은 대본의 경박한 특징이 갑자기 사라졌기 때문이 아니라 음악을 통해 연극의 낯설게 하기가 어느 때나 가능하고 동시에 도덕적인 의문을 제거할 수 있기 때문이다.

"하지만 음악이 들어간 오페라에서는…!" 아마 모차르트라면 전과 마찬가지로 자신의 비판자들을 이처럼 설득할 수 있었을 것이다. "음악이 있으면 사랑의 맹세가 울려 퍼지게 할 수 있어요. 비록 차례로 신의를 저버린다고 해도 거기서 나오는 것은 도덕적인 문제가 아니에요. 윤리도덕률을 뛰어넘는 완벽한 하모니를 거기서 즐길 수 있으니까요."

••

39 연극(Schauspiel) : 연극은 무대에 오른 사람에게 일정한 시간에 낯선 역할을 하게 해주고 결과적으로 관객과 자기 자신을 향해 탈을 쓰게 해준다. 윌리엄 셰익스피어(1564~1616)는 "온 세상이 무대다"라는 말을 남겼지만, 연극과 현실에는 두드러진 차이가 있다. 첫째, 연극은 투명하게 제시된 시작이 있고 둘째, 다소간에 미리 주어진 연극론의 틀에 따라 진행되며 셋째, 투명하게 제시된 결말이 있다. : Gerhard Ebert und Rudolf Penka, 『Schauspielen』. Berlin, ⁴1998

40 우월전략(Dominante Strategie) : 가능한 모든 전략 가운데 게이머에게 최대이익을 보장하는 전략. 가능한 모든 전략 중에 단 하나만 우월전략으로 부각될 때, 이것을 게임의 '확실한 우월전략(Strikt Dominante Strategie)'이라고 부른다. : Thomas Riechmann, 『Spieltheorie. München』, ²2008

41 모차르트의 입을 통해 이다음에 이어지는 말은, 볼프강 힐데스하이머(Wolfgang Hildesheimer)가 쓴 모차르트의 뛰어난 전기를 필자가 재기발랄하게 해석해 덧붙인 것이다.

••

17.
존재의 게임

인생이 곧
게임이다

| 파리, 1662

"내 내기에서는 존재의 게임을 한다는 거요. 인간이라는 존재가 매순간
마다 게임을 하고 있기 때문이오. 우리의 인생 어느 한순간도 게임이 아
닐 때가 없다오. 그러니 우리는 인생이라는 게임을 하고 있는 존재 아니
겠소?"

존재하는 모든 것은 게임을 한다

"당신은 그 게임을 해야 해!" 앙투안 공보는 파스칼의 침대 곁에 쭈그리고 앉아 위독한 환자가 믿을 수 없는 의지력을 동원해 자신에게 건네는 말을 듣고 있었다.

"베팅해야 해! 내기를 하라고! 당신이 내린 결정에서 달아나지 말아요! 죽기 살기로 하는 거요. 물러설 수 없다고. 당신은 그 게임을 해야 해!"

공보는 가볍게 시작한 대화가 이렇게 바뀌리라고는 예상하지 못했다. 그는 게임과는 전혀 다른 생각을 하고 파스칼이 머물고 있는 페리에의 집에 왔다. 이곳은 파스칼의 누나인 질베르트와 그녀의 남편 플로랑 페리에, 그리고 중병에 든 질베르트의 남동생 블레즈가 함께 사는 집인데 질베르트가 동생 파스칼의 상태가 매우 위중하다고 편지로 알려서 찾아온 길이었다. 공보는 파스칼에게 할 말이 있어 방문을 서둘러야 했다고 한다.

"당신이 개발한 '5전짜리 마차'를 타고 왔어요." 공보는 짐짓 명랑한 분위기를 유도하려고 했다. '5전짜리 마차'는 파스칼과 그의 친구인 로아네 공작 아르튀스 구피에(Artus Gouffier)가 개발한 것으로, 두 사람이 닷 푼을 받고 대도시 파리 시내의 각 구간을 마차로 연결해 주는 회사를 설립한 것을 말한다. 이 때문에 파스칼과 로아네는 공공 근거리 교통의 발명자로 불렸다. 말이 끄는 5개 노선의 승합마차는 1662년 3월 18일부터 파리의 여러 지역을 서로 연결해 주었다.

"내가 이 회사와 어떤 관계인지 당신은 절대 알 리가 없지." 무더운 8월 대낮에 침대에 누워 있는 파스칼은 힘겹게 손사래를 쳤다.

"사실 나는 두 가지 협정 요금을 도입하려고 했어요. 정상적인 요금은 5전을 받고, 가난한 사람들에게는 2전을 받는 식으로 말이요. 그런데 사업 파트너들이 내 제안을 다수결로 거부했지 뭐요. 나도 그 사람들을 이해할 수 있지. 승객이 단 한 명만 타도 마차를 운행해야 하니까. 5전을 받아도 수지가 안 맞는데 2전을 받는다면 회사가 조만간 파산할 위기에 처할 거요."

"하지만 현재는 벌이가 좋잖아요?"

"최대 몫은 로아네가 가져가요. 나 자신은 돈벌이에 별 관심도 없고. 옛날 열아홉 살에 계산기를 만들었을 때는 관심이 많았지. 그때는 사업이 잘될 거라고 믿었어요. 하지만 제작비가 워낙 많이 들어서 재미를 못 봤어요. 나는 사업가 체질이 아닌가 봐요. 그게 중요하지도 않고. 난 이제 더 필요한 게 없어요. 죽을 때 돈을 싸 짊어지고 가는 것도 아니고."

물론 파스칼은 자기 처지가 어떤지 알았다. 공보는 대화를 다른 방향으로 돌리려고 했다. "하지만 회사에서 나오는 이익을 친척들이 잘 쓸 수도 있을 텐데요. 들어오다가 당신 조카딸인 마르그리트를 만났는데 아주 매력 있던 걸요."

"마르그리트는 착한 아이죠. 그리고 그 아이에게 일어난 기적을 내 눈으로 직접 본 적도 있어요."

"기적이라니요?"

"그 아이의 왼쪽 눈에 오랫동안 심한 염증이 있었죠. 이것이 코뼈로 번지고 입천장까지 헐어 고생이 말도 못했어요. 으레 그렇듯이 의사들조차 손을 못 썼고. 기껏 방법이랍시고 환부를 지지는 소작

요법을 내놓았지만, 누나와 매형은 그런 어리석은 방법에 동의하지 않고 아이를 포르루아얄 데샹 수도원으로 보냈어요. 그런데 거기서 수녀들이 아이 눈에 예수의 가시면류관에서 전파되어 내려온 가시를 넣었다는 거요. 사실인지 아닌지 모르지만, 어쨌든 그날 밤 아이의 눈이 나았어요. 며칠 뒤에 의사들이 와서 보고는 마르그리트가 완치된 것을 확인했답니다."

공보는 믿을 수 없다는 표정으로 파스칼을 쳐다보았다. 마치 파스칼이 열병으로 헛소리하는 것이 아닌지 의아해하는 표정이었다. 하지만 파스칼은 다시 힘주어 말했다. "나 자신이 이 사건의 목격자요. 나는 이 사건을 문서로 작성해서 공증인에게 맡기기까지 했지. 친애하는 공보, 이건 꿈이 아니요. 완벽한 현실이라고."

인간은 생각하기 위해 존재한다

"기적은 흔히 믿음에서 나오기 쉽죠." 공보가 물러서지 않고 비판적인 견해를 드러냈다. "하지만 내가 볼 때, 기적은 마치 그런 것이 존재하지 않는다는 듯, 신에 대한 의심만 훨씬 더 키워줘요."

"그게 무슨 말이요?" 파스칼이 물었다.

"당신의 조카딸은 이미 나았어요. 나도 진심으로 그러기를 빌죠. 하지만 고통받는 다른 사람들은 어떻게 되는 거죠? 어쩌면 더 심한 고통을 받을지도 모르는 그들을 고치는 기적은 없는 거요? 다른 식으로 표현하자면, 라자로가 죽은 자들 가운데서 살아났다고 하지만, 인간은 결국 다시 죽을 수밖에 없는데 그게 무슨 의미가 있단 말이요?"

"훌륭한 반론이군." 파스칼이 대꾸했다. "맞는 말이요. 이 세계의 상태를 조금 개선하고자 기적이 일어난다면, 그것은 무의미하고 비웃음을 받을 거요. 기적으로 세상이 변하는 것은 전혀 아니니까. 하지만 내가 본 기적을 증표로 받아들였기 때문에 나에게는 뭔가 변화가 온 거요."

"조카딸이 기적적으로 완치된 것이 당신에게는 삶의 변화의 계기가 되었다는 건가요?"

"그 일로 결심을 굳히게 되었소. 이미 1년 반 전에 결심했는데 말로는 그 무게를 형용할 수 없는 독특한 경험을 한 것이 계기였어요. 지금도 밤이면 그 경험이 나를 압도하기 때문에 양피지에 기록할 수 있었죠. 이 기록은 항상 내 곁에 간직하고 있어요." 파스칼은 간신히 손을 들어 옷걸이에 걸려 있는 자기 외투를 가리켰다.

파스칼이 세상을 떠난 뒤, 그의 누나는 외투 안감에 꿰매져 있는 좁다란 양피지 두루마리를 발견한다. 이것이 블레즈 파스칼의 『회상록(Mémorial)』이다. 여기에 그는 더듬거리는 어투로 신비스러운 체험을 기록했다. 1654년 11월 23일 밤, 그는 "철학자와 지식인의 신이 아니라" 성서에 나오는 불타는 가시덤불을 암시하는 듯한, 모세가 본 '불' 같은 것을 경험했다. 이 신비로운 체험이 너무 강렬해서 파스칼은 한때 정욕에 빠져 지내던 파리 사회와 세속적인 삶에서 물러나 완전히 경건한 생활을 할 수 있었다고 했다.

"그 대가로 당신이 뭘 포기했는지 알아요?" 공보가 빈틈을 지적하듯이 물었다. "우리 두 사람은 랑부예 후작 부인이나 사블레 부인의 살롱에서 파리 유명 인사들과 어울려 지냈죠. 나는 지금도 당신이 재기발랄한 표현으로 대화를 고상하게 이끌던 것을 생생하게 기억

해요. 당신이 떠나자 그 빈자리가 유난히 눈에 띄었죠."

"그런 건 쉽사리 견뎌내고 곧 잊어버릴 거요. 문제도 아니지. 그저 나와 게임을 한다고 생각해요. 지금 당신에게 공이 왔는데, 이 판을 이기려면 상대에게 공을 넘겨야 할 것 아니오. 당신은 마음이 다른 데 가 있어. 왕의 천직은 전국을 다스리는 건데 온통 토끼 사냥에 마음이 팔려 있으니 이상하지 않소? 친애하는 공보, 인간의 타고난 자질이 무엇이오? 당신이나 나나 인간의 품위나 인간이 이룩하는 온갖 공로는 생각하는 데 있다는 것을 알고 있소. 그리고 무엇이 옳은 지 생각하는 것도 모두 인간의 의무고.

그러면 나는 전에 그렇게 했나? 아니지, 대신 나는 춤이나 추고 라우테(구식 현악기 – 옮긴이)를 연주하거나 시를 짓고 기마 경기를 했어요. 그밖에 싸움이나 하고 왕다운 것이, 인간다운 것이 뭔지 생각해 보지도 않고 왕 노릇을 하려고 한 거요.

그뿐만 아니라 우쭐한 마음에 온 세상에 이름을 떨치기를 바랐고 더구나 내가 세상에 없을 때 살아갈 사람들에게까지 알려지기를 원했던 거요. 허영심에 빠지다 보니 주변의 대여섯 사람만 주목해도 기뻐하고 만족해했어요. 호기심이나 연구열조차 허영일 뿐이요. 사람들이 뭔가 경험하려는 것은 대개 그에 관해 말하려고 하기 때문이지. 바다를 말할 수 없을 때는 절대 바다를 건너지 않을 거요. 자아도취에 빠진 과학자라고 해도 보고서를 쓸 가망조차 없는데 뭔가를 보는 기쁨 하나로 세계를 연구하는 사람은 없어요."

"그럼 어떻게 해야 옳다고 생각하는 거요? 당신이 확신하는 것은 뭐죠?"

"친애하는 공보, 당신은 타고난 도박사요." 파스칼이 계속 말했다. "그것을 당신에게 게임의 언어로 설명해 주지. 내가 인생의 방향 전환을 결심했을 때, 나는 동전을 던지듯이 했어요. 동전은 앞면인 숫자가 나올 수도 있고 뒷면인 글자가 나올 수도 있는데, 나는 글자에 모든 걸 건 거요. 물론 동전의 어떤 면이 나올지는 모르지. 동전은 지금도 여전히 공중에서 돌고 있으니까. 수수께끼로 가득 찬, 이 독특하고 암담하고 무한한 우주 속에서 나는 내 존재를 그려보는 거요. 사방을 두리번거리지만 보이는 건 오로지 암흑뿐이지. 세상 만물은 나에게 절망을 남겨 놓았고 거기서 불안이 나와요. 내가 자연 속에서 신을 암시하는 거라곤 하나도 보지 못할 때, 나는 신의 존재를 부인하는 결정을 내리게 될 거요. 만일 내가 어디서나 창조주의 흔적을 본다면, 나는 믿음 속에서 환희를 맛보며 안식하게 될 거요. 하지만 내가 본 것은 신을 부정하는 것이 너무 많고 확실한 믿음을 주는 것은 너무 적어서 나는 애석하게도 불확실성의 늪에 빠졌다오.

게다가 이 세계는 내가 별 의미 없는 엑스트라로서 지극히 짧은

수학자, 물리학자, 작가, 철학자
블레즈 파스칼(Blaise Pascal, 1623~1662).
슈발리에 드 메레로 불린 정열적인
도박사이자 모험가 앙투안 공보
(Antoine Gombaud)의 친구이다
〈출처(CC)Blaise Pascal at en.
wikipedia.org〉

순간 우스꽝스러운 배역을 맡는 단순히 거대한 무대로 존재하지 않는다는 것이 내 생각이오. 내가 볼 때는 전혀 다른 모습이지. 이 우주 전체는 아스라이 멀리 떨어진 별에서부터 내 머리털 속에 있는 진드기에 이르기까지 나의 당혹감을 깊이 일깨워 주는 단 하나의 목적으로 존재한다는 말이오. 동전은 공중에서 돌고 있는데, 논리적 사고라고 할 '기하학적 정신(Esprit de Géométrie)'도, 직관적인 사고라고 할 '섬세의 정신(Esprit de Finesse)'도 동전의 앞면이 나올지 뒷면이 나올지 나에게 알려주지 않아요.

내가 이 게임에서 숫자에 베팅한다면, 그것은 무슨 의미겠소? 그렇다면 나는 불신에 거는 것이고, 자비로운 구원의 아버지를 부정하고 하느님을 부인하는 데 베팅하는 거요. 그러면 내가 글자에 베팅한다는 것은 무슨 의미겠소? 그건 내가 믿음에 거는 것이고, 내 삶의 기준이자 내 존재의 유일한 의미가 되는 영원한 아버지에게 베팅하는 것이요.

'이 게임에서 이겼을 때, 어떤 이익을 기대할 수 있는가?'라고 모든 도박사가 묻습니다. 내 말이 틀려요, 공보 씨? 나의 내기에서 대답은 분명해요. 숫자에, 불신에 베팅하면 딴다고 해도 실제로는 아무 이익이 없다는 거요. 숫자에, 불신에 걸면 잃는 거예요. 천국을 잃는다는 말이지. 반대로 글자에, 믿음에 걸면, 잃는다 해도 실제로는 아무것도 잃지 않아요. 글자에, 믿음에 걸면, 따는 거예요. 온전한 천국을 얻는다는 말이지.

그러므로 도박사로서 당신에게 문제는 분명해요. 당신이 앞면에 거는 내기에서는 모든 것을 잃고 하나도 딸 수 없는 데 비해, 뒷면에 걸 때는 하나도 잃지 않고 모든 것을 얻는다는 말이죠. 그러니 단순히 글자에 걸어요.

"그렇다고 증명된 것은 하나도 없어요."

"증명된 것은 하나도 없죠." 파스칼은 시인했다. "하지만 이것이 온 세상을 떠받치는 핵심이란 말이요."

"그런데 동전을 던질 때처럼 기회가 50대 50으로 나뉜다는 것은 어떻게 알죠?"

"그건 나도 몰라요. 전혀 중요하지도 않고. 설사 룰렛 게임을 하며 0에 베팅해야 한다고 해도 믿음에 걸어야 해요. 무조건 그렇게 해야 합니다. 이때 당신이 잃을 것은 하나도 없으니까."

"하지만 내가 베팅해야 하는 신이 나에게 천국으로 보상해 준다는 것을 어떻게 알죠? 어쩌면 신은 나에게 아무런 관심도 없을지 모르죠. 아마 최종 결정권은 자비로운 신이 아니라 악의적이고 내 베팅 전체를 속여서 빼앗는 악마에게 있을 겁니다. 어쩌면 당신의 내기는 결말이 미리 정해진 사기 도박으로 드러날지도 모르죠. 당신은 패배를 면할 수 없다는 말이에요."

"공보 씨, 내가 볼 때 그런 생각은 아무 쓸모가 없어요. 대답을 들을 수 없으니까요. 하지만 눈앞에서 게임이 도전하고 있어요. 이 내기에 당신의 베팅을 요구하는 게임이 기다린단 말이지. 문제는 오로지 그것에 달렸다고."

"무슨 말인지 모르겠군요. 내 관심은 오로지 오늘 당장 이길 수 있는 게임이지 불확실한 미래를 건 게임이 아니에요. 파스칼 씨, 당신이 말하는 내기는 패스할래요. 그냥 하기 싫어요."

"당신은 그 게임을 해야 한다고!"

앙투안 공보는 파스칼의 침대 곁에 쭈그리고 앉아서 위독한 환자가 믿을 수 없는 의지력을 동원해 자신에게 건네는 말을 듣고 있었다. "베팅해야 해! 내기를 하라고! 당신이 내린 결정에서 달아나지 말아요! 죽기 살기로 하는 거요. 물러설 수 없다고. 당신은 그 게임을 해야 해!"

잠시 숨을 돌리고 나서 – 공보는 당황한 표정으로 기력이 빠진 상대를 보고 있었다 – 파스칼은 한층 가라앉은 목소리로 말을 이었다. "당신은 오로지 오늘 지금을 위해, 오로지 현재만을 위해 산다고 생각하는군. 그건 엄청난 착각이오. 당신의 생각을 살펴보시오. 모든 생각이 과거나 미래와 관련된다는 것을 알 수 있을 거요. 당신이 현재를 생각한다면, 그것은 어떻게 미래를 다스릴지 통찰을 얻으려고 하는 거요. 현재는 당신의 목표가 될 수 없어요. 과거나 현재는 수단일 뿐이고 오로지 미래만이 목표가 된다는 말이지. 그러므로 사람은 생존하는 것이 아니라 생존의 희망만 가질 뿐이오. 그리고 당신은 언제나 지금의 행복에 대비하기 때문에 실제로는 절대 행복하지 못할 것이오."

"나는 당신 생각처럼 대단한 것을 바라는 게 아니에요, 파스칼 씨. 그저 조그만 행복을 바랄 뿐이지. 어느 게임이든 다음 판으로 이어진다는 것을 나도 압니다. 그중에 한 판을 내가 이긴다면 그다음 판은 질 수도 있음을 안다고요. 그건 작은 행복이지만, 최종적으로 나를 기쁘게 해주지는 않죠."

"그렇게 생각한다면 당신은 이미 나의 내기에도 베팅한 겁니다.

그리고 숫자에 걸었고 말이죠. 아마 나도 과거에는 당신이 존재의 위험을 통해 품고 있는 태평한 생각을 했을 거요. 지금은 잃어버렸지만. 나는 인간을 누구나 사형선고를 받은 채 사슬에 묶여 있는 존재로 봅니다. 일부는 매일 다른 사람이 보는 데서 교수형에 처하고 있죠. 나머지 사람들은 동료 사형수의 운명 속에서 자기 운명을 경험하는 겁니다. 그리고 서로 지켜보는 가운데, 희망이라곤 없이 온갖 고통 속에서 제 차례가 오기를 기다리죠. 이것이 내가 보는 인간의 운명이에요."

"그러니 도박은 작은 만족을 위해 샛길로 빠지는 나의 도피 행각이라고 볼 수 있죠. 이 샛길이 별로 아름답지 못한 내 삶의 시간에 따른, 당신이 묘사한 존재의 부조리를 나에게 잊도록 해준답니다. 그 이상은 절대 바라지 않아요. 당연히 그 이상은 절대 바랄 수 없죠."

하지만 파스칼은 이 대답을 더는 받아들이지 않았다. "내기는 다른 도박과 같은 게임이 아니오. 나의 내기는 그 수준을 넘어섭니다. 나의 내기에서 뒷면에 베팅하는 사람은 존재를 얽매는 사슬에서 벗어나는 거요."

파스칼은 힘없는 목소리로 속삭이듯 말했다. 그리고 우리는 그가 지친 목소리로 마지막 힘을 짜내며 한 말에서 덴마크 실존철학자인 쇠렌 키에르케고르(Kierkegaard)의 생각을 미리 엿볼 수 있다.

"배우의 연기가 펼쳐지기를 학수고대하는 연극 무대를 상상해 보시오. 갑자기 무대감독이 막이 올라가기 전에 앞으로 나와 극장에 불이 났다고 긴급하게 안내해요. 관객은 감독의 말을 연극 일부로 생각해요. 감독도 이를 알고 절망적으로 소리치는 거요. 이미 무대로 불길이 옮겨 붙었으니 모두 즉시 대피하라고. 관객은 열광하며 환호성을 질러요. 감독의 연기가 너무 실감 나니까요. 무대의 막에서까지 불길이 타오르는데도 관객은 정말 대단한 공연이라고 우레와 같은 박수갈채를 보냅니다. 내 내기는 무대감독의 안내 같은 거죠. 숫자에 건 사람은 자리를 지키고, 글자에 건 사람은 밖으로 대피하죠. 내 내기에서는 공연이 끝나고 박수갈채가 쏟아질 때, 죽은 자들이 무대로 나와 관객에게 절을 하는 연극 게임이 아니에요. 내 내기에서는 존재의 게임을 한다는 거요. 인간이라는 존재가 매순간마다 게임을 하고 있기 때문이오. 우리의 인생 어느 한순간도 게임이 아닐 때가 없다오. 그러니 우리는 인생이라는 게임을 하고 있는 존재 아니겠소?"

\

숫자놀이

〈질문〉

1. 메지리아크의 숫자 주머니

17세기에 발행한 저서 『숫자에서 나오는 즐겁고 멋진 수수께끼』에서 바셰 드 메지리아크는 다음과 같은 게임을 보여 준다. 두 사람이 마주 보고 앉는다. 첫 번째 사람이 1과 10 사이 숫자 중의 하나를 말한다. 그러면 두 번째 사람은 1과 10 사이의 숫자 중의 하나를 고르고 이것을 상대가 방금 부른 숫자에 더한 다음 합계를 말한다. 그러면 첫 번째 사람은 1과 10 사이의 숫자 중에서 다시 하나를 골라 방금 상대가 부른 숫사에 더하고 합계를 말한다. 이런 식으로 번갈아 숫자를 부르면서, 둘 중 한 사람이 100보다 더 큰 수를 부를 수 있을 때까지 계속한다. 100보다 더 큰 수를 부를 수 있는 사람이 게임에 이기게 된다.

질문 : 상대를 속여 게임에서 이기려면 어떻게 해야 할까?

A) 10, 20, 30, 40, 50, 60, 70, 80, 90 등의 숫자를 부른다. 이런 식으로 10씩 올라가도록 숫자를 부르면 된다.

B) 2, 13, 24, 35, 46, 57, 68, 79, 90 등의 숫자를 부른다. 이런 식으로 11씩 올라가도록 숫자를 부르면 된다.

C) 상대가 80과 89 사이의 숫자를 부를 때까지, 상대보다 1이 많은 숫자를 계속 부른다. 그런 다음 90을 부르면 상대는 91부터 100 사이의 숫자밖에 부를 수 없어 게임을 이기게 된다.

2. 불가항력의 과제

두 사람이 한 판에 이길 확률이 50대 50인 도박을 하고 먼저 다섯 판을 이기는 사람이 베팅한 돈 전체를 차지하기로 합의한다. 첫 번째 사람이 세 판을 이기고 두 번째 사람이 한 판을 이긴 상태에서 '불가항력' 상황이 발생해 게임이 중단된다.

질문 : 지금까지 진행된 과정으로 볼 때, 중단된 이후 베팅을 어떤 비율로 분배하는 것이 공정할까?

A) 첫 번째 사람 편에서 3대 1 비율로 분배해야 한다.

B) 첫 번째 사람 편에서 4대 2 비율, 즉 2대 1로 분배해야 한다.

C) 첫 번째 사람 편에서 13대 3 비율로 분배해야 한다.

3. 단순한 '7과 11'

주사위 두 개를 던진다. 게이머는 두 주사위에서 나오는 숫자의 합이 7과 11이라는 것에 미리 100유로를 베팅한다. 그가 이기면 베팅한 것 외에 300유로를 받는다. 지면, 베팅한 돈은 카지노가 가져간다.

질문 : 이런 게임을 7200번 하면 카지노는 얼마를 벌까?

A) 카지노는 12만 유로(세금 포함)의 순익을 예상할 수 있다.

B) 카지노는 4만 유로(세금 포함)의 순익을 예상할 수 있다.

C) 카지노는 순익을 기대할 수 없다.

4. 슈발리에 드 메레의 착오

슈발리에 드 메레로 불리는 열광적인 도박사 앙투안 공보는 다음과 같은 착오를 범했다는 말을 듣는다. 그는 주사위 세 개를 던졌을 때, 숫자의 합이 11이 나올 확률과 12가 나올 확률은 똑같다고 주장했다. 그러면서 그 이유로 11은 1 + 4 + 6 = 1 + 5 + 5 = 2 + 3 + 6 = 2 + 4 + 5 = 3 + 3 + 5 = 3 + 4 + 4의 조합에서만 나오고 12는 1 + 5 + 6 = 2 + 4 + 6 = 2 + 5 + 5 = 3 + 3 + 6 = 3 + 4 + 5 = 4 + 4 + 4의 조합에서만 나오기 때문이라고 했다. 이 조합의 경우는 똑같이 여섯 가지이므로 합이 11이나 12가 나올 확률은 똑같다는 것이 드 메레의 생각이다.

질문 : 이런 계산은 왜 착오이며 두 개의 합 중 어떤 수가 확률이 더 높을까?

A) 슈발리에 드 메레는 착오를 범하지 않았다. 두 개의 합은 실제로 확률이 똑같기 때문이다.

B) 슈발리에 드 메레는 합이 11일 경우, 두 개의 똑같은 가수로 이

루어진 합이 세 번 나온다는 사실을 간과했다. 이에 비해 12의 경우는, 두 개의 똑같은 가수로 이루어진 합이 두 번밖에 안 나오며 한 번은 합이 세 개의 똑같은 가수로 이루어진 경우도 나온다. 따라서 합이 12가 나올 확률이 11의 경우보다 더 높다.

C) 슈발리에 드 메레는 예컨대 1 + 4 + 6이라는 조합만 해도 1 + 4 + 6과 1 + 6 + 4, 4 + 1 + 6, 4 + 6 + 1, 6 + 1 + 4, 6 + 4 + 1 등 여섯 가지 경우가 있다는 것을 간과했다. 이 같은 경우는 위에서 말한 모든 합에도 적용되기 때문에 합이 11이 나올 확률이 12보다 높다는 결론을 내릴 수 있다.

5. 파롤리를 부르기

간단하게 생각해서 0칸은 무시하고 '단순한 승부'(예를 들어 빨간색이나 검은색에 걸고 딸 때는 다시 베팅하는 경우)의 룰렛을 한다고 가정해보자. 질 경우에 베팅을 두 배로 올리는 '마팅게일'[42]로 부르는 방식 외에 '파롤리'라는 방식도 있다. 이것은 딸 경우에 베팅을 두 배로 올리는 방식이다. 도박사들 사이에서는 테이블에 칩을 올리고 "파롤리를 부른다"라고 말한다.

질문 : 마팅게일과 파롤리 중에 어떤 방식이 더 안전할까?

A) 무조건 마팅게일로 해야 한다. 장기적으로는 딸 수밖에 없다.

B) 무조건 파롤리로 해야 한다. 기껏해야 (소액의) 베팅만 날릴 뿐이다.

C) 두 가지 방식 모두 안전하지 않다.

6. 금화 경매

옛 두카텐(100유로 이상의 가치가 나가는) 금화 하나가 최소 2명이 참여한 경매에 나왔다. 최저 입찰가는 하찮은 단 1유로로 시작했다. 하지만 최고가를 부른 사람은 입찰가를 내고 경매인에게 금화를 받되, 두 번째 최고가를 부른 사람은 '아무런 대가도 없이' 입찰가를 경매인에게 지급하기로 합의되었다. 일반적으로 이런 경매에서 불과 몇 유로의 낮은 호가는 이내 비싼 값에 밀려 버리게 마련이다. 모든 입찰자에게 몇 유로의 소액으로 두카텐 금화를 구하는 것은 크게 남는 사업이기 때문이다. 따라서 순식간에 호가는 100유로 규모에 이른다. 하지만 이 정도 액수마저 더 비싼 호가에 묻혀 버린다. 더구나 이 경우에는 두 번째 최고가를 불러서 아무 대가도 없이 많은 돈을 날리고 싶은 입찰자가 없을 것이기 때문이다. 더 큰 액수를 부를수록 거액을 날릴 리스크는 커지므로 – 입찰자의 재정 능력을 고려하지 않을 때 – 호가의 상한선은 알 수가 없다. 이것은 경매인에게는 엄청난 이익을 의미한다.

질문 : 입찰자가 이런 모순에서 벗어나려면 어떤 전략이 있을 수 있을까?

A) 소수의 입찰자만 경매에 참여하되 참여한 사람은 사전에 행동을 통일하기로 약속할 수 있다.

B) 입찰사로서 어떤 경우에도 상한가를 넘지 않는다.

C) 이런 모순에서 입찰자가 빠져나갈 전략은 없다.

7. 종종 '선의'는 '좋은 것'과 반대일 때가 있다

사업 관계를 시작하든가, 어떤 제품을 생산하든가, 아이디어를 실현하든가 하는 문제에서 이것은 추상적으로 끊임없이 A지점에서 출발해 Z지점을 향해 가는 '길'로 묘사할 수 있다. 다음과 같은 상황이 발생했다고 가정해 보자. 조니와 오스카라는 두 게이머가 A에서 Z로 가려고 한다. 이들에게는 두 가지 방법을 주었다. 하나는 A에서 X를 거쳐 Z로 가는 것이고, 또 하나는 A에서 Y를 거쳐 Z로 가는 것이다. A에서 X로 가는 길은 2두카텐의 비용이 들고, X에서 Z로 가는 길은 5두카텐이 든다. 또 A에서 Y로 가는 길은 5두카텐이, Y에서 Z로 가는 길은 2두카텐의 비용이 든다. 하지만 이것이 이 이야기의 함정이기도 한데 '이들 두 사람이 함께 길을 가면 각자 비용이 두 배로 늘어난다.' 다행히 두 사람이 같이 가야 하는 것은 아니다. 조니는 A에서 출발해 X를 거쳐 Z로 가고 이를 위해 7두카텐을 쓰기로 한다. 오스카는 A에서 출발해 Y를 거쳐 Z로 가고 마찬가지로 7두카텐을 쓰기로 한다. 여기까지는 좋다. 그런데 이 두 사람에게 호의를 품은 요정이 한 푼도 들이지 않고 X에서 Y로 직접 갈 기회를 제공한다. 이에 감동한 조니는 호의를 받아들이기로 하고, 오스카는 호의를 불신하고 본디 계획한 코스를 고집한다. 요정이 제공한 호의는 실제로 조니에게 유리한 것이다. A에서 X까지 가는 길에 2두카텐이 들고 X에서 Y까지는 비용이 들지 않는다. 그리고 Y에서 Z까지 가는 길은 오스카와 같이 가야 하므로 4두카텐이 든다. 그러면 총비용이 6두카텐으로 처음 계획보다 1두카텐이 적다. 이와 반대로 오스카는 화를 낸다. A에서 Y까지 5두카텐이 들고 Y에서 Z까지는 조니와 함께 가기 때문에 다시 4두카텐이 들어 총 비용이 9두카텐으로 처음 계획보다 2두카텐이 많기 때문이다.

질문 : 오스카와 조니는 결국 어떤 선택을 하게 될까?

A) 오스카와 조니는 처음의 계획으로 돌아간다.

B) 오스카는 처음의 계획대로 하고 조니는 무료로 X에서 Y로 가는 새 코스를 선택한다.

C) 오스카와 조니 두 사람 모두 – 두 사람에게 불리한 – 무료로 X에서 Y로 가는 새 코스를 선택한다.

8. 딜레마에서 벗어나기

두 게이머가 어떤 회사의 투자 제안을 받는다. 이들은 각각 투자할 수도 있고 거절할 수도 있다. 두 게이머가 모두 투자하면, 각각 2두카텐씩 받는다. 두 사람 중 한 사람만 투자하고 나머지 한 사람이 투자를 거절하면, 투자한 사람은 1두카텐의 손해를 보지만(개별적인 투자는 너무 소액이라 회사로서는 이익이라 할 수 없다), 투자를 거절한 사람은 4두카텐을 받는다. 두 사람 모두 투자를 거절하면 두 사람은 이익도 손해도 보지 않는다. 고전적인 죄수의 딜레마 상황이라고 할 수 있다. 비록 이들의 공동투자가 각각 2두카텐의 이익을 의미하기는 하지만, 두 사람은 투자를 기질할 것이다. 상대 게이머가 어떤 결정을 하든 상관없이 투자를 하지 않는 것이 각자에게 더 낫기 때문이다.

질문 : 상대가 투자를 하고 1두카텐의 손실을 감수해야 한다는 전제에서 투

자를 거절한 사람이 4두카텐 대신 7두카텐을 받는다면, 두 게이머는 죄수의 딜레마에서 벗어날 수 있을까?

A) 그렇다. 두 게이머가 함께 투자하는 것과는 달리 확실하게 합의를 볼 길이 있다. 각각 3두카텐의 이익을 보면서 죄수의 딜레마에서 벗어날 수 있다.

B) 두 사람이 공동 투자를 하고 그 약속을 지킨다는 것을 믿을 수 있을 때만, 이들은 각각 2두카텐씩 받고 죄수의 딜레마에서 벗어날 수 있다.

C) 아니다. 이 경우에도 두 게이머는 죄수의 딜레마에서 벗어날 수 없다.

9. 오른쪽 왼쪽 방향을 바꿀 수 없으니 종잡을 수 없구나![43]

100미터 길이의 해안 산책로가 서쪽에서 동쪽으로 곧게 뻗어 있다(위가 북쪽인 지도에서 보면 왼쪽에서 오른쪽 방향으로). 산책로 앞에는 곳곳에 20미터 폭의 백사장이 펼쳐져 있는데, 산책로 좌우 끝에서 바위 사이로 경계를 이루고 있다. 산책로 왼쪽 끝에서 25미터 떨어진 곳과 오른쪽 끝에서 25미터 떨어진 곳에 각각 아이스크림 판매대가 하나씩 있다. 잠재적인 고객이라고 할 해수욕 손님들을 절반씩 확보한다는 점에서 각각 최적의 위치라고 할 수 있다. 어느 날 왼쪽에 있는 아이스크림 장수는 생각해 본다. "판매대를 몇 미터 오른쪽으로 옮기면 고객을 좀 더 확보할 수 있을 것이다. 백사장 왼쪽에 있는 사람들은 어차피 내 손님이고 오른쪽에 있는 사람들이 올 테니 손님이 늘어날 것이다." 며칠 후 매출이 떨어진 오른쪽에 있는 장수가 보니 왼쪽 판매대의 자리가 옮겨져 있다.

질문 : 오른쪽 아이스크림 장수는 이에 어떤 반응을 보일까? 그리고 그 뒤 왼쪽에 있는 장수는 어떻게 행동할 것이며 결국 두 판매대는 어디에 자리 잡을까?

A) 오른쪽 아이스크림 장수가 왼쪽으로 훨씬 더 많이 옮길 것이고 이 때문에 왼쪽 장수는 왼쪽으로 밀려날 것이다. 그리고 결국 두 사람은 처음의 위치로 돌아갈 것이다.

B) 오른쪽에 있는 장수도 똑같이 몇 미터 왼쪽으로 옮길 것이고 왼쪽 장수는 다시 오른쪽으로 더 옮길 것이다. 이런 식으로 계속되다가 결국 두 아이스크림 장수는 산책로 한가운데 자리 잡게 될 것이다.

C) 오른쪽 장수도 똑같이 왼쪽으로 몇 미터 옮기고 이로 인해 왼쪽 장수는 왼쪽으로 더 멀리 밀릴 것이다. 이를 본 오른쪽 장수는 다시 처음의 자리로 돌아가고 판매대를 밀고 당기는 게임은 산책로를 따라 처음부터 다시 시작될 것이다.

10. 염소 문제의 변형

당신이 게임쇼에 출연해서 세 개의 문 중 하나를 선택한다고 치자. 세 개의 문 중 두 개의 문 뒤에는 멋진 자동차가 들어 있고 나머지 하나에는 염소가 있다. 당신이 2번 문을 골랐다고 하자. 그러자 문 뒤에 뭐가 있는지 아는 게임 진행자가 3번 문을 열고는 자동차가 있다는 것을 보여 준다. 그러면서 "1번 문으로 바꾸시겠습니까?"라고 묻는다.

질문 : 선택을 바꾸는 것이 유리할까?

A) 그렇다. 이 경우도 바꾸는 것이 유리하다.

B) 아니다. 이 경우는 처음 선택을 유지하는 것이 더 좋다.

C) 바꾸든 처음 선택을 유지하든 결과는 똑같다.

⟨정답과 설명⟩

1번 답 : B) 상대가 마지막에 최소 91에서 최대 100을 부르도록 해야 한다. 이렇게 하려면 이쪽에서 '90'을 부를 수 있어야 한다. 이것은 바로 그 전에 상대가 최소 80에서 최대 89를 부를 때 가능하다. 그러려면 그 전에 79를 부를 수 있어야 한다. 이런 식으로 속임수를 쓰는 사람은 게임 과정을 내다보며 다음과 같은 사실을 알게 된다. 즉 그가 2, 13, 24, 35, 46, 57, 68, 79, 90을 부를 수만 있다면 확실하게 게임에 이긴다는 것이다. 이 숫자부터 더 큰 숫자를 부르면서 상대에게는 결국 90 다음에 최소 91부터 최대 100을 부를 수밖에 없도록 강요하기 때문이다. 이에 대해 '101'을 부르면 된다(혹은 상대가 91보다 큰 수를 부를 때는 그 이상의 수를 말하면 된다).

2번 답 : C) 첫 번째 게이머가 한 판 이기는 것을 *A*로 표시하고, 두 번째 게이머가 한 판 이기는 것을 *B*로 표시한다면 게임을 계속할 때, 두 개의 *A*가 나오거나 최대 세 개의 *B*가 나오고 끝에 *A*가 나오는 경우(첫 번째 게이머에게 유리한 경우), 혹은 네 개의 *B*가 나오거나 최대 하나의 *A*가 나오고 끝에 *B*가 나오는 경우(*B*에게 유리한 경우)를 예상할 수 있다. *AA, ABA, BAA, ABBA, BABA, BBAA, ABBBA, BABBA,*

BBABA, *BBBAA*의 경우에는 첫 번째 게이머가 전체 베팅을 차지한다. 이 조합이 발생할 확률은 각각 $\frac{1}{4}$, $\frac{1}{8}$, $\frac{1}{8}$, $\frac{1}{16}$, $\frac{1}{16}$, $\frac{1}{16}$, $\frac{1}{32}$, $\frac{1}{32}$, $\frac{1}{32}$, $\frac{1}{32}$이고 합하면 $\frac{13}{16}$이 된다. *BBBB*, *ABBBB*, *BABBB*, *BBABB*, *BBBAB*의 경우에는 두 번째 게이머가 전체 베팅을 가져간다. 이 조합이 발생할 확률은 각각 $\frac{1}{16}$, $\frac{1}{32}$, $\frac{1}{32}$, $\frac{1}{32}$, $\frac{1}{32}$이고 이것을 합하면 $\frac{3}{16}$이 된다. 따라서 베팅한 돈은 첫 번째 게이머 쪽에서 13대 3의 비율로 분배하는 것이 공정하다.

3번 답 : A) 똑같은 확률로 나올 수 있는 숫자의 조합은 6×6=36개가 있다. 이 조합 중에서 게이머에게 유효한 것은, 합이 7이 되는 (1|6), (2|5), (3|4), (4|3), (5|2), (6|1), 6쌍의 조합과 합이 11이 되는 (5|6), (6|5) 두 쌍의 조합 등 총 8개가 있다. 따라서 게이머가 이길 확률은 $\frac{8}{36}$=$\frac{2}{9}$라고 할 수 있다. 이것은 카지노가 7200판의 약 $\frac{2}{9}$, 즉 대략 1600판을 이긴 게이머에게 베팅과 추가로 300유로씩 지급해야 한다는 뜻이다. 그러면 이 액수는 대략 1600×300=48만 유로가 된다. 나머지 7200 – 1600=5600판에서는 카지노가 베팅한 돈을 가져간다. 이 액수는 5600×100=56만 유로가 된다. 따라서 카지노가 벌어 들이는 순이익(세금포함)은 약 12만 유로가 된다.

4번 답 : C) 드 메레의 생각은 세 개의 주사위가 원칙적으로 똑같아 서로 구별이 안 될 때만 옳다고 할 수 있을 것이다(주의 : 양자론에서는 이 경우에 필요한 변경이 추가된 것으로 간주한다. 이렇게 볼 때, A도 완전히 틀린 것은 아니다). 하지만 예를 들어 세 개의 주사위가 파란색, 파란색,

녹색이라고 가정하면, 파란색이 1, 녹색이 4, 빨간색이 6이 나오는 것과 파란색이 4, 녹색이 6, 빨간색이 1이 나오는 것은 다르다. 따라서 세 수의 조합인 (1|4|6)과 (4|6|1)은 구분해야 한다. 바로 이 차이를 슈발리에 드 메레는 자신이 열거한 합에서 생각하지 못했다. 합이 11이 되는 경우는 다음과 같이 27개 조합이다.

(1|4|6), (1|5|5), (1|6|4),

(2|3|6), (2|4|5), (2|5|4), (2|6|3),

(3|2|6), (3|3|5), (3|4|4), (3|5|3), (3|6|2),

(4|1|6), (4|2|5), (4|3|4), (4|4|3), (4|5|2), (4|6|1),

(5|1|5), (5|2|4), (5|3|3), (5|4|2), (5|5|1),

(6|1|4), (6|2|3), (6|3|2), (6|4|1).

이와 달리 12가 되는 경우는 다음의 25개 조합뿐이다.

(1|5|6), (1|6|5),

(2|4|6), (2|5|5), (2|6|4),

(3|3|6), (3|4|5), (3|5|4), (3|6|3),

(4|2|6), (4|3|5), (4|4|4), (4|5|3), (4|6|2),

(5|1|6), (5|2|5), (5|3|4), (5|4|3), (5|5|2), (5|6|1),

(6|1|5), (6|2|4), (6|3|3), (6|4|2), (6|5|1).

그러므로 11이 나올 확률은($^{27}/_{216}=^1/_8=$12.5퍼센트) 12가 나올 확률보다($^{25}/_{216}=$11.574퍼센트) 조금 더 크다.

B의 앞부분은 맞는 말이다. 세 개의 가수로 합을 내는 방법은 여섯 가지가 있고 똑같은 두 개의 가수로 합을 내는 방법은 세 가지가

있으며 모두 똑같은 가수의 경우는 단 한 가지밖에 없다. 하지만 12
가 나올 확률이 11보다 크다는 진술은 잘못된 것이다.

5번 답 : C) 카지노에서 베팅의 상한선을 정한다면 두 가지 방식
모두 안전하지 못하다. 상한선이 없다면, 마틴게일 게이머는, 그가
한없이 많은 돈을 가졌다는 전제에서, 계속해서 진 다음 언제나 한
번 이김으로써 그때까지 들어간 베팅을 되찾게 된다(이 경우에는 A의
답이 맞다). 카지노에서 베팅의 상한선을 정해 놓으면 이 가능성은 방
해를 받고 마틴게일 게이머는 엄청난 손실을 볼 리스크에 노출된다.
반면에 파롤리 게이머는 맨 처음 베팅한 돈 이상은 잃지 않는다. 하
지만 마지막으로 '너무 많은' 베팅을 했을 때는 마틴게일 게이머보
다 훨씬 화가 난다. 그전 판까지 기분 좋게 연속해서 딴 돈을 처음 베
팅과 함께 단번에 날리기 때문이다. 파롤리 게임을 할 때는 잃을 가
능성이 뻔히 보이는데도 불구하고 – 이 경우에만 B의 답이 맞는다 –
이성보다 분노에 휩쓸린 상태에서 멈추지 않고 계속 파롤리를 할 위
험이 있다. 이 때문에 마틴게일 게임과 마찬가지로 거액을 날릴 리
스크가 생긴다. 그 자신이 도박에 빠진 표도르 도스토옙스키는 소설
『노름꾼』에서 파롤리 게임을 하는 장군을 다음과 같이 묘사하기도
했다. "아주 천천히(당당하고 근엄한 표정으로 테이블 곁에 선 장군은) 지갑
을 꺼내더니 거기서 느릿느릿 금화 300프랑을 꺼내 검은색에 걸고
이겼다. 장군은 딴 돈을 챙기지 않고 다시 걸었다. 다시 검은색이 나
와 또 땄다. 그는 이번에도 딴 돈을 챙기지 않았다. 그리고 세 번째
판에 빨간색이 나오자 그는 단번에 1200프랑을 잃었다. 그는 미소

를 지으면서 애써 태연했지만, 단언컨대 가슴이 두근두근했을 것이다. 아마 베팅이 두 배나 세 배쯤 많은 액수였다면, 체면을 잃고 분노를 터트렸을 것이다."

6번 답 : A), B) 하지만 C)도 가능 (소수의) 입찰자가 구속력 있는 타협을 하는 것이 가능하다면, 단 한 명이 1유로를 부르기로 합의할 수 있을 것이다. 이 입찰자가 이 값에 금화를 얻은 다음, 이를 매각해서 여기서 나온 돈을 합의한 입찰자들끼리 분배하는 것이다. 이런 타협을 할 수 없을 때, 입찰자들은 어떤 경우든지 잃어도 별 타격받지 않을 상한선을 넘겨서는 안 된다. 단 1유로라도 잃는 것을 싫어하는 사람이라면 이런 경매에서 손을 떼어야 할 것이다.

7번 답 : C) 오스카도 비용이 들지 않는 $X-Y$ 구간을 이용할 것은 분명하다. 하지만 조니는 이제 처음 결심한 코스를 고집하지 않을 것이다. 오스카가 A에서 출발해 $X-Y$ 코스를 거쳐 Z로 갈 것이라는 사실을 알기 때문이다. 이런 상황에서 처음 코스로 간다면 조니는 9두카텐의 비용이 들 것이다. 따라서 두 사람은 결국 함께 A에서 X로 가고 – 이 때의 비용은 각자에게 4두카텐이 든다 – $X-Y$ 구간을 거쳐 함께 Y에서 Z로 – 여기서 각자 다시 4두카텐의 비용이 든다 – 가게 될 것이다. 결국 두 사람은 8두카텐씩 비용이 들어서 처음보다 1두카텐이 더 든다. 그렇다고 이들이 비용이 들지 않는 $X-Y$ 구간을 피할 이유는 없다. 이들은 이른바 내시 균형[44]이라는 딜레마에 빠진 것이다. 요정은 호의를 베풀었지만, 결과가 좋지는 않다(이런 모순이 실제로 교통 계획에서 중요한 역할을 하고 변형된 죄수의 딜레마를 드러낸다는 것은, 1968년에 수학자 디트리히 브라에스(Dietrich Braess)가 발견했다).

8번 답 : A) 두 게이머는 첫 번째 사람이 투자하고 두 번째 사람은 투자를 거부하기로 합의한다. 이후 두 번째 게이머는 여기서 생긴 7두카텐에서 첫 번째 게이머에게 4두카텐을 준다. 그러면 두 사람 모두 이 전략으로 3두카텐씩 생겨 두 사람이 공동 투자했을 때보다 큰 이익을 본다.

9번 답 : B) 오른쪽 아이스크림 장수는 왼쪽에 있는 잠재적인 고객을 잃을까 봐 왼쪽으로 판매대를 몇 미터 옮길 것이다. 그러면 왼쪽 장수는 다시 오른쪽으로 몇 미터 옮기고 이 뒤에 오른쪽 장수는 다시 왼쪽으로 더 옮겨갈 것이다. 왼쪽 장수는, 오른쪽 장수가 오른쪽에 있는 자신의 고객을 믿는 만큼 왼쪽에 있는 자신의 고객을 믿기 때문이다. 마침내 두 사람의 판매대는 해안 산책로 중간에서 마주치게 될 것이다. 이런 상황은 결국 두 사람 모두에게 불리할 것이다. 백사장 왼쪽 끝과 오른쪽 끝에 있는 잠재적인 고객은 전보다 거리가 두 배나 멀어졌으므로 더는 아이스크림 판매대를 찾지 않을 것이기 때문이다(이 모순은, 죄수의 딜레마에 앞서서 1929년에 미국의 경제학자인 해럴드 호텔링(Harold Hotelling)이 발견했다. 방향을 나타내는 '왼쪽'과 '오른쪽'은 직접 정치적 의미로 쓰일 수도 있다. 양당 체제가 뚜렷한 국가에서는 좌파나 우파 정당들이 상대 당의 지지자들을 빼내 오기 위해 중도 노선으로 접근한다. 또 좌파 정당은 우파 성향의 후보를 전면에 내세우기도 하고 우파 정당은 좌파 성향의 후보를 전면에 내세우기도 한다. 이런 식으로 정당은 언제나 서로 접근하면서 혼동을 안겨줄 위험에 빠진다).

10번 답 : B) 아니다. 이 경우에는 처음 선택을 유지하는 것이 유리하다. 2번 문 뒤에 자동차가 있을 확률은 3분의 2이기 때문이다. 그러면 2번 문 뒤에 자동차 대신 염소가 들어 있고(3번 문을 열어 보인 뒤에) 두 번째 자동차가 1번 문 뒤에 들어 있을 확률은 3분의 1밖에 안 된다. 두 대의 자동차와 염소 한 마리라면 선택을 바꾸지 말아야 한다.

●●●

42 마팅게일(Martingal) : 도박(Glücksspiel)의 전략을 뜻하는 말로서, 특히 룰렛 게임에서 잃었을 때 베팅을 올리는 수법. '마팅게일'이라는 말은 프로방스의 마르티그라는 도시에서 나온 것으로, 이곳 주민들이 과거에 어리석은 사람처럼 행동했다는 고사에서 유래한다. 프로방스에서 쓰이는 'Jouga a la Martegalo'라는 말은 '매우 무모하게 게임을 한다'는 뜻이다. : Lester E. Dubins, Leonard J. Savage, 『How to Gamble If You Must : Inequalities for Stochastic Processes』, New York, 1965

43 이 부분은 오스트리아의 시인 에른스트 얀들(Ernst Jandl)이 1966년에 발표한 시집 『라우트와 루이제(Laut und Luise)』에 수록된 시, 「리히퉁(Lichtung)」이다(언어를 소재로 한 시를 쓰는 구체시의 일종으로 왼쪽(links)과 오른쪽(rechts)의 l과 r을 바꾸어 방향 전환의 가능성을 묻고 있다 - 옮긴이).

44 내시 균형(Nash - Gleichgewich) : 게임을 할 때, 두 게이머의 전략 조합을 묘사한 말로, 각 게이머는 자신의 전략을 피하는 것이 누구에게도 의미가 없도록 하는 전략을 선택한다. : Harold W. Kuhn, Sylvia Nasar, 『The Essential John Nash』, Princeton, 2007

●●●

존재의 수학

– 파스칼에서 비트겐슈타인까지 인간 존재를 수학적으로 증명한 천재들

1판 1쇄 발행 2017년 4월 28일

지은이   루돌프 타슈너
옮긴이   박병화
펴낸이   이영희
펴낸곳   도서출판 이랑
주소   서울시 마포구 독막로 10(합정동 373-4 성지빌딩), 608호
전화   02-326-5535
팩스   02-326-5536
이메일   yirang55@naver.com
블로그   http://blog.naver.com/yirang55
등록   2009년 8월 4일 제313-2010-354호

ISBN 978-89-98746-27-8 (03400)

이 책은 한국출판문화산업진흥원의 출판콘텐츠 창작자금을 지원받아 제작되었습니다.

「이 도서의 국립중앙도서관 출판예정도서목록(CIP)은 서지정보유통지원시스템 홈페이지(http://seoji.nl.go.kr)와 국가자료공동목록시스템(http://www.nl.go.kr/kolisnet)에서 이용하실 수 있습니다. (CIP제어번호 : CIP2017006860)」